"十三五"职业教育国家规划教材

高职高专机械类系列教材

工程制图与识图
从基础到精通

主　编　李奉香　周欢伟
副主编　柴敬平　高会鲜　段兴梅
参　编　易　敏　马　旭　张海霞
　　　　王新海　周　川
主　审　阮春红

机械工业出版社

本书是"十三五"职业教育国家规划教材。本书是在总结编者多年教学改革成果基础上，按照培养制图能力与识图能力两条主线编写而成的，并针对高职学生需求，用了较多的篇幅讲解识图内容。本书采用了现行国家标准，并为国标中的图例制作了立体图，采用了知识与示例融合的方式，适合边讲边练的教学模式。本书示例多且由浅入深，方便复习和自学。

本书共有十章，主要内容包括：平面图绘制，基本体三视图的绘制与识读，点、线、面的投影，切割体三视图的绘制与识读，组合体三视图的绘制与识读，机件图样图形的绘制与识读，零件图的绘制与识读，装配图的绘制与识读，零件与装配体测绘，其他工程图的绘制与识读。

本书可作为高职高专院校的教材，也适用于职业技术培训和自学，还可作为技术人员学习的参考书。

与本书配套的《工程制图与识图习题集》《工程制图与识图基础训练册》同时出版。《工程制图与识图习题集》适用于课时数在56以上的专业、《工程制图与识图基础训练册》适用于课时数在56以下的专业。

本书采用双色印刷，配有二维码、电子课件，二维码中有相关动画视频。

图书在版编目（CIP）数据

工程制图与识图从基础到精通/李奉香，周欢伟主编. —北京：机械工业出版社，2019.2（2022.9重印）

高职高专机械类系列教材

ISBN 978-7-111-62746-3

Ⅰ.①工… Ⅱ.①李… ②周… Ⅲ.①工程制图-高等职业教育-教材②工程制图-识图-高等职业教育-教材 Ⅳ.①TB23

中国版本图书馆 CIP 数据核字（2019）第 092466 号

机械工业出版社（北京市百万庄大街22号 邮政编码100037）
策划编辑：赵志鹏 责任编辑：赵志鹏
责任校对：刘雅娜 封面设计：马精明
责任印制：郜 敏
三河市宏达印刷有限公司印刷
2022年9月第1版第7次印刷
184mm×260mm·19.75印张·487千字
标准书号：ISBN 978-7-111-62746-3
定价：59.80元

电话服务	网络服务
客服电话：010-88361066	机 工 官 网：www.cmpbook.com
010-88379833	机 工 官 博：weibo.com/cmp1952
010-68326294	金 书 网：www.golden-book.com
封底无防伪标均为盗版	机工教育服务网：www.cmpedu.com

关于"十三五"职业教育国家规划教材的出版说明

2019年10月,教育部职业教育与成人教育司颁布了《关于组织开展"十三五"职业教育国家规划教材建设工作的通知》(教职成司函〔2019〕94号),正式启动"十三五"职业教育国家规划教材遴选、建设工作。我社按照通知要求,积极认真组织相关申报工作,对照申报原则和条件,组织专门力量对教材的思想性、科学性、适宜性进行全面审核把关,遴选了一批突出职业教育特色、反映新技术发展、满足行业需求的教材进行申报。经单位申报、形式审查、专家评审、面向社会公示等严格程序,2020年12月教育部办公厅正式公布了"十三五"职业教育国家规划教材(以下简称"十三五"国规教材)书目,同时要求各教材编写单位、主编和出版单位要注重吸收产业升级和行业发展的新知识、新技术、新工艺、新方法,对入选的"十三五"国规教材内容进行每年动态更新完善,并不断丰富相应数字化教学资源,提供优质服务。

经过严格的遴选程序,机械工业出版社共有227种教材获评为"十三五"国规教材。按照教育部相关要求,机械工业出版社将坚持以习近平新时代中国特色社会主义思想为指导,积极贯彻党中央、国务院关于加强和改进新形势下大中小学教材建设的意见,严格落实《国家职业教育改革实施方案》《职业院校教材管理办法》的具体要求,秉承机械工业出版社传播工业技术、工匠技能、工业文化的使命担当,配备业务水平过硬的编审力量,加强与编写团队的沟通,持续加强"十三五"国规教材的建设工作,扎实推进习近平新时代中国特色社会主义思想进课程教材,全面落实立德树人根本任务。同时突显职业教育类型特征,遵循技术技能人才成长规律和学生身心发展规律,落实根据行业发展和教学需求及时对教材内容进行更新的要求;充分发挥信息技术的作用,不断丰富完善数字化教学资源,不断提升教材质量,确保优质教材进课堂;通过线上线下多种方式组织教师培训,为广大专业教师提供教材及教学资源的使用方法培训及交流平台。

教材建设需要各方面的共同努力,也欢迎相关使用院校的师生反馈教材使用意见和建议,我们将组织力量进行认真研究,在后续重印及再版时吸收改进,联系电话:010-88379375,联系邮箱:cmpgaozhi@sina.com。

机械工业出版社

前　言

近年来，工程图的教育在课程体系、教学内容、教学手段等多方面都发生了深刻变化。为了达到国家对职业教育人才培养目标的要求，我们组织了一线教师，在总结多年的教学改革实践经验和多年教学经验的基础上，编写了此书。本书主要有以下几个特色。

1. 形成能力体系。本书按照能力从弱到强的顺序选定教学内容，按照制图能力与识图能力培养的两条主线介绍方法和示例，形成了能力体系，不同于传统的知识体系，如将标准件的标准结构表示法放在零件图中介绍，将标准件的装配表示法放在装配图中介绍，使培养零件图与装配图能力时更加系统。

2. 突出识读重点。本书内容以实现课程能力目标为中心，实用为主，考虑高职学生就业岗位中更多是要求较强的识读能力，且学生初学时识读能力比制图能力更难培养的特点，加大了识读方法、识读示例的内容。

3. 考虑了教学手段与方法。制图领域课程是典型的技能型课程，非常适合采用教学做一体化方式，边讲边练，为适应这种教学模式，本书采用了知识与示例、配套练习相融合的方式。"练一练"与"思考题"的答案在电子课件和二维码中。

4. 贯彻新标准。本书全贯彻了现行的国家标准，同时，为国家标准中的许多示例制作了立体图，增加了学习的直观性。

5. 本书配套的《工程制图与识图习题集》（适用于56学时以上专业）和《工程制图与识图基础训练册》（适用于56学时以下专业）同时出版。

6. 本书采用双色印制，配有二维码、讲课视频、课程网站、电子课件及配套全部习题的解答，二维码中有相关动画视频或参考资料，课程网站中有全套教学视频、线上训练库、电子课件、互动交流平台等。

7. 本书融合了与制图内容相关的素养提升元素。例如在"2.1 投影法的基本知识"开始处，建议搜索"日晷仪"，使学生不仅能了解日晷仪的原理与投影知识，还可以了解我们祖先的科学探索精神和创新意识，增强民族自豪感。配套电子课件中的素养提升元素更加丰富，使教学过程在浓郁的传统文化氛围中进行。

本书由湖北省工程图学学会副理事长、武汉船舶职业技术学院李奉香教授和高铁中央厨房装备研究所所长、广州铁路职业技术学院周欢伟博士任主编，由烟台职业学院柴敬平副教授、武汉船舶职业技术学院高会鲜、宁夏建设职业技术学院段兴梅教授任副主编。具体分工为李奉香编写第2章、第4章、第6章和第8章，周欢伟与高会鲜编写第9章和第10章，段兴梅负责第9章和第10章的统稿和审定工作，李奉香与柴敬平编写第3章，李奉香与高会鲜编写第7章，李奉香、高会鲜与武汉船舶职业技术学院易敏编写第5章，李奉香、高会鲜与珠海城市职业技术学院马旭编写第1章，武汉船舶职业技术学院张海霞、周川、山西运城学院王新海参与本书编写。本书由李奉香统稿。配套资源由李奉香、高会鲜、周川制作。

本书由湖北省工程图学学会常务副理事长、华中科技大学阮春红教授主审。

许多企业技术人员为本书提供了支持和实例资源，招商局南京油运股份有限公司副总经理张传清高级轮机长、招商工业集团友联船厂（蛇口）有限公司副经理任新民高级工程师、武昌船舶重工集团有限公司船舶分段部副部长高宏研究员级高级工程师、招商局邮轮有限公司副总经理吕如福审阅了书稿并提出了宝贵建议！本书在编写过程中参考了有关作者的教材和文献，在此一并表示衷心的感谢！

由于编者水平有限，疏漏之处在所难免，敬请读者批评指正。

编　者

目 录

前言
绪论 ·· 1
第1章 平面图的绘制 ······················· 2
1.1 国家标准《技术制图》基本规定 ······ 2
1.2 手工绘图工具及其使用 ···················· 8
1.3 常用几何图形的画法 ························ 9
1.4 尺寸标注 ·· 13
1.5 平面图形的画法 ································ 19
1.6 草图的绘制 ·· 21
第2章 基本体三视图的绘制与识读 ······ 22
2.1 投影法的基本知识 ···························· 22
2.2 形体的视图投影规律与绘制 ············ 23
2.3 形体三视图的投影规律与绘制 ········ 25
2.4 基本体三视图的绘制 ························ 32
2.5 识读基本体三视图 ···························· 40
2.6 基本体的尺寸标注 ···························· 42
第3章 点、线、面的投影 ··················· 45
3.1 点的投影与作图方法 ························ 45
3.2 正投影的基本特性 ···························· 51
3.3 直线投影的作图方法与投影特性 ···· 51
3.4 直线上点的投影规律与作图方法 ···· 55
3.5 平面的投影规律与作图方法 ············ 56
3.6 平面上点与平面上直线的投影 ········ 62
3.7 形体上点、直线和平面与形体三视图
　　上的位置关系 ···································· 65
第4章 切割体三视图的绘制与识读 ······ 67
4.1 切割体三视图的识读 ························ 67
4.2 基本体与切割体轴测图的绘制 ········ 74
4.3 平面切割体三视图的绘制 ················ 81
4.4 圆柱切割体三视图的绘制 ················ 88
4.5 圆锥切割体三视图的绘制 ················ 91
4.6 圆球切割体三视图的绘制 ················ 95
4.7 圆环表面点投影 ································ 97
4.8 切割体的尺寸标注 ···························· 98
4.9 切割体三视图绘制与尺寸分析
　　示例 ·· 101

第5章 组合体三视图的绘制与
　　　　 识读 ·· 103
5.1 组合体三视图的绘制 ························ 103
5.2 组合切割体三视图的绘制 ················ 107
5.3 相贯体三视图的绘制 ························ 109
5.4 组合体三视图的识读 ························ 115
5.5 组合体轴测图的绘制 ························ 125
5.6 组合体的尺寸分析与标注 ················ 126
5.7 组合体绘制与识读综合示例 ············ 130
第6章 机件图样图形的绘制与
　　　　 识读 ·· 135
6.1 基本视图的绘制 ································ 135
6.2 视图的画法与识读 ···························· 142
6.3 剖视图的基本画法 ···························· 148
6.4 三类剖视图的画法 ···························· 154
6.5 剖视图常用的剖切方法与画法 ········ 163
6.6 剖视图中的规定画法 ························ 174
6.7 剖视图的识读与轴测剖视图的绘制 ···· 176
6.8 断面图的画法 ···································· 179
6.9 局部放大图与简化画法 ···················· 182
6.10 机件表达方法综合应用 ·················· 184
第7章 零件图的绘制与识读 ··············· 192
7.1 零件图的作用与内容 ························ 192
7.2 零件表达方案的选择 ························ 194
7.3 零件图中尺寸的合理标注 ················ 203
7.4 零件的技术要求 ································ 205
7.5 螺纹的画法与标注 ···························· 211
7.6 标准件型号与标记 ···························· 215
7.7 齿轮零件图的绘制 ···························· 217
7.8 弹簧零件图的绘制 ···························· 220
7.9 零件的工艺结构与过渡线 ················ 221
7.10 零件图中的简化画法与简化尺寸
　　　标注法 ·· 223
7.11 零件图的识读 ·································· 228
第8章 装配图的绘制与识读 ··············· 237
8.1 装配图的作用、内容与绘制方法 ······ 237

8.2 装配体的表达方法 …………………… 244
8.3 常用结构在装配图上的画法 ………… 247
8.4 标准件在装配图上的画法 …………… 251
8.5 装配图的尺寸、技术要求与序号 …… 256
8.6 装配图绘制示例 ……………………… 260
8.7 装配图的识读 ………………………… 266

第9章 零件与装配体的测绘 ………… 286

9.1 零件的测绘 …………………………… 286
9.2 装配体的测绘 ………………………… 289

第10章 其他工程图的绘制与识读 …… 295

10.1 建筑图的绘制与识图 ……………… 295
10.2 展开图的绘制 ……………………… 300
10.3 焊接图的识读 ……………………… 304

参考文献 ………………………………… 309

绪 论

1. 本课程的研究内容和主要任务

工程图形是工程与产品信息的载体，是工程界表达、交流的语言。在工程界，根据投影原理、标准或有关规定，表示工程对象，并有必要的技术说明的图，称为图样。图样与文字、数字一样，在工程设计、施工、检验、技术交流等方面有着极为重要的地位。图样的形象性、直观性和简洁性是人们表达设计思想、传递设计信息、交流创新构思的重要工具，图样信息的产生、加工、存贮和传递已成为"工程界的共同语言"，所以，每个高级工程技术应用型人才必须熟练地掌握"工程语言"。

本课程是研究如何运用正投影的基本理论和方法，绘制和阅读工程图样的专业技术课程。它是工科院校中一门既有理论，又有实践的重要课程，其目的就是培养学生掌握图学的基本原理、学习绘制和阅读工程图样的方法、运用手工绘图表达工程设计思想的能力与阅读工程图样的能力。本课程的主要任务是：

1）学习并掌握正投影法的基础理论和应用正投影法图示空间物体的基本理论与方法。
2）训练并培养空间想象力和形体构思能力，为培养创新能力打下基础。
3）训练并培养手工绘制工程图样的能力和阅读工程图样的能力。
4）学习并培养贯彻、执行《技术制图》《机械制图》国家标准的意识，具有查阅工程图样中有关标准手册的能力。
5）培养认真负责的工作态度和精益求精的工匠精神，增加对中国文化的自信心，增强民族自豪感。

2. 本课程的学习方法

1）本课程是一门知识连接性很强的课程，整个内容由浅入深，环环相扣，因此要注意及时复习，否则会影响新知识的学习效果。
2）"三视图绘制"可以认为是工程图的"入门"，是本课程难点和重点，学习前要做好心理准备，要下决心突破这个难点，才能轻松学好后面知识。
3）由于文字描述与空间形体之间的转换有一定难度，因此在课堂上要认真听讲，因为老师上课有多媒体彩色动画图或者模型演示，很直观，容易理解，而书中是文字描述和黑白图片。
4）本课程是一门实践性很强的课程，所以在学习基本理论、基本方法的同时，要进行大量的训练，通过"形体"与"图形"相互转换的训练来加深对知识的理解与掌握，从而培养绘图和识图能力。
5）由于图样是生产的依据，绘图和识图中的任何一点疏忽，都会给生产造成严重的损失，所以，在学习中特别是在训练时要把"练习"当作"项目"来完成，养成认真工作的习惯。

第1章 平面图的绘制

【本章能力目标】 能够正确使用绘图工具，能够掌握国标的相关规定，具备按国标绘制平面图形的能力。

要想看懂已画好的图样，并且能够画出符合要求、准确表达工程对象的图样，首先就必须掌握制图的基本知识。

1.1 国家标准《技术制图》基本规定

《孟子·离娄上》

机械图样是现代设计和制造机械零件与设备过程中的重要技术文件，为便于生产、管理和进行技术交流，国家质量技术监督局依据国际标准化组织制定的国际标准，制定并颁布了《技术制图》《机械制图》等国家标准，这两个国家标准是机械图样绘制和识读的准则，生产和设计部门的工程技术人员都必须严格遵守，并牢固树立标准化的观念。国家标准中的每一个标准都有标准代号，如 GB/T 4457.4—2016，其中"GB"为国家标准代号，它是"国家标准"汉语拼音缩写，简称"国标"；"T"表示推荐性标准，（如果不带"T"，则表示为国家强制性的标准）；"4457.4"表示该标准的编号，"2016"表示该标准是2016年颁布的（以前有用两位数表示的，如 GB/T 14689—93）。本节相关内容摘录了上述标准中的基本规定。

1.1.1 图纸幅面与图框格式

1. **图纸幅面** 图纸幅面是指图纸宽度与长度组成的大小。为了方便图样的绘制、使用和管理，图样均应绘制在标准的图纸幅面上，幅面大小是长方形，如图 1-1a 所示，且应优先选用表 1-1 所规定的基本幅面尺寸。标准的图纸幅面有名称，如 A1、A2，A0 幅面最大，A4 幅面最小，A0 幅面沿长边对裁得到 A1 幅面，A1 幅面沿长边对裁得到 A2 幅面，其余类推，也可以理解为 A0 幅面沿长边对裁一次得到 A1 幅面，A0 幅面沿长边对裁两次得到 A2 幅面，其余类推，如图 1-1b 所示。必要时可以加长边长，以利于图纸的折叠和保管，但加长的尺寸必须按照国标的规定，由基本幅面的短边成整数倍增加得到。

表 1-1　基本幅面尺寸（第一选择）　　　　　　　　　　　　（单位：mm）

基本幅面代号	A0	A1	A2	A3	A4
$B×L$	841×1189	594×841	420×594	297×420	210×297

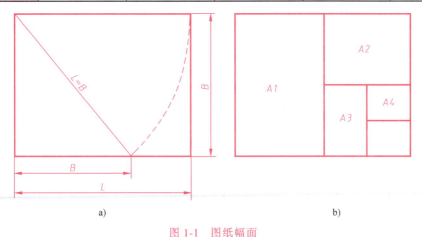

图 1-1　图纸幅面

2. 图框格式　图纸可以横放或者竖放。每张图样均需有粗实线的图框。图框是图纸上限定绘图范围的线框，图样均应绘制在图框内。图框格式分为留装订边和不留装订边两种，留装订边图样的图框左边尺寸大些，不留装订边图样的图框四边尺寸一样，两种格式的周边尺寸见表 1-2。留有装订边图样的图框格式如图 1-2 所示，不留装订边图样的图框格式见图 1-3。加长幅面的图框尺寸，按照所选用的基本幅面大一号图样的图框尺寸来确定。同一产品的图样只能采用一种格式。

表 1-2　图框尺寸（第一选择）　　　　　　　　　　　　（单位：mm）

基本幅面代号		A0	A1	A2	A3	A4
图框尺寸	a	25				
	c	10			5	
	e	20			10	

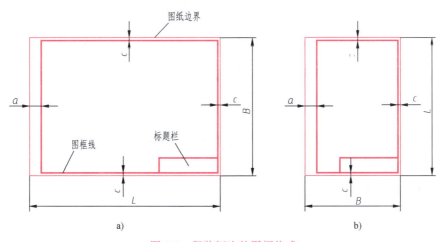

图 1-2　留装订边的图框格式

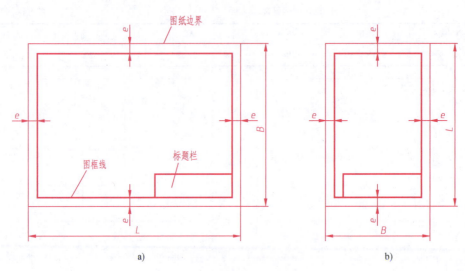

图 1-3　不留装订边的图框格式

3. 标题栏　国标规定，每张图纸的右下角都必须绘制标题栏，标题栏下方外框线和右边外框线与图框线重合。若标题栏的长边置于水平方向并与图纸的长边平行时，构成 X 型的图纸，也称横式幅面，如图 1-2a、图 1-3a 所示；若标题栏的长边和图纸的长边垂直，则构成 Y 型的图纸，也称竖式幅面，如图 1-2b、图 1-3b 所示。国标规定了标准图纸的标题栏格式，如图 1-4 所示。标题栏的大小是规定的，不随图纸大小和绘图比例的大小变化而改变。

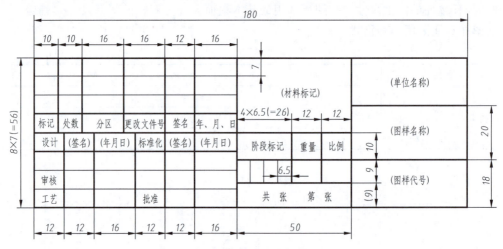

图 1-4　国标规定的标题栏格式

学生制图作业中的标题栏可以按照图 1-5 所示的格式绘制。看图的方向与标题栏应一致。标题栏外框线用粗实线绘制，栏内线用细实线绘制；无括号的是不变字，有括号的是要填写具体的内容。

1.1.2　图线及其画法

画在图纸上的各种型式的线条统称图线。国家标准规定了技术制图所用图线的名称、型式、应用和画法规则。

图 1-5 制图作业的标题栏格式

1. 线型及其应用　国家标准规定的基本线型共有 15 种型式，如粗实线、细实线、细虚线、细点画线、细双点画线、波浪线、双折线、粗虚线、粗点画线等，常用线型、宽度、用途见表 1-3。

表 1-3 线型及用途

图线名称	图线型式	线宽	一般用途	图例
粗实线	——————	d	可见轮廓线、可见过渡线等	图 1-6a 所示
细虚线	- - - - - -	$\dfrac{d}{2}$	不可见轮廓线、不可见过渡线	图 1-6a 所示
细点画线	— · — · —	$\dfrac{d}{2}$	轴线、对称中心线、分度圆(线)	图 1-6b 所示
细实线	——————	$\dfrac{d}{2}$	尺寸线、尺寸界线、指引线等	图 1-6c 所示
波浪线	～～～	$\dfrac{d}{2}$	断裂处的边界线	
细双点画线	— ·· — ·· —	$\dfrac{d}{2}$	相邻辅助零件的轮廓线、可动零件的极限位置轮廓线等	图 1-6d 所示
粗点画线	— · — · —	d	限定范围表示线	图 1-6e 所示
粗虚线	- - - - - -	d	允许表面处理的表示线	
双折线	——∿——	$\dfrac{d}{2}$	断裂处的边界线	

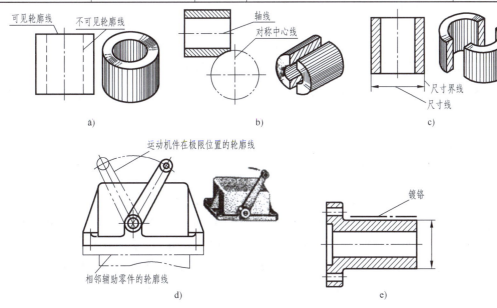

图 1-6 线型图例

2. 图线宽度 技术制图中有粗线、中粗线、细线之分，在机械图样中只采用粗、细两种线宽，其宽度比率为2∶1，其中粗线宽度可在表1-4中选择，优先采用0.7mm和0.5mm的线宽。线型的应用示例如图1-7所示。

表1-4 图线宽度和组别 (单位：mm)

粗线宽度系列 d	0.25	0.35	0.5	0.7	1.0	1.4	2.0
对应细线宽度系列 $d/2$	0.13	0.18	0.25	0.35	0.5	0.7	1.0

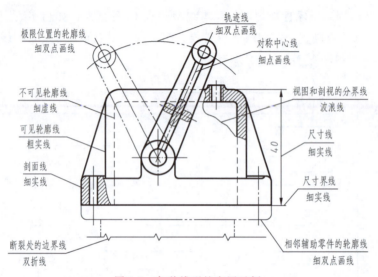

图1-7 各种线型的应用示例

3. 图线的画法

1）在同一张图纸内，同类图线的宽度应基本一致。细虚线、细点画线及细双点画线的线段长度和间隔应各自大致相等。

2）图形的对称中心线、回转体轴线等的细点画线，一般要超出图形轮廓线约2~5mm。

3）细点画线与细点画线或细点画线与其他图线相交时，应是线段相交，而不应是点相交。细点画线和细双点画线的首末两端应是线段而不是点。

4）相互平行的图线（包括剖面线），其间隙不宜小于其中的粗线宽度，且不宜小于0.7mm。

1.1.3 字体

工程图样上字体均应做到笔画清晰、字体工整、排列整齐、间隔均匀，标点符号应清楚正确，如图1-8所示。汉字、数字、字母等字体大小以字号来表示，字体的高度用 h 来表示，大小应从公称尺寸系列（3.5mm、5mm、7mm、10mm、14mm、20mm等）中选用。图样与说明中的汉字，应采用简化汉字书写，并用长仿宋字体，字高 h 不应小于3.5mm，字宽的大小为 $h/\sqrt{2}$。数字和字母的字高，应不少于2.5mm。用计算机绘制机械图样时，一般以直体输出；字高按图幅选择，A0与A1图幅数字、字母的字高取5mm，汉字字高取7mm；A2、A3与A4图幅数字、字母的字高取3.5mm，汉字字高取5mm。

字体工整　笔画清晰　0123456789

图1-8　字体

1.1.4　比例

图样的比例是图中图形与其实物相应要素的线性尺寸之比。线性尺寸是指相关的点、线、面本身的尺寸或它们的相对距离，如直线的长度、圆的直径、两平行表面的距离等。比值为1的比例叫作原值比例，即1∶1的比例；比值大于1的比例叫作放大比例，如2∶1等；比值小于1的比例叫作缩小比例，如1∶2等。

绘图时所用的比例应根据图样的用途与被绘对象的复杂程度，优先从表1-5中选用，必要时，允许选用表1-6中的可用比例。一般情况下，一个图样应选用一种比例，并标注在标题栏中的比例一栏内。

表1-5　常用比例

种类	比例
原值比例	1∶1
缩小比例	1∶2　1∶5　1∶10　1∶(2×10^n)　1∶(5×10^n)　1∶(10×10^n)
放大比例	5∶1　2∶1　(5×10^n)∶1　(2×10^n)∶1　(1×10^n)∶1

注：n为正整数。

表1-6　可用比例

种类	比例
缩小比例	1∶1.5　1∶2.5　1∶3　1∶4　1∶6 1∶(1.5×10^n)　1∶(2.5×10^n)　1∶(3×10^n)　1∶(4×10^n)　1∶(6×10^n)
放大比例	4∶1　2.5∶1　(4×10^n)∶1　(2.5×10^n)∶1

注：n为正整数。

图样不论采用何种比例，不论作图的精确程度如何，标注尺寸时均应按物体的实际尺寸和角度标注。如图1-9所示，标注的尺寸是物体实际尺寸，它与绘图的比例无关。

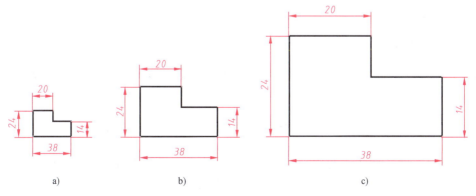

图1-9　尺寸与绘图的比例关系

a) 1∶2（缩小比例）　b) 1∶1（原值比例）　c) 2∶1（放大比例）

【练一练 1-1】 选择题：请将正确的答案填入括号中。

1. 在图样中表示可见轮廓线采用（　　）线型。
   A. 粗实线　　　　　B. 细点画线　　　　C. 细实线　　　　D. 细虚线
2. 在图样中表示不可见轮廓线采用（　　）线型。
   A. 粗实线　　　　　B. 细点画线　　　　C. 细实线　　　　D. 细虚线
3. 在图样中表示回转体轴线采用（　　）线型。
   A. 粗实线　　　　　B. 细点画线　　　　C. 细实线　　　　D. 细虚线

1.2　手工绘图工具及其使用

绘图质量与速度取决于绘图工具的质量和绘图工具的正确使用。因此，要养成正确使用绘图工具和仪器的良好习惯。下面介绍常用绘图工具及它们的使用方法。

1. 绘图纸　绘图时要选用专用的绘图纸。专用绘图纸的纸质应坚实、纸面洁白，且符合国家标准规定的幅面尺寸。

2. 铅笔　铅笔是用来画图线或写字的。铅笔的铅芯有软硬之分，铅笔上标注的"H"表示铅芯的硬度，"B"表示铅芯的软度，"HB"表示软硬适中，"B""H"前的数字越大表示铅笔越软或越硬。画工程图时，应使用较硬的铅笔打底稿，如3H、2H等，用HB铅笔写字，用B或2B铅笔加深粗线。加深粗线用的铅笔通常削成铲形，其他铅笔通常削成锥形，笔芯露出约6~8mm。

3. 图板与丁字尺　如图1-10a所示。图板是用来铺放和固定图纸的，丁字尺主要用于画水平线。

4. 三角板　三角板由45°和30°（60°）各一块组成一副，主要用于配合丁字尺画垂直线与倾斜线。如图1-10b所示。

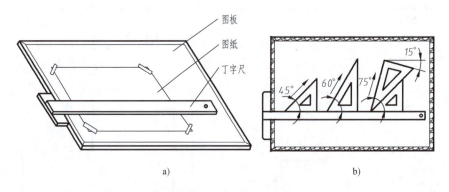

图1-10　图板、丁字尺、三角板的使用

5. 圆规与分规　圆规主要用来画圆及圆弧；分规主要用来量取线段长度和等分线段，两腿都是钢针。为了能准确地量取尺寸，两针尖应调整到平齐。

6. 其他绘图用品　除上述用品外，绘图时还需要小刀（或刀片）、绘图橡皮、胶带纸、量角器、曲线板、擦图片等。

1.3 常用几何图形的画法

1.3.1 几何作图

1. 线段的等分

（1）将线段 AB 五等分　作图步骤如图 1-11a 所示。

1）过 A 点作辅助线 AC，在 AC 上取五个等长线段得 1′、2′、3′、4′、5′。

2）连接端点 B5′，过 1′、2′、3′、4′分别作 B5′的平行线，与 AB 交于 1、2、3、4 点。1、2、3、4 点即为线段 AB 的五等分点。

（2）两平行线间的任意等分　如图 1-11b 所示为两平行线的五等分。

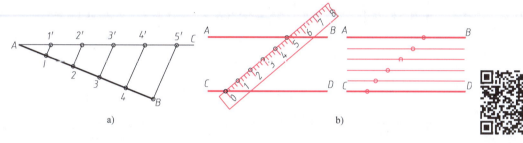

图 1-11　五等分线段

1.3.1-1-（1）

2. 正六边形的绘制　根据正六边形边长与正六边形内接圆的半径相等绘制正六边形，如图 1-12 所示。先绘制半径为 R 的圆；再以象限点 A、D 为圆心，以 R 为半径画圆，求得交点 B、C、E、F；过点依次连线。

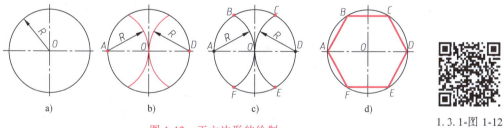

图 1-12　正六边形的绘制

1.3.1-图 1-12

3. 正三边形的绘制　画法同正六边形的绘制，如图 1-13 所示。

4. 菱形的绘制　先绘制圆，求得象限点，再过点依次连线，如图 1-14 所示。

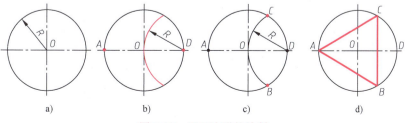

图 1-13　正三边形的绘制

1.3.2 斜度和锥度

1. 斜度　斜度是指一直线（或一平面）对另一直线（或一平面）的倾斜程度。其大小用该两直线（或平面）间夹角的正切来表示，并将比值化为 $1:n$ 的形式，即斜度 $= \tan\alpha = H/L = 1:n$，如图 1-15a、b 所示。斜度符号的绘制方法如图 1-15c 所示，斜度标注示例如图 1-15d 所示。斜度的绘制方法如图 1-15e~g 所示，先作 1:7 斜度线，再过已知点 C 作斜度线的平行线。

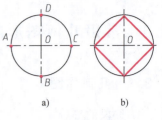

图 1-14　菱形的绘制

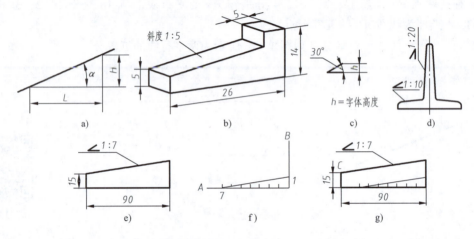

图 1-15　斜度符号及斜度的绘制方法

2. 锥度　锥度是指正圆锥的底圆直径与圆锥高度之比。

如图 1-16a、b 所示，锥度 $= D/L = 2\tan\alpha = 1:n$。锥度符号及标注示例如图 1-16c、d 所示。锥度绘制方法如图 1-16e、f 所示，先作 1:4 的锥度线，再过已知点作锥度线的平行线。

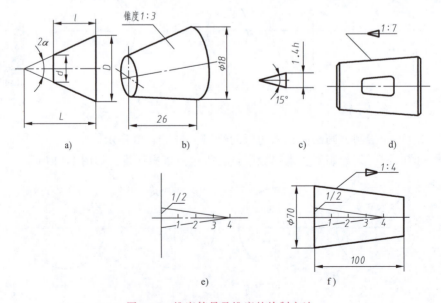

图 1-16　锥度符号及锥度的绘制方法

1.3.3 圆弧连接

绘制平面图形时，经常需要用圆弧将图线光滑地连接起来，这种连接作图称为圆弧连接，用来连接的圆弧称为连接圆弧。为了能准确连接，作图时必须先求出连接圆弧的圆心，再找连接点（切点），最后作出连接圆弧。

1. **用圆弧连接两直线** 如图 1-17 所示。作图步骤：

1）在直线 AC 上任找一点并以其为垂足作直线 AC 的垂线，再在该垂线上找到垂足的距离为 R 的另一点，并过该点作直线 AC 的平行线。

2）在直线 BC 上任找一点并以其为垂足作直线 BC 的垂线，再在该垂线上找到垂足的距离为 R 的另一点，并过该点作直线 BC 的平行线。

3）找到两平行线的交点 O 即为连接圆弧的圆心。

4）自点 O 分别向直线 AC 和 BC 作垂线，得垂足 1、2，即为连接点（切点）。

5）以 O 为圆心、R 为半径在 1、2 之间作圆弧，完成连接作图。

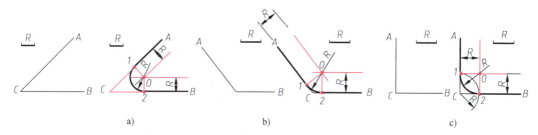

图 1-17 用半径为 R 圆弧连接两直线 AC 和 BC

2. **用圆弧连接一直线和一圆弧** 如图 1-18a 所示，已知连接圆弧半径为 R，被连接圆弧圆心为 O_1、半径 R_1 以及直线 AB，求作连接圆弧（要求与已知圆弧外切）。

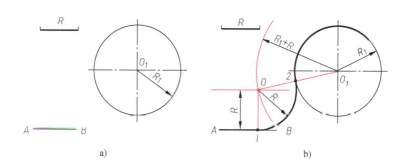

图 1-18 用圆弧连接一直线和一圆弧

作图步骤：

1）作已知直线 AB 的平行线，使其间距为 R，再以 O_1 为圆心、$R+R_1$ 为半径作圆弧，该圆弧与所作平行线的交点 O 即为连接圆弧的圆心。

2）由点 O 作直线 AB 的垂线得垂足 1，连接 OO_1，与圆弧 O_1 交于点 2，1、2 即为连接圆弧的连接点（两个切点）。

3）以 O 为圆心，R 为半径在 1、2 之间作圆弧，完成连接作图。

3. 用圆弧连接两圆弧

（1）与两个圆弧外切连接　如图 1-19 所示，已知连接圆弧半径为 R，被连接两个圆弧的圆心分别为 O_1、O_2，半径为 R_1、R_2，求作连接圆弧。作图步骤：

1）以 O_1 为圆心，$R+R_1$ 为半径作一圆弧，再以 O_2 为圆心、$R+R_2$ 为半径作另一圆弧，两圆弧的交点 O 即为连接圆弧的圆心。

2）作连心线 OO_1，它与圆弧 O_1 的交点为 1，再作连心线 OO_2，它与圆弧 O_2 的交点为 2，则 1、2 即为连接圆弧的连接点（外切的切点）。

3）以 O 为圆心，R 为半径在 1、2 之间作圆弧，完成连接作图。

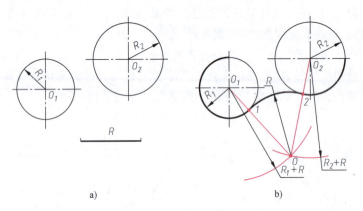

图 1-19　用圆弧外切连接两圆弧

（2）与两个圆弧内切连接　如图 1-20 所示，已知连接圆弧的半径为 R，被连接的两个圆弧圆心分别为 O_1、O_2，半径为 R_1、R_2，求作连接圆弧。作图步骤：

1）以 O_1 为圆心，$R-R_1$ 为半径作一圆弧，再以 O_2 为圆心、$R-R_2$ 为半径作另一圆弧，两圆弧的交点 O 即为连接圆弧的圆心。

2）作连心线 OO_1，它与圆弧 O_1 的交点为 1，再作连心线 OO_2，它与圆弧 O_2 的交点为 2，则 1、2 即为连接圆弧的连接点（内切的切点）。

3）以 O 为圆心，R 为半径在 1、2 之间作圆弧，完成连接作图。

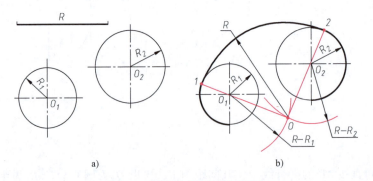

图 1-20　用圆弧内切连接两圆弧

（3）与两个圆弧混合连接（与一个圆弧外切，与另一个圆弧内切）　如图 1-21 所示，已知连接圆弧半径为 R，被连接的两个圆弧圆心为 O_1、O_2，半径为 R_1、R_2，求作一连接圆弧，使其与圆弧 O_1 内切，与圆弧 O_2 外切。作图步骤：

1) 分别以 O_1、O_2 为圆心，$R-R_1$、$R+R_2$ 为半径作两个圆弧，两圆弧交点 O 即为连接圆弧的圆心。

2) 作连心线 OO_1，与圆弧 O_1 相交于 1；再作连心线 OO_2，与圆弧 O_2 相交于 2，则 1、2 即为连接圆弧的连接点（前为内切切点、后为外切切点）。

3) 以 O 为圆心，R 为半径在 1、2 之间作圆弧，完成连接作图。

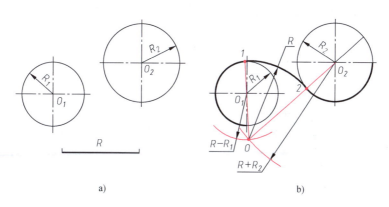

图 1-21　用圆弧混合连接两圆弧

1.4　尺寸标注

在图样中，图形只能表达机件的结构形状，要确定机件的大小，还要标注尺寸。尺寸是图样的重要组成部分，尺寸正确、合理与否，将直接影响到图样的质量。

1.4.1　基本原则

1) 机件的真实大小应以图样所注的尺寸数值为依据，与图形的大小、所使用的比例及绘图的准确程度无关。机件真实尺寸不得从图上直接量取。

2) 图样中（包括技术要求和其他说明）的尺寸，以毫米为单位时，不需标注计量单位的代号或名称，若采用其他单位，则必须注明相应计量单位的代号或名称。

3) 图样中所标注的尺寸为该图样所示机件的最后完工尺寸，否则应另加说明。

4) 机件的每一尺寸，一般只标注一次，应标注在反映该结构最清晰的图形上。因此尺寸标注时要事先分析空间机件所需尺寸，再在图上找合适的位置进行标注，每个尺寸在图上有多个位置可供选择，切忌不要将图上每个图线标注一个尺寸。

1.4.2　尺寸的组成

图样上的尺寸包括四个要素：尺寸界线、尺寸线、尺寸线终端和尺寸数字、符号。如图 1-22a 所示。

1. 尺寸界线　尺寸界线用来表示所注尺寸的范围界限，用细实线绘制，应从图样的轮廓线、轴线或对称中心线引出，必要时可直接利用图样轮廓线、中心线及轴线作为尺寸界线。一般应与被标注长度垂直，必要时才允许与尺寸线倾斜。尺寸界线应超出尺寸线 2~3mm。如图 1-22b 所示。

2. 尺寸线　尺寸线应用细实线绘制，不应超出尺寸界线外，图样上任何图线都不得作为尺寸线。互相平行的尺寸线，应从被注的图样轮廓线由近向远整齐排列，小尺寸应离轮廓线较近，大尺寸离轮廓线较远；图样轮廓线以外的尺寸线，距图样最外轮廓线之间距离不宜小于7mm，平行排列的尺寸线的间距为5～10mm，并应保持一致。如图1-22c所示。

3. 尺寸线终端　尺寸线终端一般用箭头或细斜线绘制，在机械图样中一般采用箭头的形式，在土建图样中使用细斜线的形式。箭头的形式如图1-22d所示。

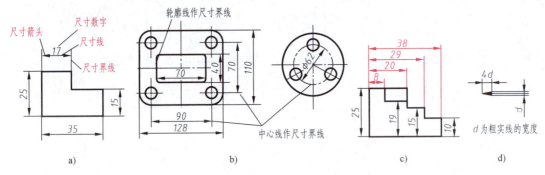

图1-22　尺寸组成要素的画法

4. 尺寸数字

（1）尺寸数字的位置和方向　一般注写在尺寸线的上方或者左方。水平方向的尺寸，尺寸数字要写在尺寸线的上方，字头朝上；竖直方向的尺寸，尺寸数字要写在尺寸线的左侧，字头朝左；倾斜方向的尺寸，尺寸数字的方向应按图1-23a的规定注写。应尽可能避免在图1-23a中30°范围内标注尺寸数字，当无法避免时可按图1-23b所示的引出形式注写。

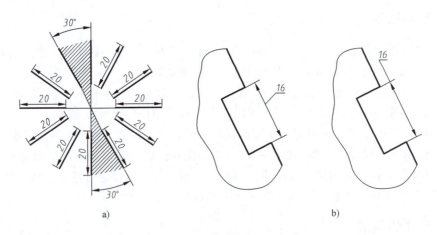

图1-23　尺寸数字的注写方向

（2）尺寸的符号　尺寸数字前面的符号用于区分不同类型的尺寸，可能使用的符号和缩写词见表1-7。

表1-7　标注尺寸的符号及缩写词

名称	直径	半径	球直径	球半径	正方形	均匀分布
符号	φ	R	Sφ	SR	□边长	EQS

（3）断开图线　数字不可被任何图线所通过。当不可避免时，必须把图线断开，如图 1-24 所示。

1.4.3　基本图形的尺寸标注方法

1. 长方形与正方形的尺寸标注方法　长方形应注长度与宽度尺寸，如图 1-25a 所示；正方形应注边长尺寸，可采用"□边长"的形式注出，如图 1-25b 所示。

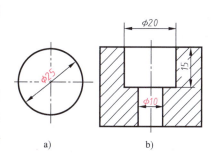

图 1-24　图线断开标注尺寸

2. 正多边形的尺寸标注方法　正多边形可以标注边长，如图 1-26a 所示；也可以只标注外接圆直径，如图 1-26b 所示；当没有位置可作为外接圆尺寸界线时，可用细双点画线绘制一个外接圆，再标注外接圆直径，如图 1-26c 所示。

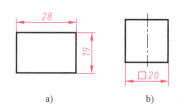

图 1-25　长方形、正方形的尺寸标注

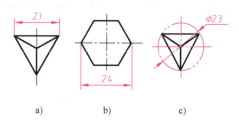

图 1-26　正多边形的尺寸标注

3. 整圆或大于半圆圆弧的尺寸标注方法　整圆或大于半圆圆弧应注直径，直径尺寸线应通过圆心，尺寸线的两个终端应画成箭头，尺寸数字前应加注符号"ϕ"，如图 1-27a 所示；当图形中的圆只画出一半或略大于一半时，尺寸线应略超过圆心，且仅在尺寸线的一端画出箭头，如图 1-27b、c 所示。

4. 半圆或小于半圆圆弧的尺寸标注方法　半圆或小于半圆圆弧应标注半径，半径尺寸线的一端一般应画到圆心，以明确表示其圆心的位置，另一端画成箭头，尺寸数字前应加注符号"R"，如图 1-28 所示。半径尺寸必须注在投影为圆弧的图形上。

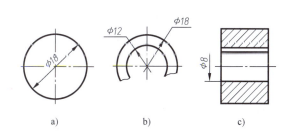

图 1-27　整圆或大于半圆圆弧的尺寸标注

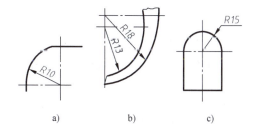

图 1-28　半圆或小于半圆圆弧的尺寸标注

5. 球的尺寸标注方法　标注球面直径或半径时，应在符号"ϕ"或"R"前再加注符号"S"，如图 1-29 所示。

6. 相同圆的尺寸标注方法　相同的圆可以标注一处，用"$n\times$"形式注明个数，如图 1-30 所示。

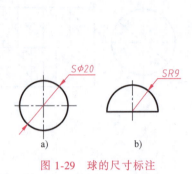
图 1-29 球的尺寸标注

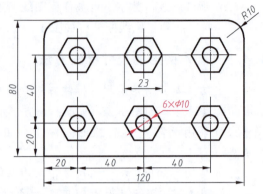
图 1-30 相同圆的尺寸标注

7. 小尺寸的尺寸标注方法　连续几个较小的尺寸，允许用黑圆点或斜线代替中间箭头，但两端箭头仍应画出，如图 1-31a、b 所示。当没有足够位置画箭头或写数字时，可将其中之一布置在外面，如图 1-31c、d 所示；位置更小时箭头和数字可以都布置在外面，如图 1-31e 所示。图上直径较小的圆或圆弧，在没有足够的位置画箭头或注写数字时，可以引出标注，如图 1-31f 所示，标注小圆弧半径的尺寸线，不论其是否画到圆心，但其方向必须通过圆心。

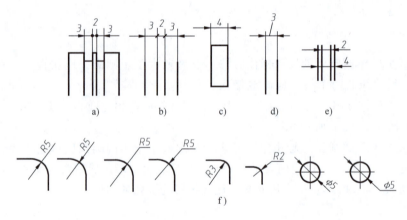

图 1-31 小尺寸的尺寸标注

8. 大圆弧的尺寸标注方法　当圆弧的半经过大，或在图纸范围内无法标出其圆心位置时，可用双折线或带箭头的指引线的形式标注，如图 1-32 所示。读图时要注意此标注方式没有注出圆心的位置。

9. 角度的尺寸标注方法　角度尺寸线应画成圆弧，其圆心是该角的顶点，角度尺寸界线应沿径向引出，角度的数字应一律写成水平方向，一般注写在尺寸线的中断处，必要时也可以注写在尺寸线的上方，也可引出标注，如图 1-33 所示。

10. 参考尺寸的标注方法　**将尺寸数字加上圆括号**，如图 1-34 所示。

11. 光滑过渡处的尺寸标注方法　在光滑过渡处必须用细实线将轮廓线延长，并从它们的交点处引出尺寸界线，一般应垂直，若不清晰时，则允许尺寸界线倾斜，如图 1-35 所示。

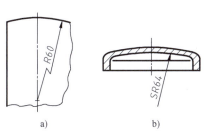 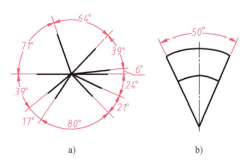

图 1-32 大圆弧的尺寸标注　　　　图 1-33 角度的尺寸标注

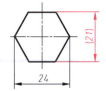 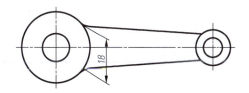

图 1-34 参考尺寸的标注　　　　图 1-35 光滑过渡处的尺寸标注

1.4.4 平面图形的尺寸

1. 尺寸基准　尺寸基准是标注尺寸的起点。平面图形的长度方向和高度方向都要确定一个尺寸基准。尺寸基准常选用图形的对称线、底边、侧边、图中圆周或圆弧的中心线等。从尺寸基准出发，通过各定位尺寸可确定各组成部分的相对位置，通过各定形尺寸可确定各组成部分的大小。在图 1-36a 所示的平面图形中，$\phi 40$mm 圆的水平中心线是高度方向的尺寸基准，$\phi 40$mm 圆的竖直中心线是长度方向的尺寸基准，如图 1-36b 所示。

2. 定位尺寸　定位尺寸是确定平面图形各组成部分相对位置的尺寸，如图 1-36b 所示的长度方向 44mm、高度方向 57mm、25mm，R62mm 及 30°等。

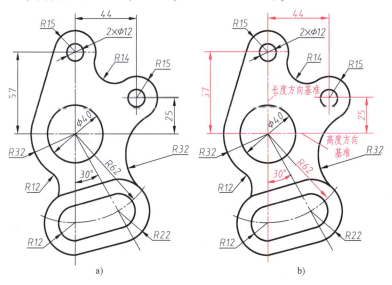

图 1-36 平面图形

3. 定形尺寸　定形尺寸是确定平面图形各组成部分大小的尺寸，如图 1-36a 所示的 $R15mm$、$R32mm$、$R14mm$、$\phi 40mm$ 等。

【示例 1-1】　分析如图 1-37a 所示平面图形的尺寸。

分析：长度方向的尺寸基准是左边小圆的竖直中心线，高度方向的尺寸基准是左边小圆的水平中心线，如图 1-37b 所示；定位尺寸主要是确定圆弧的圆心，如图 1-37c 所示；定形尺寸主要是确定圆的直径或圆弧的半径，如图 1-37d 所示。

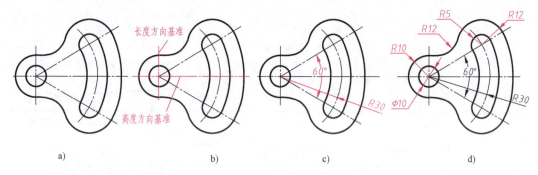

图 1-37　平面图形的尺寸分析示例

平面图形的尺寸示例如图 1-38 所示。

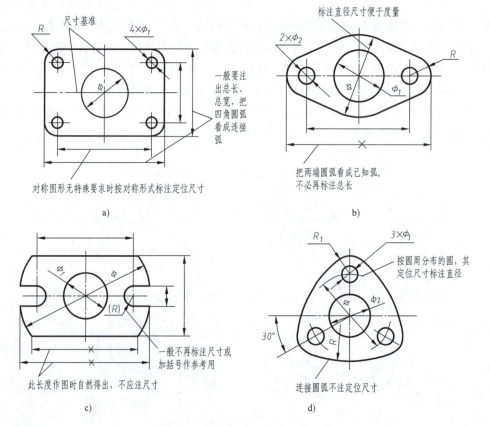

图 1-38　平面图形的尺寸示例

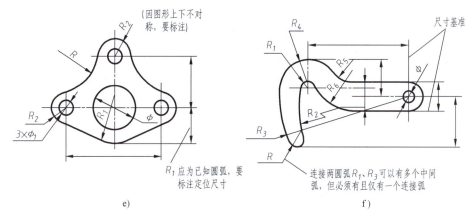

图 1-38 平面图形的尺寸示例（续）

【练一练 1-2】 选择题：请将正确的答案填入括号中。

1. 机件的真实大小应以图标上（　　）为依据，与图形的大小及绘图的准确度无关。
 A．所注尺寸数值　　B．所画图样形状　　C．所标绘图比例　　D．所加文字说明
2. 图样中的尺寸一般以（　　）为单位时，不需标注其计量单位符号。
 A．km　　　　　　B．m　　　　　　　C．cm　　　　　　　D．mm
3. 机件上的每一个尺寸，一般在图样只标注（　　）。
 A．一次　　　　　B．二次　　　　　　C．三次　　　　　　D．四次
4. 在图样中标注尺寸，其尺寸线采用（　　）线型。
 A．粗实线　　　　B．细点画线　　　　C．细实线　　　　　D．细虚线
5. 在图样中标注尺寸，其尺寸界线采用（　　）线型。
 A．粗实线　　　　B．细点画线　　　　C．细实线　　　　　D．细虚线

1.5　平面图形的画法

1.5.1　平面图形的线段分析

在绘制平面图形时，需要根据尺寸的条件进行线段分析，平面图形的线段根据尺寸是否完整可分为三类。

1. 已知线段　根据给出的尺寸可以直接画出的线段。这个线段的定形尺寸和定位尺寸都完整。如图 1-39 所示 A 为长度基准，B 为高度基准，左边由尺寸 25mm 和 ϕ20mm 确定的直线。先绘制已知线段。

2. 中间线段　有定形尺寸和不完全定位尺寸的线段。如图 1-39 所示 R20mm 的圆弧。按条件在中间线段范围内绘制底图，如将圆弧画成圆，将线段画得很长。

3. 连接线段　只有定形尺寸而没有定位尺寸的线段。图 1-39 所示圆弧 R40mm 的圆心定位尺寸均未给出，是连接线段。连接线段需要用与两侧相邻线段的连接条件来绘制，前面介绍的圆弧连接方法是常用方法。

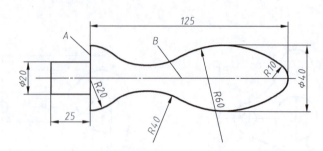

图 1-39 平面图形的尺寸与线段分析

1.5.2 用绘图工具绘制平面图的步骤

为了保证绘图质量和提高绘图速度，除正确使用绘图仪器、工具，熟练掌握几何作图方法和严格遵守国家制图标准外，还应注意绘图步骤和方法。

1. 准备工作　准备好必要的绘图仪器、工具和用品。对所绘图样的内容及要求进行了解；对平面图形进行尺寸分析和线段分析，找出尺寸基准和圆弧连接的线段，拟定作图顺序。

2. 选定比例，画底稿　先画平面图形的基准线、对称线或定位线，再顺次画出已知线段、中间线段、连接线段。画底稿的顺序如下：

1）按制图标准的要求，先把图框线及标题栏的位置画好；根据图形的数量、大小及复杂程度选择比例，安排图位，画出图形的中心线。

2）画图形的轮廓线。按从大到小，从整体到局部的顺序，至画出所有轮廓线。

3）仔细检查，擦去多余的底稿线。

3. 用铅笔加深图线　当直线与曲线相连时，先画曲线后画直线。加深后的同类图线，其粗细和深浅要保持一致。

4. 标注尺寸　画尺寸线和尺寸界线，写尺寸数字，完成图上所有内容。

5. 校核修正　再次校核修正，清理图面。

注意：图线均用铅笔绘制；画底稿的铅笔用 H 或 2H，画线条时要轻而细；加深粗实线的铅笔用 2B，加深细实线的铅笔用 HB，写字的铅笔用 HB。加深圆弧时所用的铅芯，应比加深同类型直线所用的铅芯软一号。

1.5.3 用绘图工具绘制平面图示例

抄绘图 1-40a 所示平面图形，绘图步骤如下。

1）找基准线和画基准线。水平和垂直方向的基准如图 1-40b 所示，画出水平和垂直方向的基准线如图 1-40c 所示。

2）画已知线段与中间线段，如图 1-40d 所示。

3）画连接线段。根据连接弧与两个圆弧内切连接的方法画出 $R45$mm 弧，如图 1-40e 所示；根据连接弧与两个圆弧外切连接的方法画出 $R8$mm 弧，如图 1-40f 所示；用圆弧连接两直线的方法画出 $R5$mm 弧，用圆弧连接一直线和一圆弧的方法画出 $R11$mm 弧，如图 1-40g 所示。

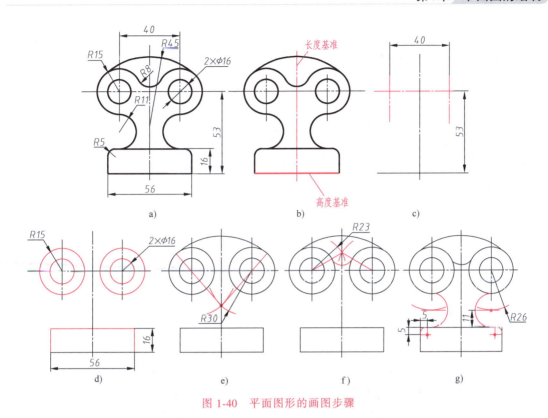

图 1-40 平面图形的画图步骤

1.6 草图的绘制

用绘图仪器画出的图，称为仪器图；不用仪器，徒手画出的图称为草图，如图 1-41 所示。草图的"草"字只是指徒手作图而言，并没有允许潦草的含义。草图上的线条也要粗细分明，基本平直，方向正确，长短大致符合比例，线型符合国家标准。徒手画图的要点是："徒手目测、先画后量、横平竖直、曲线光滑"。草图应当比例协调一致，图面工整清晰。画草图要手眼并用，作垂直线、等分一线段或一圆弧、截取相等的线段等，都是靠眼睛目测确定的。初学画草图时，最好画在方格（坐标）纸上，图形各部分之间的尺寸可借助方格数的比例来确定。画直线时，要注意手指和手腕执笔的力度。画短直线时，以手腕运笔，画长直线时，整个手臂运动，眼睛要随时注视直线终点，保持运笔方向。画圆时，应先画中心线以确定圆心。

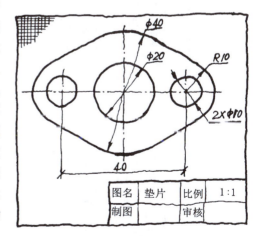

图 1-41 画平面草图

若画直线较小的圆，可先在中心上按半径目测定出四点，然后徒手将各点连接成圆。若画直径较大的圆，可过圆心加画一对十字线，按半径目测定出八个点，然后连接成圆。

第 2 章
基本体三视图的绘制与识读

【本章能力目标】 培养投影所需的空间想象能力；能够绘制与识读基本体的三视图；能够绘制简单形体的三视图；能够分析和标注基本体的尺寸。

2.1 投影法的基本知识

1. 投影法的概念 自然界中一切有形物体简称形体。形体在光线照射下会在地面或墙壁上产生影子，这就是常见的投影现象。人们根据生产活动的需要，对这种现象加以抽象和总结，逐步形成了投影法。投影法就是一组投射线通过形体射向某一平面上得到图形的方法，这一平面 P 称为投影面，在投影面 P 上所得到的图形称为投影。如图 2-1a 所示。

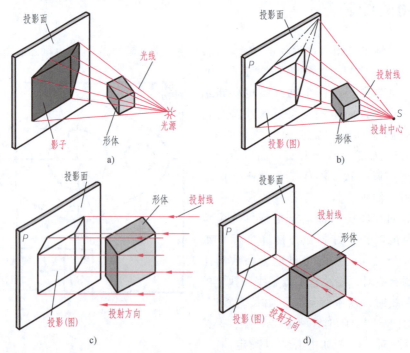

图 2-1 投影与投影法
a) 投影法 b) 中心投影法 c) 斜投影法 d) 正投影法

2. 投影法的分类　工程上常见的投影法有中心投影法和平行投影法。

（1）中心投影法　投射线汇交于一点的投影法，如图 2-1b 所示。因为中心投影法所得投影不能反映形体的真实形状和大小，所以，在工程图样中很少使用。

（2）平行投影法　投射线互相平行的投影法，平行投影法分为斜投影法和正投影法两类。投射线与投影面倾斜的平行投影称为斜投影法，如图 2-1c 所示；投射线与投影面垂直的平行投影称为正投影法，如图 2-1d 所示。

由于正投影法的投射线相互平行且垂直于投影面，正投影在投影图上容易如实表达空间形体的形状和大小，作图比较方便，因此工程图样主要采用正投影法，正投影简称为投影。后述文中所指投影都为正投影。

2.2　形体的视图投影规律与绘制

制图国家标准规定：形体用正投影向投影面投射时所得的图形称为视图。因此根据正投影的方法，可以画出形体在一个投影面上的视图。

[知识链接] 1.1.2　图线及其画法

绘制视图时，首先观察形体上有哪些轮廓线或过渡线，再确定观察方向并分析存在的线从指定观察方向上看去是否可见。分析时，要强调投射线是垂直于投影面的，有些实际能看到的轮廓线但抽象为垂直观察时，就要认为是不可见轮廓线，如图 2-2a 红色线所示就是从箭头方向看过去认为是不可见的线，如图 2-2b 红色线所示是从箭头方向看过去所有可见的线。绘图时，可见轮廓线用粗实线绘制，不可见轮廓线用细虚线绘制，所以，轮廓线要么画成粗实线，要么画成细虚线，就两种。轴线不是轮廓线，用细点画线绘制。

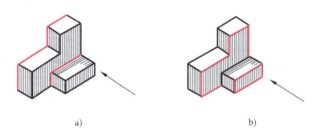

图 2-2　形体立体的观察方法

【示例 2-1】　若投影面分别为水平面、后正立面、右侧立面，绘制图 2-3a 所示形体的视图。

作图：若投影面为水平面，则投射线由上向下，视图如图 2-3b 所示；若投影面为后正立面，则投射线由前向后，视图如图 2-3c 所示；若投影面为右侧立面，则投射线由左向右，视图如图 2-3d 所示。

注：工程中常用观察方向代替投射线，即若投射线是从前向后，则表达为从前向后观察，因此，后文中描述从前向后观察即表示从前向后画投射线。

【示例 2-2】　分别从上向下、从前向后、从左向右观察绘制图 2-4a 所示形体的视图。

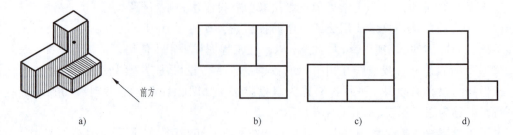

图 2-3 形体的立体图与三个方向的视图

a）立体图　b）从上方投影的视图　c）从前方投影的视图　d）从左方投影的视图

作图：从上向下观察时投影面为水平面，视图如图 2-4b 所示，圆的中心要绘制两条相互垂直的细点画线；从前向后观察时投影面为后正立面，视图如图 2-4c 所示，不可见轮廓线用细虚线绘制，要用细点画线绘制圆柱孔的轴线；从左向右观察时投影面为右侧立面，视图如图 2-4d 所示，不可见轮廓线用细虚线绘制，要用细点画线绘制圆柱孔的轴线。

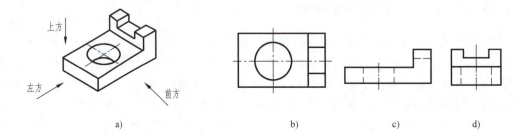

图 2-4 形体三个方向的视图

【练一练 2-1】选择题：如图 2-5 所示，根据立体图，选择箭头指向对应的正确视图。

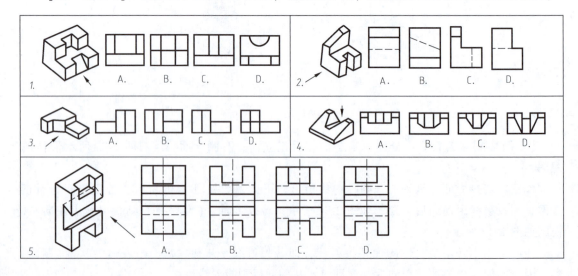

图 2-5 练一练 2-1 图

2.3 形体三视图的投影规律与绘制

如图 2-6 所示三个不同的形体,它们在一个投影面上的视图完全相同,这说明仅有形体的一个视图一般是不能确定空间形体的形状和结构的,故在工程中采用多面正投影的画法。至于究竟要设置几个投影面,画几个视图,这要视形体的复杂程度而定,但一般以画三视图作为基本方法。

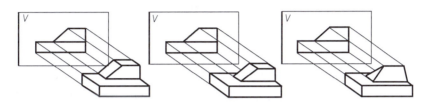

图 2-6　形体的一个视图不能完整表达其空间结构

2.3.1　三投影面体系

如图 2-7 所示的三个互相垂直的投影面即构成一个三投影面体系。三个投影面分别为:正立投影面,简称正面,用 V 表示;水平投影面,简称水平面,用 H 表示;侧立投影面,简称侧面,用 W 表示。每两个投影面的交线称为投影轴,如 OX、OY、OZ,分别简称为 X 轴、Y 轴、Z 轴。三根投影轴相互垂直,其交点 O 称为原点。

注:平时在一个长方体房间训练时,可以认为自己置身于三投影面体系中,即将三个墙面当作投影面,抬头看到前面的墙当作正面,脚下地面当作水平面,右侧墙当作侧投影面。

2.3.2　三视图的建立

将形体放置在三投影面体系中,按正投影法向各投影面投射,即可分别得到形体的视图,如图 2-8a 所示。这样得到的三个视图按一定的规律展开即称为形体的三视图。长方体三视图如图 2-8c 所示。

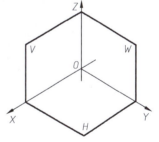

图 2-7　三投影面体系

三视图名称规定如下。

主视图——形体在正立投影面上的投影,也就是由前向后投射所得的视图。

俯视图——形体在水平投影面上的投影,也就是由上向下投射所得的视图。

左视图——形体在侧立投影面上的投影,也就是由左向右投射所得的视图。

为了画图方便,需将相互垂直的三个投影面展开在同一个平面上。展开的方法:正立投影面不动,将水平投影面绕 OX 轴向下旋转 90°,将侧立投影面绕 OZ 轴向右旋转 90°,如图 2-9b 所示,分别重合到正立投影面上,如图 2-9c 所示。应注意当水平投影面和侧立投影面旋转时,OY 轴分为两处,分别用 OY_H(在 H 面上)和 OY_W(在 W 面上)表示。

今后画图时,不必画出投影面的范围,因为它的大小与视图无关。也不需要标注视图的名称,如图 2-9d 所示。

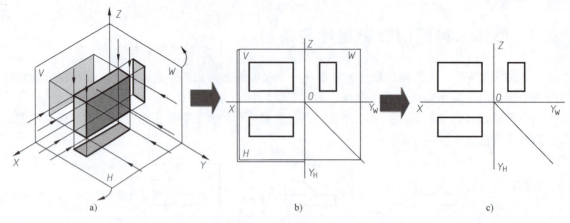

图 2-8　长方体三视图

a）三投影面体系轴测图　b）展开图　c）三视图

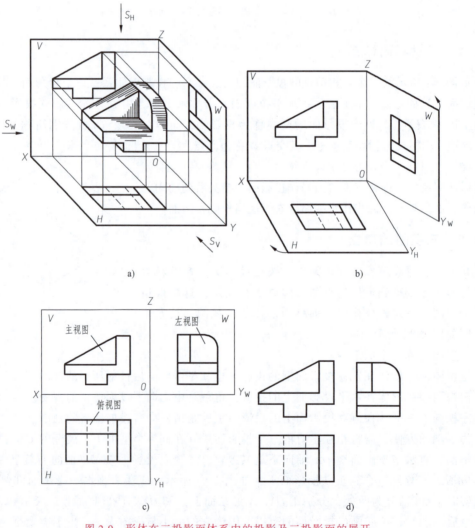

图 2-9　形体在三投影面体系中的投影及三投影面的展开

a）三视图投影图　b）展开过程图　c）展开图　d）三视图

注：三视图可以认为是由从前向后、从上向下、从左向右观察得到的三个视图严格按指定位置摆放的图形。

2.3.3 形体与视图间的关系

由图 2-10a 可知，三个视图分别反映形体在三个不同方向上的形状和大小。若形体和投影面不动，三个视图相当于人站在不同的位置去看形体。

1. 视图配置关系　以主视图为准，俯视图在它的正下方，左视图在它的正右方。

2. 形体的长、宽、高在视图上的对应关系　从三视图的形成过程中可以看出：主视图反映形体的长度（X）和高度（Z）；俯视图反映形体的长度（X）和宽度（Y）；左视图反映形体的高度（Z）和宽度（Y）。

3. 三视图间的"三等"关系　如图 2-10 所示。

主、俯视图——长对正；主、左视图——高平齐；俯、左视图——宽相等。

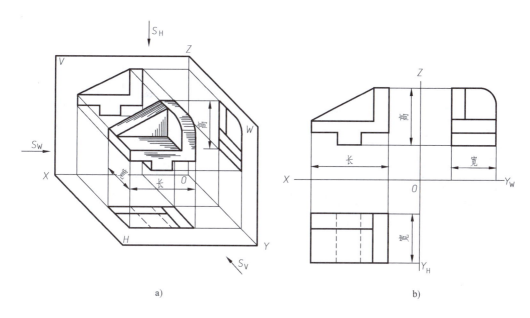

图 2-10　三视图表达形体的尺寸

4. 形体的六个方位在视图中的对应关系　形体在三投影面体系内的位置确定后，它的前后、左右和上下的位置关系也就在三视图上明确地反映出来，如图 2-11 所示。一般将三视图中任意两视图组合起来看，才能完全看清形体的上、下、左、右、前、后六个方位的相对位置。其中形体的前后位置在左视图中最容易弄错。左视图中的左、右反映了形体的后面和前面，不要误认为是形体的左面和右面。

5. 形体三视图示例与规律（见图 2-12）　机器零件不论其结构形状多么复杂，一般都可以看作是由一些棱柱、棱锥、圆柱和圆锥及圆球等基本几何形体（简称基本体）组合而成的，因此先学习基本体的三视图。

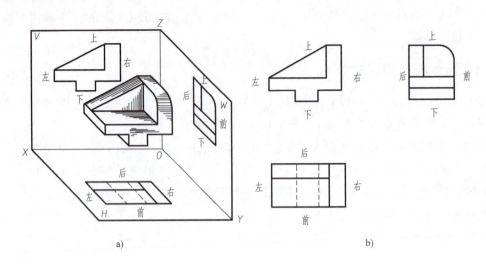

图 2-11 三视图表达形体的方位关系

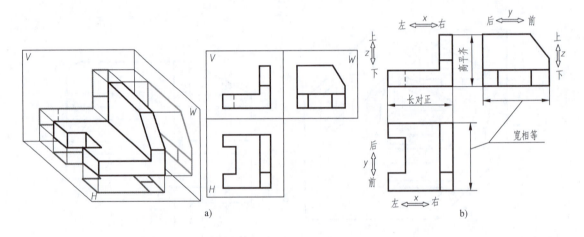

图 2-12 形体三视图示例与规律

2.3.4 形体三视图示例

形体三视图示例，如图 2-13 所示。立体图上若没有指明前方时，则前方如图 2-13a 箭头所示，那么上方、左方的方向也定了。形体上不可见的轮廓线也要绘制，如图 2-13b、c 红色线所示。表示长度方向的线在立体图上绘制成了倾斜的线，但在主视图、俯视图上要绘制成横线，如图 2-13d 红色线所示。表示宽度方向的线在立体图上绘制成了倾斜的线，但在左视图上要绘制成横线、俯视图上要绘制成竖线，如图 2-13e 红色线所示。对称形体的对称面要绘制成细点画线，每个对称面需要在两个视图上绘制线，左右对称形体的对称面要在主视图、俯视图上绘制成竖线，前后对称形体的对称面要在俯视图上绘制成横线、在左视图上绘制成竖线，如图 2-13f 红色线所示。

视图的线型应按制图国标的规定。如果不同的图线恰巧重合在一起，应按粗实线、细虚线、细点画线的优先顺序选择应该绘制的线型，即粗实线与细虚线重合应画出粗实线，粗实

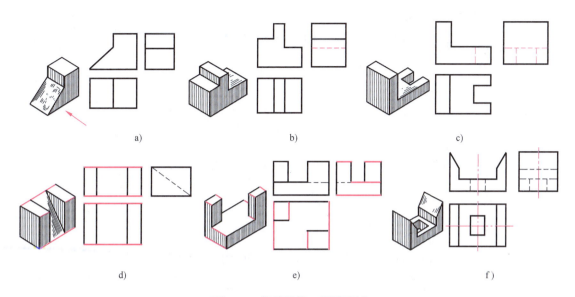

图 2-13 简单形体三视图示例

线与细点画线重合,应画出粗实线,细虚线与细点画线重合,应画出细虚线。细虚线与其他图线相交时,都应以线段相交;当细虚线是粗实线的延长线时,粗实线应画到分界点,而细虚线应以间隔与之相连。

【练一练 2-2】 填空题:如图 2-14 所示,请将正确的答案填入横线上。

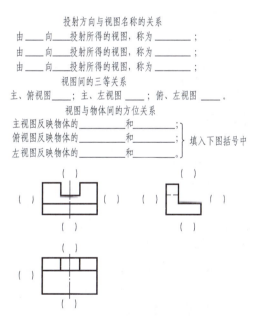

图 2-14 练一练 2-2 图

【练一练 2-3】 选择题:如图 2-15 所示,将三视图对应的立体图编号填入括号中。

【练一练 2-4】 选择题:如图 2-16 所示,将三视图对应的立体图编号填入圆圈中。

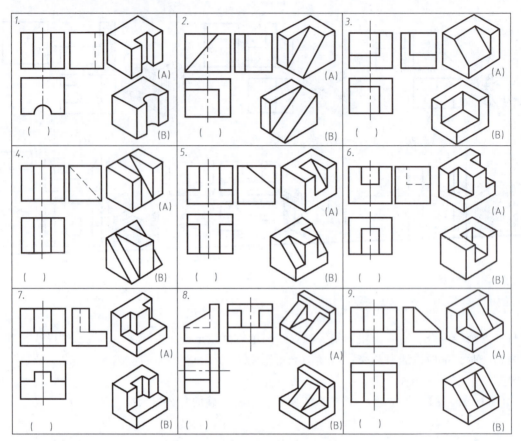

图 2-15 练一练 2-3 图

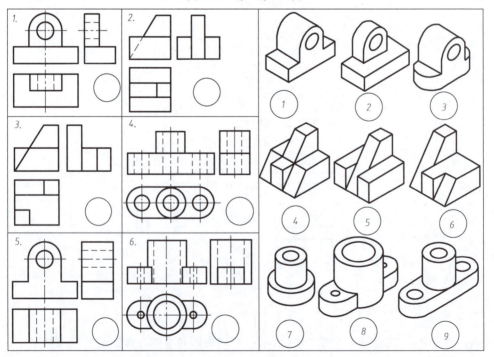

图 2-16 练一练 2-4 图

2.3.5 绘制简单形体三视图的方法

1. 绘制方法　学习形体的三视图，需要将理性认识变成画图能力，能够在图纸上画出形体的三视图。为了便于画图和读图时想象形体的形状，可以把每一个视图都看作是垂直于相应投影面的视线（设视线互相平行）所看到的形体的真实图像。如果要得到形体的主视图，观察者设想自己置身于形体的正前方观察形体，视线垂直于正立投影面。为了获得俯视图，形体保持不动，观察者自上而下地俯视该形体。为了获得左视图，形体保持不动，观察者自左而右地观察该形体。但是要注意，三视图不仅是三个视图，一定要保证三个视图的"三等"关系。如图 2-17 所示。

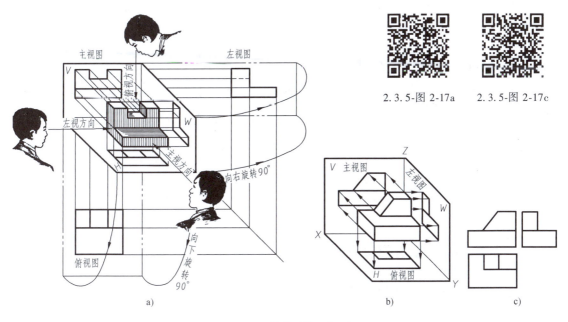

图 2-17　简单形体三视图

2. 画三视图要注意以下几点

1) 开始作图前，应先定出各视图的位置，画出作图基准线，如中心线或某些边线。各视图之间的距离应适当，两视图千万不要重合在一起，或者有重合线。

2) 分析形体上各部分形体的几何形状和位置关系，并根据其投影特性，画出各组成部分的投影。

3) 一般不需要画投影面的边框线和投影轴。三视图之间要保证"三等"关系，相邻视图之间可用三角板保证长对正、高平齐。保证宽相等有四种方法，如图 2-18a 所示用分规量取相同的尺寸；如图 2-18b 所示用斜角线法，斜角线的作法是先要根据对应点定出 P 点，再过 P 点用三角板画 45°斜线；如图 2-18c 所示用圆规画圆弧代替 45°斜线；如图 2-18d 所示用直尺量相同尺寸，这个方法看似最容易，但实际使用时最累。

3. 根据模型练习画三视图　初学者最好根据模型来练习画三视图，这样更容易入门，可以分组制作模型后绘制其三视图。要认识到模型摆放姿势不一样，三视图就不一样，绘图难度也不一样。所以首先应把模型位置放正，选定好主视图方向，从而就确定了模型摆放姿

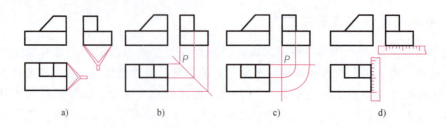

图 2-18 保持宽度相等的三种方法
a) 用分规 b) 用斜角线 c) 用圆规 d) 用直尺

势。最好将模型上最能反映其形状特征的一面选为画主视图的方向,同时尽可能考虑其余两视图简明好画,虚线少。模型的主视图方向选择与摆放示例如图 2-19 所示。

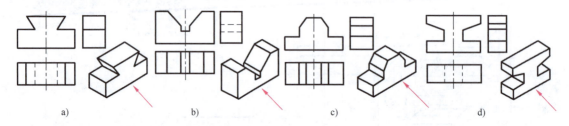

图 2-19 模型的主视图方向选择与摆放示例
a) 燕尾形柱 b) V 形槽柱 c) 导轨形柱 d) 工字形柱

2.4 基本体三视图的绘制

基本立体根据其表面的几何性质可分为平面立体和曲面立体两类。

2.4.1 平面立体的三视图

平面立体是表面全部由平面围成的实体,如棱柱、棱锥等。平面立体的各表面都是平面图形,面与面的交线称为棱线,是直线。棱线与棱线的交点为顶点。

1. 棱柱的三视图 棱柱的表面是棱面和底面,各棱线相互平行。当棱线与底面垂直时,称为直棱柱;倾斜时称为斜棱柱;当直棱柱的顶、底面为正多边形时,称为正棱柱。

为便于画图和识图,摆放形体时,常使棱柱的主要表面处于与投影面平行或垂直的位置。如图 2-20a 所示正六棱柱,其顶面和底面平行于水平面,在俯视图上反映实形,前后棱面平行于正面,在主视图上反映实形,六棱柱的另外四个棱面垂直于水平面,六个棱面在俯视图上积聚成直线并与六边形的边重合。六条棱线垂直于水平面,在俯视图上积聚在六边形的六个顶点上。正六棱柱三视图如图 2-20c 所示。

画棱柱体的三视图时,一般先画反映实形的底面的投影,然后再画棱面的投影,并判断可见性。正六棱柱的画图步骤如下:画对称中心线;画出俯视图,为反映顶、底面实形的正六边形;根据棱柱的高度和三视图的"三等关系"画出其余两视图,如图 2-20c 所示。

如果把六棱柱旋转 90°,三视图位置也将变化,如图 2-21 所示。

第2章 基本体三视图的绘制与识读

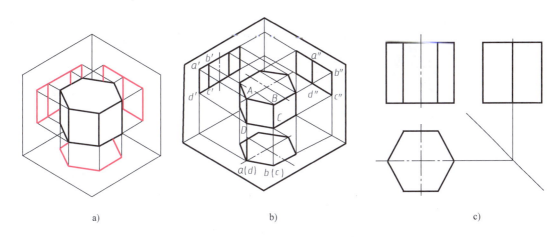

图 2-20 正六棱柱的轴测图与三视图

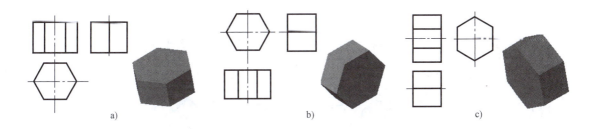

图 2-21 正六棱柱旋转后的三视图

【示例 2-3】 绘制如图 2-22a 所示三棱柱的三视图。
三棱柱的三视图如图 2-22b、c 所示。

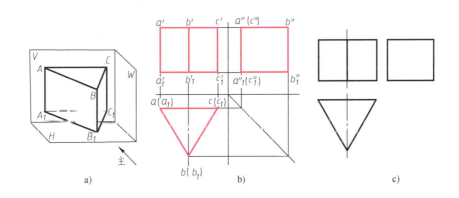

图 2-22 三棱柱的轴测图与三视图

思考：如果把三棱柱旋转 90°，三视图将如何画？如图 2-23 所示。
不同位置棱柱立体图及三视图示例如图 2-24 所示。

2. 棱锥的三视图　棱锥的表面有底面和棱面，各条棱线汇交于一点（锥顶），各棱面都是三角形，底面为多边形。正棱锥的底面是正多边形，侧面为等腰三角形。

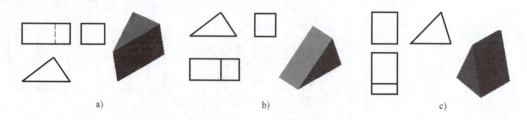

图 2-23　三棱柱旋转后的三视图

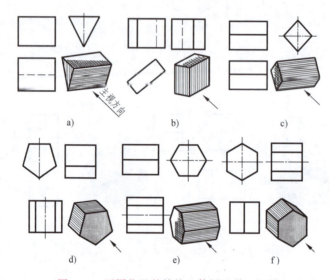

图 2-24　不同位置的棱柱立体图及其三视图
a）直三棱柱　b）直四棱柱　c）正四棱柱　d）正五棱柱　e）正六棱柱　f）正六棱柱

如图 2-25a 所示为一四棱锥，它的底面为一四边形，棱面都是等腰三角形。底面是水平面，在俯视图上反映实形，正面、侧面投影均积聚为直线段；左右棱面垂直于正面，主视图上积聚成直线；前后棱面垂直于侧面，左视图上积聚成直线。

画棱锥的三视图时，先画底面和顶点的投影，然后再画出各棱线的投影，并判断可见性，画图步骤如下：画出俯视图，并确定顶点的三面投影；画出棱线并加深，如图 2-25b 所示。

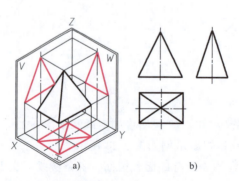

图 2-25　四棱锥的立体图与三视图

如果四棱锥旋转 90°，三视图将变化，如图 2-26 所示是四棱锥不同摆放的三视图。

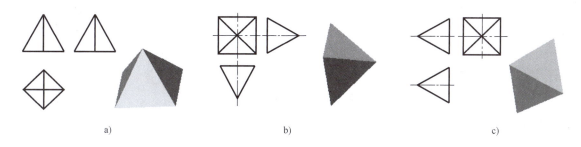

图 2-26 四棱锥的三视图

当底面的四边形换成正五边形时，称为正五棱锥。正五棱锥的立体图与三视图如图 2-27 所示。

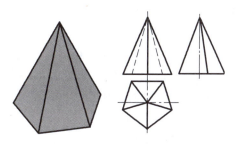

图 2-27 正五棱锥的立体图与三视图

不同位置棱锥和棱台的三视图示例如图 2-28 所示。

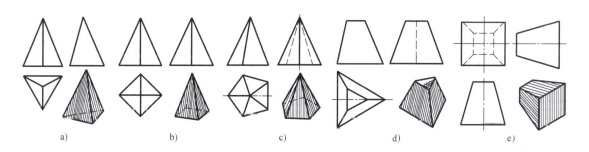

图 2-28 不同位置的棱锥与棱台立体图及其三视图
a）正三棱锥 b）正四棱锥 c）正五棱锥 d）正三棱台 e）正四棱台

2.4.2 回转体定义与三视图绘制方法

2.4.2-回转体定义动画

曲面立体是由曲面或曲面和平面围成的实体，形体中常见的曲面立体是回转体，常见的回转体有圆柱、圆锥、圆台、圆球、圆环等。回转体由回转面或回转面与平面组成。回转面是由一根动线（曲线或直线）绕一条固定线旋转一周形成的曲面，该动线称为母线，固定线称为轴线。母线在回转面上的任意位置称为素线，最前、最后、最左、最右等位置的素线是特殊素线，称为转向轮廓素线，是可见与不可见表面的分界线；母线上任一点的运动轨迹都是圆，称为纬线圆，纬线圆所在平面垂直于轴线。

绘制回转体的三视图，通常要绘制轴线的投影与回转面的投影。一般先绘制轴线的投影，再绘制回转面的投影；轴线的投影用细点画线绘制；轴线的投影线在三个视图上都要绘制。绘制圆的视图时，先画两条相互垂直的细点画线，垂足为圆心，圆心处应为线段的交点，再画圆。当细点画线在较小图形中绘制有困难时，可用细实线代替。回转体表面多为光滑过渡，因此绘制的回转面三视图多为转向轮廓素线的投影。

2.4.3 常见回转体的三视图

1. 圆柱的形成与三视图　如图 2-29a 所示，圆柱面可看成是一直线 AA_1 绕与其平行的轴线旋转而成，圆柱由上下底面与圆柱面组成。

圆柱的轴线垂直于水平面，圆柱面上所有素线都垂直于水平面，所以圆柱面的俯视图积聚在圆周上，圆柱面在主视图中的轮廓线是圆柱面上最左、最右两条素线的投影，在左视图中的轮廓线是圆柱面上最前、最后两条素线的投影；因圆柱体的上下底面与水平面平行，故俯视图应为实形，即为圆，主、左视图积聚为直线。由此可见：圆柱的主、左视图为大小相同的矩形，俯视图为圆，如图 2-29b 所示。三视图如图 2-29c 所示。

画图步骤如下：画三个视图上轴线的投影线，如图 2-30a 所示；再画出投影为圆的俯视图，如图 2-30b 所示；画出底圆另两个视图，如图 2-30c 所示；然后根据圆柱体的高度和"三等"关系画出另两个视图，如图 2-30d 所示。

圆柱摆放位置不同，其三视图图形方向也不同，不同摆放位置圆柱的三视图如图 2-31 所示。在日常生产中，经常看到圆柱体中间是空心的结构，这种形状称为圆筒，圆筒的三视图如图 2-32 所示。

2. 圆锥的形成及三视图　圆锥体由圆锥面与底平面组成。如图 2-33a 所示，圆锥面可看成是由一条母线 SA 绕与它相交的轴线回转而成，圆锥面上过锥顶 S 的任一直线 SA 称为素线。

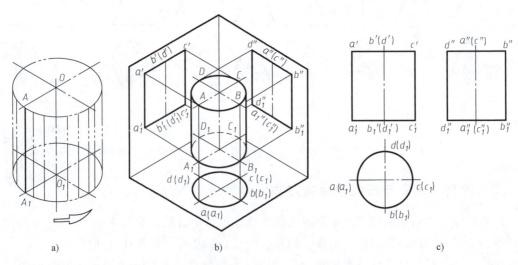

图 2-29　圆柱体的轴测图与三视图

第2章 基本体三视图的绘制与识读

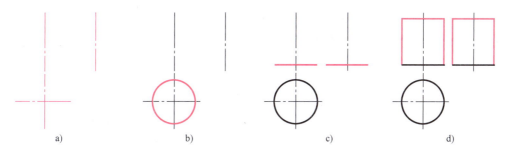

图 2-30 圆柱体三视图绘制步骤

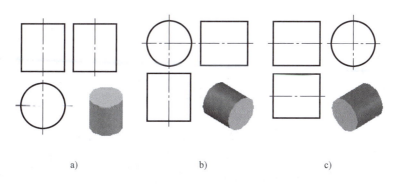

图 2-31 不同摆放位置圆柱的三视图

如图 2-33b 所示，圆锥的轴线垂直于水平投影面，圆锥的俯视图是圆，该圆既是圆锥面的投影，又是底平面圆的实形投影；主视图为一等腰三角形，三角形的底边是圆锥底平面的积聚投影，两腰是圆锥面上最左、最右两条素线的投影；左视图也是等腰三角形，三角形的底边是圆锥底平面的积聚投影，两腰是圆锥面上最前和最后两素线的投影，左视图与主视图形状是一样的等腰三角形，绘图时先画轴线的投影线，再画投影为圆的视图（俯视图），最后画锥顶和轮廓线的投影，圆锥三视图如图 2-33c 所示。

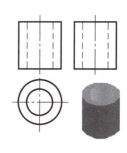

图 2-32 圆筒的三视图

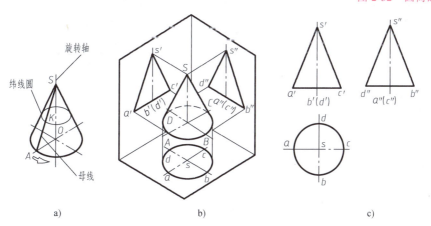

图 2-33 圆锥体的轴测图与三视图

用平行于底面的平面切割圆锥时,得到的形体称为圆锥台,简称圆台,如图 2-34 所示。圆台的三视图如图 2-34b 所示。

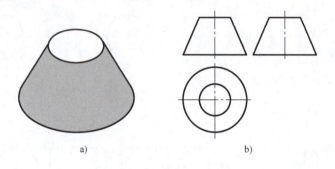

图 2-34 圆台的立体图与三视图

3. 圆球的形成及三视图　圆球是球面围成的实体。球面可以看成是由一个圆母线绕其自身的直径即轴线旋转而成,如图 2-35a 所示。圆球从任意方向投影都是圆,因此其三面投影都是直径相同的圆。三个圆分别是球面在三个投影方向上转向轮廓素线圆 A、B、C 的投影,如图 2-35b 所示。A 在主视图中是 a',它是前后半球可见与不可见的分界圆,在俯视图和左视图中都积聚成直线 a 和 a'',并与中心线重合,不必画出;同理,B 在俯视图上反映为 b,是上下半球可见和不可见的分界圆,其余两个视图为 b' 和 b'';C 在左视图上反映为 c'',它是左右半球可见与不可见的分界圆,其余两个视图为 c 和 c'。

画圆球三视图时,先画中心线,再画圆球的轮廓线并加深,圆球三视图如图 2-35c 所示。

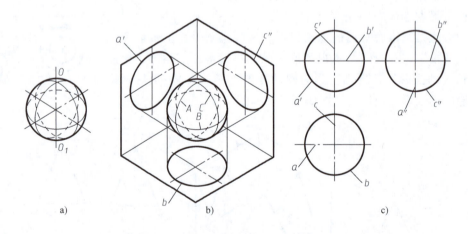

图 2-35 圆球的轴测图与三视图

当圆球被切去一半时得到半球,半圆球的三视图如图 2-36b 所示,半球的三视图画法可以参照整个球体的画法。

4. 圆环的形成及三视图　圆环面可看成是以一圆为母线,绕与圆在同一平面但位于圆周之外的轴线旋转而成。如图 2-37 所示圆环的投影,俯视图为两个实线同心圆,它是圆环

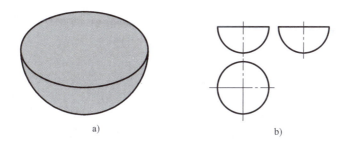

图 2-36 半球体的立体图与三视图

对水平面的转向轮廓线的投影，点画线圆为母线圆圆心的运动轨迹，它的正面投影重合在水平中心线上。主视图由圆环的最左、最右素线圆以及最上、最下纬线圆的积聚投影组成；内环面看不见，画虚线。左视图与主视图类似，由圆环的最前、最后素线圆与最上、最下纬线圆的积聚投影组成。

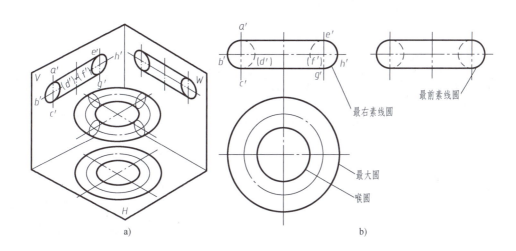

图 2-37 圆环的投影

不同位置回转体的三视图示例如图 2-38 所示。

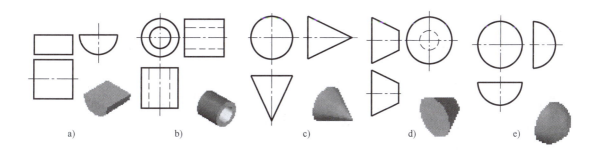

图 2-38 不同位置的回转体立体图及其三视图
a）半圆柱体　b）圆筒　c）圆锥　d）圆台　e）前半球

2.5 识读基本体三视图

2.5.1 识读基本体三视图

识读基本体三视图时,要善于抓住反映形体各组成部分形状与位置特征较多的视图,并从它入手就能较快地将其分析判断出是哪类基本体,再根据投影关系,找到基本体所对应的其他视图,并经分析、判断后,想象出基本体的形状。

基本体三视图的识读比较简单,因此识读时可找出规律,将它们的三视图当作符号来记忆,识读起来更快捷。一般情况下,若三视图中有圆或者圆弧的图形,才可能是回转体,否则是平面立体。若三视图中有两个或三个圆或者圆弧的图形,则基本体是球体;若三视图中只有一个圆或者圆弧的图形,另两个视图是矩形,则基本体是圆柱体,另两个视图是三角形,则基本体是圆锥体;若三视图中有一个多边形,另两个视图是矩形组成,则基本体是棱柱体,另两个视图是三角形组成,则基本体是棱锥体。如图2-39所示基本体三视图及各种不同的形状和位置。

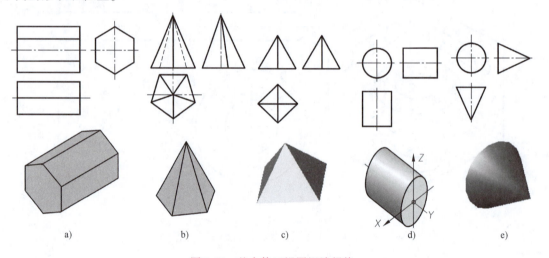

图2-39 基本体三视图识读规律

【练一练2-5】 根据图2-40a 三视图在图2-40b 中找出与其对应的立体图,填写对应的序号。

2.5.2 识读注意点

要把三个视图联系起来进行识读。在没标注尺寸的情况下,只看一个视图不能确定形体的形状,一个视图只是形体一个方向的投影,不能确定形体的空间形状。有时虽有两个视图,形体的形状也不能确定。如图2-41a所示,只画出主视图的矩形线框,那么该形体可以是棱柱体,也可以是圆柱体,还可以是棱柱与圆柱的组合体等,如图2-41所示。如图2-42所示主、俯两个视图相同,随着左视图的不同,所示形体可能是长方体、1/4圆柱或三棱柱等。因此识图时不能只盯在一个视图上,必须把所给的视图联系起来识读,才能想出形体的形状。

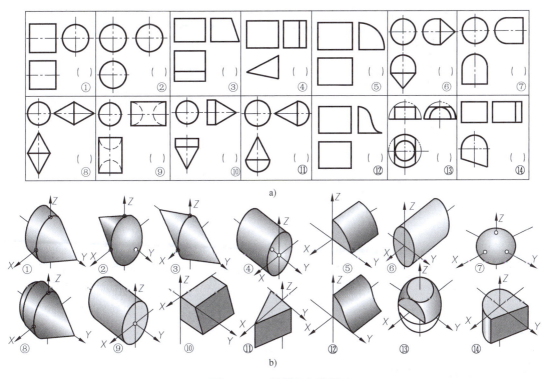

图 2-40 三视图与立体图

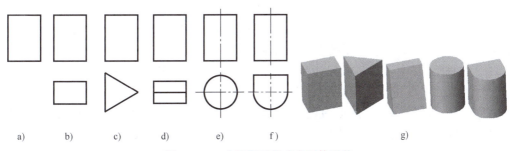

图 2-41 一个视图不能确定形体形状

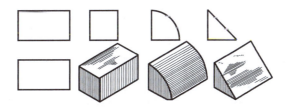

图 2-42 两个视图不能确定形体形状

2.5.3 识读方法

识图是绘图的逆过程。绘图是运用正投影规律将三维形体表示成二维视图，如图 2-43a 所示；识图是根据二维视图及它们之间的投影关系想象形体三维形状的过程，如图 2-43b 所

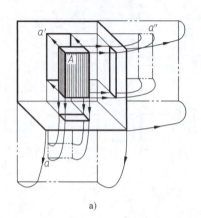
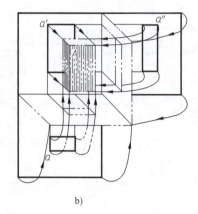

图 2-43 绘图与识图过程

示,可以说识图是绘图的逆过程。识图时,使正面保持不动,将水平面、侧面按箭头所指方向旋回到三个投影面相互垂直的原始位置,然后由各视图向空间引投影线,即将主视图上各点沿投影线向前拔出,将俯视图上各点沿投影线向上升起,将左视图上各点沿投影线向左横移,同点的投影线必相遇,由于这种投影的可逆性,视图上各点的"旋转归位",就使整个形体的形状"再现"出来了。

2.6 基本体的尺寸标注

1. 平面立体的尺寸　平面立体要标注其长、宽、高三个方向的尺寸。具体为长方体要标注长、宽、高三个尺寸,每个尺寸标注的位置有两个视图可以选择,如高度尺寸可以标注在主视图上,也可以标注在左视图上,但只能标注一次,如长度尺寸可以标注在主视图上,也可以标注在俯视图上,但只能标注一次,如图 2-44 所示;棱柱要标出其底面形状尺寸和高度尺寸,如图 2-45 所示;棱锥要标出其底面形状尺寸和高度尺寸,如图 2-46 所示;棱台要标出其顶面、底面形状尺寸和高度尺寸,如图 2-47 所示。正多边形可以只标注外接圆直径,如图 2-48b 所示,若没有位置可作外接圆尺寸界线,可用细双点画线绘制一个外接圆,再标注外接圆直径,如图 2-48d 所示;正方形的尺寸可采用"□边长"的形式注出,如图 2-48f 所示。

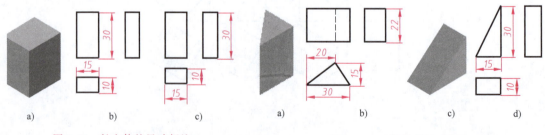

图 2-44　长方体的尺寸标注　　　　　　图 2-45　三棱柱的尺寸标注

2. 回转体的尺寸　圆柱体应标出直径和高度尺寸,如图 2-49 所示;圆锥体应标出直径和高度尺寸,如图 2-50 所示;圆台标注顶圆和底圆的直径及高度尺寸,如图 2-51 所示。空

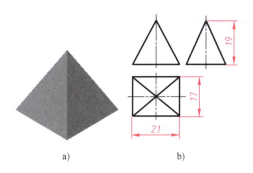

图 2-46 棱锥的尺寸标注

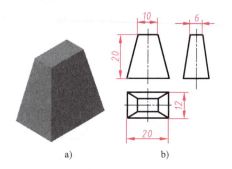

图 2-47 棱台的尺寸标注

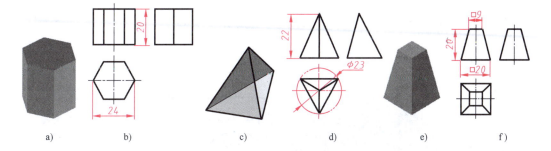

图 2-48 正棱柱与正棱锥的尺寸标注

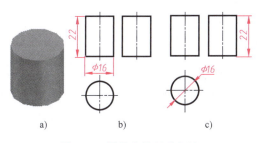

图 2-49 圆柱体的尺寸标注

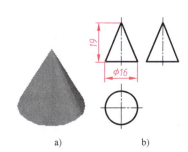

图 2-50 圆锥体的尺寸标注

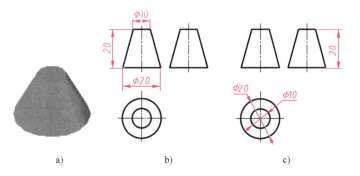

图 2-51 圆台的尺寸标注

间圆的直径可以标注在投影为圆的图上，也可以标注在投影为直线的图上，但在尺寸数字前都应加注符号"φ"。圆球体应该标注直径，且在数字前加注"Sφ"，半球体应该标注半径，且在数字前加注"SR"，如图2-52所示。圆环体应标注母线圆的直径和圆环的中心圆的直径，如图2-53所示。

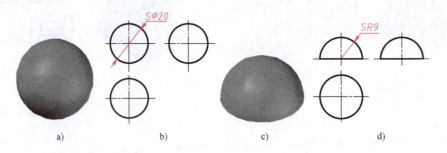

图2-52 球体的尺寸标注

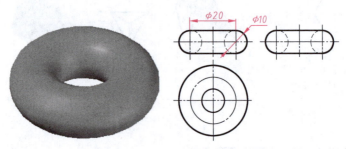

图2-53 圆环体的尺寸标注

3. 注意点 尺寸分析是对空间基本体进行分析，切记不要认作是对三个平面图进行尺寸分析，否则，会出现重复标注。例如，长方体三视图若认作是对三个长方形图进行尺寸分析结果如图2-54a所示，圆球体三视图若认作是对三个圆形图进行尺寸分析结果如图2-54b所示，都有重复尺寸。

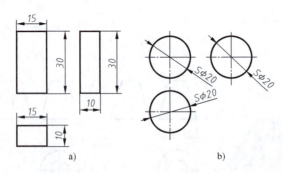

图2-54 错误的尺寸标注

第 3 章

点、线、面的投影

【本章能力目标】 能够绘制点、直线、平面的三面投影和进行空间位置的判断。

点、线、面是构成自然界中一切形体的基本几何元素，掌握其投影特性与规律，能够为正确表达形体打下坚实的基础。

3.1 点的投影与作图方法

3.1.1 点的三面投影与其规律

[知识链接] 2.3.1 三投影面体系

如图 3-1a 所示，将空间点 A 放置在三投影面体系中，过点 A 分别作垂直于水平面、正面、侧面的投射线，投射线与水平面的交点（即垂足点）a 称为 A 点的水平投影；投射线与正面的交点 a′ 称为 A 点的正面投影；投射线与侧面的交点 a″ 称为 A 点的侧面投影。将三投影面按前述规定展开，就得到点 A 的三面投影图，如图 3-1b 所示。在点的投影图中一般只画出投影轴，不画投影面的边框，如图 3-1c 所示。

在投影图中统一规定：空间点用大写字母表示，其在水平面的投影用相应的小写字母表示；在正面的投影用相应的小写字母右上角加一撇表示；在侧面投影用相应的小写字母右上角加两撇表示。如空间点 A 的三面投影用 a、a′、a″ 表示。

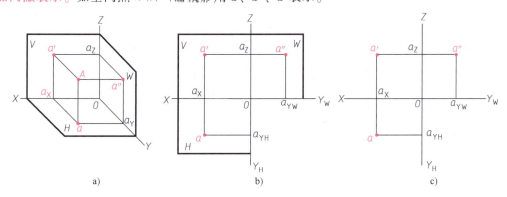

图 3-1 点的三面投影

在图 3-1a 中，过空间点 A 的两条投射线 Aa 和 Aa' 所构成的矩形平面 Aaa_Xa' 与正面和水平面互相垂直并相交，因而它们的交线 aa_X、$a'a_X$、OX 轴必然互相垂直且相交于一点 a_X。当正面不动，将水平面绕 OX 轴向下旋转 90°而与正面在同一平面时，a'、a_X、a 三点共线，即 $a'a_Xa$ 成为一条垂直于 OX 轴的直线（见图 3-1b）。同理可证，连线 $a'a_Za''$ 垂直于 OZ 轴。

图 3-1a 中 Aaa_Xa' 是一个矩形平面，线段 Aa 表示 A 点到水平面的距离，$Aa = a'a_X$。线段 Aa' 表示 A 点到正面的距离，$Aa' = aa_X$；同理可得，线段 Aa'' 表示 A 点到侧面的距离，$Aa'' = aa_Y$。a_Y 在投影面展开后，被分为 a_{YH} 和 a_{YW} 两个部分，所以 $aa_{YH} \perp OY_H$，$a''a_{YW} \perp OY_W$。

通过以上分析可得出点的投影规律如下。

1）点的两面投影的连线垂直于相应的投影轴。

$a'a \perp OX$，即 A 点的正面投影和水平投影连线垂直于 X 轴；

$a'a'' \perp OZ$，即 A 点的正面投影和侧面投影连线垂直于 Z 轴；

$aa_{YH} \perp OY_H$，$a''a_{YW} \perp OY_W$，$Oa_{YH} = Oa_{YW}$

2）点的投影到投影轴的距离，反映该点到相应的投影面的距离。

$aa_X = a''a_Z = Aa'$，反映 A 点到正面的距离；

$a'a_X = a''a_{YW} = Aa$，反映 A 点到水平面的距离；

$a'a_Z = aa_{YH} = Aa''$，反映 A 点到侧面的距离；

根据上述投影规律可知：由点的两面投影就可确定点的空间位置，故只要已知点的任意两面投影，就可以求出该点的第三面投影。

☆【示例 3-1】 已知点 A 的两面投影，求第三面投影。⊖

作图步骤如下。

1）如图 3-2a 所示，已知点 A 的水平投影 a 和正面投影 a'，求其侧面投影 a''。

① 过 a' 作 OZ 轴的垂线 $a'a_Z$，如图 3-2b 所示，所求 a'' 必在这条延长线上。

② 在 $a'a_Z$ 的延长线上截取 $a_Za'' = aa_X$，a'' 即为所求，如图 3-2c 所示；或以原点 O 为圆心，以 aa_X 为半径作圆弧交 OY_W 轴于一点 a_{YW}，再过此交点向上作垂线交 $a'a_Z$ 于一点，此点即为 a''，如图 3-2d 箭头所示；也可以过原点 O 作 45°辅助线，过 a 作 $aa_{YH} \perp OY_H$ 并延长交所作辅助线于一点，过此交点作 OY_W 轴垂线交 $a'a_Z$ 于一点，此点即为 a''，如图 3-2e 箭头所示。

2）如图 3-3a 所示，已知点 A 的水平投影 a 和侧面投影 a''，求其正面投影 a'。

① 过 a 作 OX 轴的垂线 aa_X，过 a'' 作 OZ 轴的垂线 $a''a_Z$，如图 3-3b 所示。

② 延长 aa_X 和 $a''a_Z$，两条延长线的交点 a' 即为所求，如图 3-3c 所示。

3）如图 3-4a 所示，已知点 A 的正面投影 a' 和侧面投影 a''，求其水平投影 a。

①过 a' 作 OX 轴的垂线 $a'a_X$，过 a'' 作 OY_W 轴的垂线 $a''a_{YW}$，如图 3-4b 所示。

② 延长 $a''a_{YW}$ 与 45°斜线交于一点，过此点作 OY_H 轴垂线交 $a'a_X$ 的延长线于一点，此点即为 a，如图 3-4c 所示。

⊖ 此题包含三个小题目，在后续绘制过程中应用非常广，需要熟练掌握其方法，对于这样的例题，题号前面加"☆"，以作标识。

第3章 点、线、面的投影

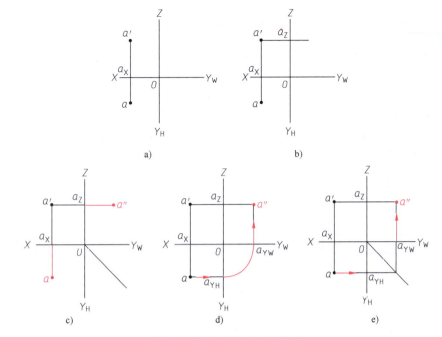

图 3-2 已知 a 和 a'，求其 a''

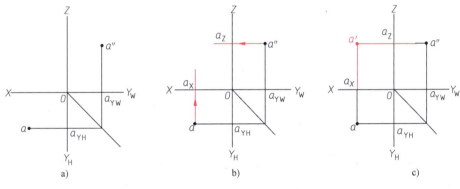

图 3-3 已知 a 和 a''，求其 a'

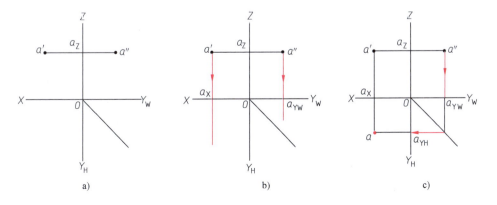

图 3-4 已知 a' 和 a''，求其 a

3.1.2 点的投影与其直角坐标的关系

若将三面投影体系中的三个投影面看作是直角坐标系中的三个坐标面，则三条投影轴相当于坐标轴，原点相当于坐标原点。如图3-5所示空间点 A（x_A，y_A，z_A）到三个投影面的距离可以用直角坐标来表示，即：空间点 A 到侧面的距离等于点 A 的 X 轴坐标 x_A；空间点 A 到正面的距离等于点 A 的 Y 轴坐标 y_A；空间点 A 到水平面的距离等于点 A 的 Z 轴坐标 z_A。

由此可见，若已知点的直角坐标就可以作出点的三面投影。点的任何一面投影反映了点的两个坐标，如点 A 投影反映的坐标是 a'（x_A，z_A）、a（x_A，y_A）、a''（y_A，z_A），因此点的两面投影即可反映点的三个坐标，也就确定了点的空间位置。

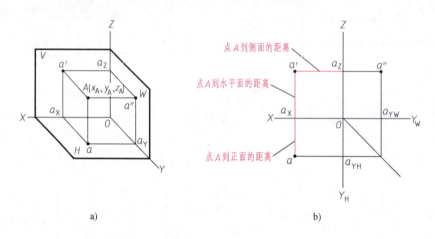

图 3-5 点的投影与其直角坐标的关系
a) 立体图　b) 投影图

【示例3-2】 已知点 A(50，40，45)，作其三面投影图。

作图步骤如图3-6所示。先在投影轴 OX、OY_H 和 OY_W、OZ 上，分别从原点 O 截取 50mm、40mm、45mm，得点 a_X、a_{YH} 和 a_{YW}、a_Z。再过 a_X、a_{YH}、a_{YW}、a_Z 点，分别做投影轴 OX、OY_H、OY_W、OZ 的垂线，两线交点得 A 点的三面投影 a、a'、a''。

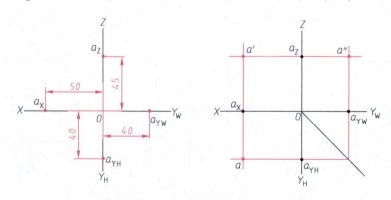

图 3-6 已知点的坐标作其三面投影

3.1.3 特殊位置点的投影

1. 投影面上的点 如图 3-7a 所示，B 点在水平面上，A 点在正面上，C 点在侧面上。对于 B 点而言，其水平投影 b 与 B 重合，正面投影 b' 在 OX 轴上，侧面投影 b'' 在 OY_W 轴上。同样可得出 A、C 两点的投影，如图 3-7b 所示。

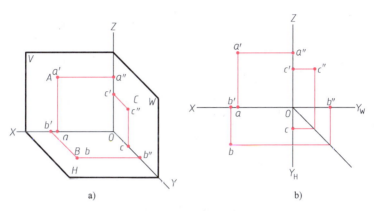

图 3-7 投影面上的点
a) 立体图 b) 投影图

2. 投影轴上的点 如图 3-8a 所示，A 点在 X 轴上，B 点在 Y 轴上，C 点在 Z 轴上。对于 A 点而言，其水平投影 a、正面投影 a' 都与 A 点重合，并在 OX 轴上；其侧面投影 a'' 与原点 O 重合。同样可得出 B、C 两点的投影，如图 3-8b 所示。

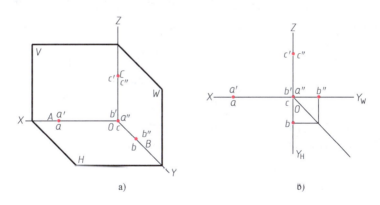

图 3-8 投影轴上的点
a) 立体图 b) 投影图

3.1.4 两点的相对位置与重影点

1. 两点的相对位置 空间两点的相对位置是用来判断一个点在另一个点的前或后、左或右、上或下。空间两点的相对位置可以根据其坐标关系来确定：x 坐标大者在左，小者在右；y 坐标大者在前，小者在后；z 坐标大者在上，小者在下。也可以根据它们的同面投影来确定：正面投影反映它们的上下、左右关系，水平投影反映它们的左右、前后关系，侧面投影反映它们的上下、前后关系。如图 3-9a 所示,已知 A、B 两点的三面投影。$x_A>x_B$ 表示 A 点在 B 点之左,$y_A>y_B$ 表示 A 点在 B 点之前,$z_A<z_B$ 表示 A 点在 B 点之下,即 A 点在 B 点的左、前、下方,如图 3-9b 所示。

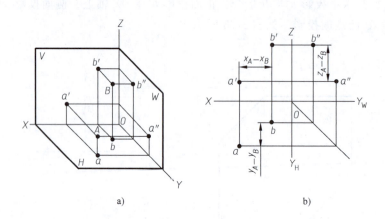

图 3-9　根据两点的投影判断其相对位置
a) 立体图　b) 投影图

2. 重影点　当两个点处于某一投影面的同一投射线上,则两个点在该投影面上的投影便互相重合,这个重合的投影称为重影,空间的两点称为该投影面的重影点。重影点分三类,即水平面重影点、正面重影点、侧面重影点,见表 3-1。

表 3-1　投影面的重影点

	水平投影面重影点	正投影面重影点	侧投影面重影点
立体图			
投影图			

表 3-1 中 A 点位于 B 点的正上方,两点的水平投影 a 与 b 重合,故两点是水平面的重影点;A 点在上,B 点在下,所以点 A 的投影 a 可见,点 B 的投影 b 不可见。为了区别重影点的可见性,将不可见点的投影用字母加括号表示,如重影点 a(b)。同理,C 点位于 D 点的

正前方，它们是正面的重影点，其正面投影为 c'（d'）；E 点位于 F 点的正左方，它们是侧面的重影点，其侧面投影为 e''（f''）。

识读时，当看到有重影点标注时，便能知晓空间两点的名称与相对位置，如 a（b），说明空间是 A、B 两个点，且知晓 A 点位于 B 点的正上方。

3.2 正投影的基本特性

1. **真实性** 当直线或平面与投影面平行时，直线的投影为反映空间直线实长的直线段，平面投影为反映空间平面实形的图形，正投影这种特性称为真实性，见表 3-2。

2. **积聚性** 当直线或平面与投影面垂直时，直线的投影积聚成一点，平面的投影积聚成一条直线，正投影的这种特性称为积聚性，见表 3-2。

3. **类似性** 当直线或平面与投影面倾斜时，直线的投影为小于空间直线实长的直线段，平面的投影为小于空间实形的类似形，正投影的这种特性称为类似性，见表 3-2。

表 3-2 正投影的基本特性

位置	真实性	积聚性	类似性
	平行于投影面	垂直于投影面	倾斜于投影面
直线			
平面			

3.3 直线投影的作图方法与投影特性

3.3.1 直线三面投影的作图方法

直线的投影在一般情况下仍是直线，在特殊情况下，其投影可积聚为一个点。由于两点可以决定一直线，作某一直线的投影，只要作出这条直线两个端点的三面投影，然后将两端点的同面投影相连，即得直线的三面投影。

☆ 【示例 3-3】 作任意直线 AB 的三面投影。

1）作点 A 的三面投影；作点 B 的三面投影，如图 3-10a 所示。

3.3.1-示例 3-3

2)用粗实线过点连线 ab,$a'b'$,$a''b''$,如图3-10b所示。

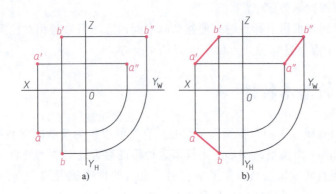

图 3-10　直线的三面投影作图方法

3.3.2　各种位置直线的投影特性

按直线与三个投影面之间的相对位置,将空间直线分为两大类:即一般位置直线与特殊位置直线。特殊位置直线又分为投影面平行线与投影面垂直线。

1. 一般位置直线　与三个投影面都倾斜(即不平行又不垂直)的直线。

从图 3-11 可以看出,一般位置直线具有以下的投影特性:直线在三个投影面上的投影都是直线,且均倾斜于投影轴,即为"斜线"。三个投影的直线长度都小于实长。

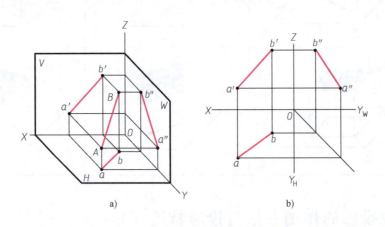

图 3-11　一般位置直线的投影
a)立体图　b)投影图

2. 投影面平行线　平行于一个投影面而与另外两个投影面都倾斜的直线。投影面平行线分为水平线、正平线、侧平线三种,见表 3-3。

平行于水平面,同时倾斜于正面、侧面的直线称为水平线,见表 3-3 中 AB 线。

平行于正面,同时倾斜于水平面、侧面的直线称为正平线,见表 3-3 中 CD 线。

平行于侧面,同时倾斜于水平面、正面的直线称为侧平线,见表 3-3 中 EF 线。

第3章 点、线、面的投影

表 3-3 投影面平行线

	水平线	正平线	侧平线
立体图			
投影图			

从表 3-3 可知，水平线 AB 的水平投影 ab 与直线 AB 平行且相等，即 ab 反映直线的实长，投影 ab 倾斜于 OX、OY_H 轴，AB 的正面投影 $a'b'$ 和侧面投影 $a''b''$ 分别平行于 OX、OY_W 轴，同时垂直于 OZ 轴。同理可分析出正平线 CD 和侧平线 EF 的投影特性。由此归纳出投影面平行线的投影特性如下：投影面平行线在它所平行的投影面上的投影是倾斜于投影轴的直线（即为"斜线"），且反映实长。其余两个投影是直线，且平行于相应的投影轴（即为"横线或者竖直线"），长度小于实长。

3. 投影面垂直线 垂直于一个投影面的直线。垂直于某一投影面的直线，自动与另两个投影面平行。投影面垂直线分为铅垂线、正垂线、侧垂线三种，见表 3-4。

垂直于水平面的直线称铅垂线，见表 3-4 中 AB 直线。
垂直于正面的直线称正垂线，见表 3-4 中 CD 直线。
垂直于侧面的直线称侧垂线，见表 3-4 中 EF 直线。

表 3-4 中，因直线 AB 垂直于水平面，所以 AB 的水平投影积聚为一点 a（b）；AB 垂直于水平面的同时必定平行于正面和侧面，所以由平行投影的真实性可知 $a'b' = a''b'' = AB$，并且 $a'b'$ 垂直于 OX 轴，$a''b''$ 垂直于 OY_W 轴，它们同时平行于 OZ 轴。综合表 3-4 中的铅垂线、正垂线、侧垂线的投影规律，可归纳出投影面垂直线的投影特性如下：直线在它所垂直的投影面上的投影积聚为一点；直线的另外两个投影平行于相应的投影轴（即为"横线或者竖直线"），且反映实长。

表 3-4 投影面垂直线

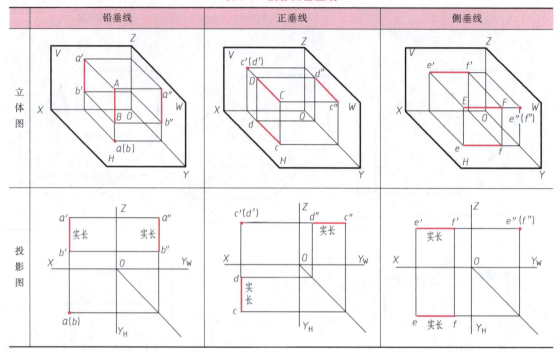

3.3.3 直线的空间位置判断

若三面投影均为倾斜直线,则直线为一般位置直线;若三面投影均为直线,但只有一个投影是倾斜直线,则直线为平行线,且为斜线投影所在投影面的平行线;若三面投影中有一个投影是点,即为一个点和两个直线,则直线为垂直线,且为点投影所在投影面的垂直线。

【示例 3-4】 判断如图 3-12a 所示正三棱锥上各条边线、棱线对投影面的位置。

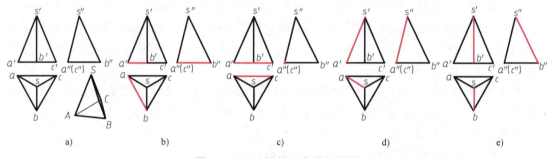

图 3-12 正三棱锥上直线的投影

判断:因直线 AB 的水平投影 ab 为斜线,正面投影 a'b' 与侧面投影 a"b" 为横线,如图 3-12b 所示,根据直线的投影特性可判断出 AB 是水平线;同理判断出 BC 是水平线。

因直线 AC 的水平投影 ac 与正面投影 a'c' 为横线,侧面投影 a"、c" 重合为点,如图 3-12c 所示,根据直线的投影特性可判断出 AC 是侧垂线。

因直线 SA 的水平投影 sa、正面投影 s'a' 与侧面投影 s"a" 都为斜线,如图 3-12d 所示,根据直线的投影特性可判断出 SA 是一般位置直线;同理判断出 SC 是一般位置直线。

因直线 SB 的水平投影 sb 与正面投影 s'b' 为竖直线，侧面投影 s″b″ 为斜线，如图 3-12e 所示，根据直线的投影特性可判断出 SB 是侧平线。

3.4 直线上点的投影规律与作图方法

1. **点的从属性**　如果点在直线上，则点的三面投影就必定在直线的同名投影之上，如图 3-13 所示；如果点在平面上，则点的三面投影就必定在平面的同名投影之上，这一性质称为点的从属性。

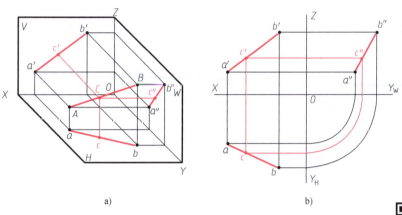

图 3-13　点的从属性

☆【示例 3-5】　如图 3-14a 所示，已知直线 AB 的两面投影，C 点在直线 AB 上，且已知 C 点的正面投影点 c′，完成直线 AB 和 C 点的三面投影。

3.4-示例 3-5

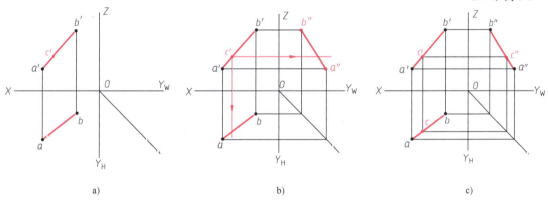

图 3-14　求直线上点的投影

作图步骤：求出点 A、B 的侧面投影 a″、b″，连线完成直线的三面投影。因为 C 点的投影应该符合点的投影规律，故过点 c′ 作横线和竖线辅助线，如图 3-14b 所示。因为从属性，点 C 的投影必在直线 AB 的同名投影上，故作辅助线与 ab、a″b″ 的交点，交点即为点 C 的水平投影 c 与点 C 的侧面投影 c″，如图 3-14c 所示。在求出第二面投影后也可以利用点的投影规律求第三面投影。

2. **点的定比性**　一直线上的两线段之比，等于其同面投影之比，这一性质称为点的定比性。即点分割线段，则点的投影将线段的同名投影分割成相同的比。如图 3-13 所示，点 C 将线段 AB 分割成 AC、CB 两段，那么 $AC:CB=ac:cb=a'c':c'b'=a''c'':c''b''$。

3.5 平面的投影规律与作图方法

3.5.1 平面的表示方法

1. 用几何元素表示平面　平面可用下列任何一组几何元素来确定其空间位置：不在同一直线上的三点 [A、B、C]，如图 3-15a 所示；一直线和该直线外一点 [AB、C]，如图 3-15b 所示；相交两直线 [$AB×BC$]，如图 3-15c 所示；平行两直线 [$AC/\!/BD$]，如图 3-15d 所示。任意平面图形 [△ABC]，如图 3-15e 所示。

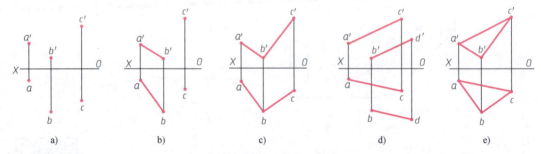

图 3-15　平面的表示方法

2. 用迹线表示平面　平面的空间位置还可以由它与投影面的交线来确定，平面与投影面的交线称为该平面的迹线。如图 3-16 所示，P 平面与水平面的交线称为水平迹线，用 P_H 表示；P 平面与正面的交线称为正面迹线，用 P_V 表示；P 平面与侧面的交线称为侧面迹线，用 P_W 表示。

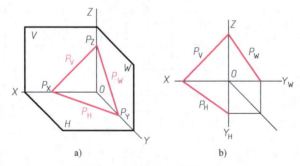

图 3-16　平面的迹线表示法

3.5.2 各种位置平面的投影特性

根据平面与投影面的相对位置的不同，将空间平面分为两大类：即一般位置平面与特殊位置平面，特殊位置平面又分为投影面平行面与投影面垂直面。

1. 一般位置平面　与三个投影面都倾斜（即不平行又不垂直）的平面。如图 3-17 所示 △ABC 是一般位置平面，△ABC 三个投影均是三角形，面积均小于实形。

一般位置平面投影特性：三面投影都是原平面图形的类似形，面积都比实形小。

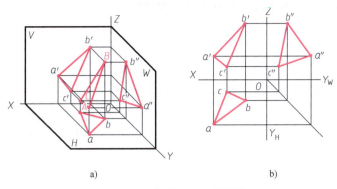

图 3-17　一般位置平面的投影
a) 立体图　b) 投影图

2. 投影面平行面　平行于一个投影面（同时必然垂直于另外两个投影面）的平面。它分为水平面、正平面、侧平面三种，平行于水平面的平面称为水平面，平行于正面的平面称为正平面，平行于侧面的平面称为侧平面，见表 3-5。

表 3-5 左图中，水平面 ABC 平行于水平面，同时与正面、侧面垂直，其正面投影与侧面投影均积聚成一条直线，且正面投影平行于 OX 轴，侧面投影平行于 OY_W 轴，它们同时垂直于 OZ 轴；水平投影反映图形的实形。同理可分析出正平面、侧平面的投影情况。从而可归纳出投影面平行面的投影特性：平面在它所平行的投影面上的投影反映实形（即为平面形）；平面在另外两个投影面上的投影积聚为一直线，且分别平行于相应的投影轴（即为横线或竖线）。

表 3-5　投影面平行面

	水平面	正平面	侧平面
立体图			
投影图			

3. 投影面垂直面 垂直于一个投影面，同时倾斜于另外两个投影面的平面。它分为铅垂面、正垂面、侧垂面三种情况，垂直于水平面且倾斜于正面和侧面的平面称为铅垂面，垂直于正面且倾斜于水平面和侧面的平面称为正垂面，垂直于侧面且倾斜于水平面和正面的平面称为侧垂面，见表3-6。

表3-6左图中，平面ABC垂直于水平面，其水平面投影积聚成一倾斜直线，由于平面倾斜于正面、侧面，所以其正面投影和侧面投影均为类似形。综合分析表3-6中的正垂面和侧垂面的投影情况，可归纳出投影面垂直面的投影特性：平面在它所垂直的投影面上的投影积聚成一倾斜直线；平面在另外两个投影面上的投影为原平面图形的类似形，面积比实形小。

表3-6 投影面垂直面

铅垂面	正垂面	侧垂面
立体图		
投影面		

以上两种特殊位置的平面如果不需表示其形状和大小，只需确定其位置，可用迹线来表示，且只用有积聚性的迹线即可。如图3-18a所示为铅垂面P，不需如图3-18b所示那样把所有迹线都画出，只需画出P_H就能确定空间平面P的位置，如图3-18c所示。国标规定特殊位置的平面，用两段短的粗实线表示有积聚性的迹线的位置，中间用细实线相连，并在两端标以符号，其画法如图3-19所示。

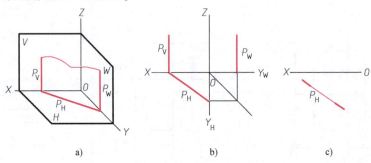

图3-18 特殊位置平面的迹线表示法（1）

第3章 点、线、面的投影

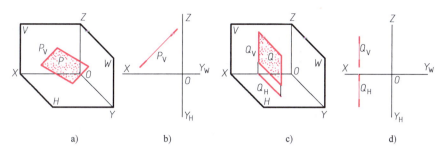

图 3-19 特殊位置平面的迹线表示法（2）

a) 正垂面立体图　b) 正垂面迹线表示法　c) 侧平面立体图　d) 侧平面迹线表示法

3.5.3 平面的空间位置辨认

1. 根据三面投影判断　若三面投影均为类似形，则平面为一般位置平面；若三面投影为一个平面形和两条直线，即"一面对两线"，则平面为平行面，且为平面形投影所在投影面的平行面；若三面投影为一条斜线和两个平面形，即"一线对两面"，则平面为垂直面，且为斜线投影所在投影面的垂直面。

【示例 3-6】　判断如图 3-20a 所示正三棱锥上各平面的空间位置。

SAB 的三面投影 sab、$s'a'b'$、$s''a''b''$ 都是三角形，如图 3-20b 所示，所以 SAB 是一般位置平面。SBC 的三面投影 sbc、$s'b'c'$、$s''b''c''$ 都是三角形，如图 3-20c 所示，SBC 也是一般位置平面。SAC 的水平面投影 sac 和正面投影 $s'a'c'$ 是三角形、侧面投影 $s''a''c''$ 积聚为一条直线，如图 3-20d 所示，为"两面对一线"，所以 SAC 是侧垂面；ABC 的水平面投影 abc 是三角形，正面投影 $a'b'c'$ 和侧面投影 $a''b''c''$ 积聚为一条直线，如图 3-20e 所示，为"两线对一面"，所以 ABC 是水平面。

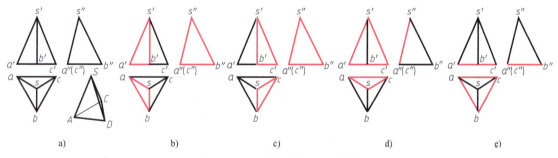

图 3-20 正三棱锥的平面空间位置

2. 根据特殊位置平面的一面投影判断　熟练掌握根据特殊位置平面积聚为直线的一面投影判断平面空间位置的方法有助于快速识读三视图，因为绘制形体三视图时会尽量让平面摆放为特殊位置平面。若已知某平面的某面投影为一条斜线，则该平面为斜线所在投影面的垂直平面。若已知某平面的某面投影为横线或者竖直线，则该平面为投影面的平行面。如图 3-21所示每条直线表示一个平面的一面投影。由于绘制三视图时，尽量让形体上的面成为特殊位置平面了，因此若能根据特殊位置平面的一面投影判断平面空间位置，则识读也就容易多了，因为读主视图图上的横线、竖直线、斜线就是读正面投影的线，读俯视图图上的横线、竖直线、斜线就是读水平投影的线，读左视图图上的横线、竖直线、斜线就是读侧面

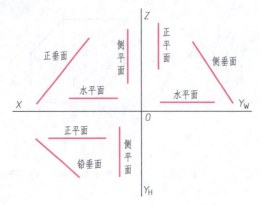

图 3-21 特殊位置平面空间位置

投影的线，如图 3-22 所示。

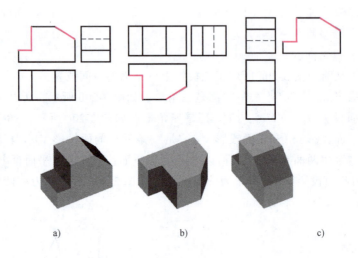

图 3-22 特殊位置与三视图识读平面

【示例 3-7】 如图 3-23a 所示，判断形体上各平面的空间位置，并在立体图上标注。

A 面的正面投影为一横线，可判断 A 面为水平面。B 面的正面投影为竖线，可判断 B 面为侧平面。C 面的水平面投影为一倾斜直线，可判断 C 面为铅垂面。D 面的侧面投影为一倾斜直线，可判断 D 面为侧垂面。轴测图如图 3-23b 所示。

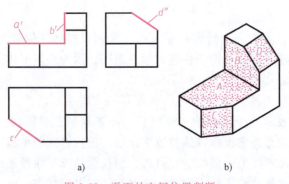

图 3-23 平面的空间位置判断

3.5.4 平面三面投影的作图方法

画出各顶点的三面投影，再将各同面投影按空间点顺序依次连线。

【示例 3-8】 如图 3-24a 所示，已知平面 ABCD 的两面投影，求作平面 ABCD 的第三面投影图。

分析：根据平面 ABCD 的两面投影，画出各顶点的侧面投影，再将各点的侧面投影按空间点顺序依次连线，即可求出平面 ABCD 的第三面投影。

作图：用点的投影规律求出点 A、B、C、D 的侧面投影，如图 3-24b 所示；再依次将 a''、b''、c''、d''、a'' 连线，如图 3-24c 所示。

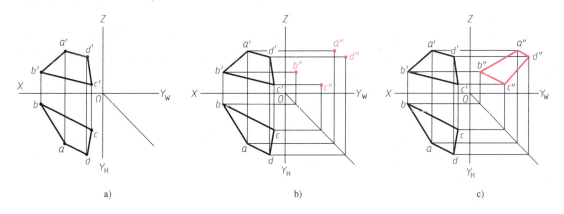

图 3-24 求平面 ABCD 的第三面投影

☆【示例 3-9】 如图 3-25a 所示，已知正垂面 ABCDE 的两面投影，求正垂面 ABCDE 的第三面投影。

分析：平面 ABCDE 为一正垂面，先利用积聚性求出各点的正面投影，再求各顶点的侧面投影，然后将各点的侧面投影按空间点顺序依次连线，即可求出平面的三面投影。

作图：按点的投影规律过水平投影总向上作竖线与 $a'e'$ 求交点得出 A、B、C、D、E 点的正面投影，如图 3-25b 所示；再求出 A、B、C、D、E 点的侧面投影，如图 3-25c 所示；依次将 a''、b''、c''、d''、a''、a'' 连线，如图 3-25d 所示。

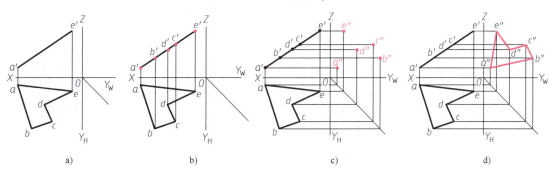

图 3-25 求平面 ABCDE 的第三面投影

3.6 平面上点与平面上直线的投影

皮影戏

3.6.1 平面上点的投影

求平面上点的投影关键是求点的第二面投影，第三面投影可根据点的两面投影容易求出。根据点的从属性，若点在特殊平面上，则点的投影必在该平面积聚为直线的投影上；若点在平面内的任一已知直线上，则点必在该平面上。因此，平面上点投影的求法是：若平面是特殊平面，则可利用平面积聚性的线求点的第二面投影；若平面是一般位置平面，则通过点作辅助线，先求辅助线的投影，再利用点在辅助线上求点的投影。

☆【示例 3-10】 完成如图 3-26a 所示铅垂面的第三面投影和平面上点的另两面投影。

分析：铅垂面是特殊平面，则点的投影必在该平面积聚为直线的水平投影上，因此先求出点的水平面投影，再根据点的两面投影求出点的侧面投影。

作图：先过平面各顶点的正面投影向下作竖线与平面投影斜线相交从而求出平面顶点的水平面投影，再根据点的两面投影求出平面顶点的侧面投影，然后依次连线画出平面的侧面投影，如图 3-26b 所示。再过点 A、B、C 的正面投影向下作竖线与平面投影斜线相交，得到点 A、B、C 的水平投影，如图 3-26c 所示；再根据点的两面投影求出点 A、B、C 的侧面投影，如图 3-26d 所示。

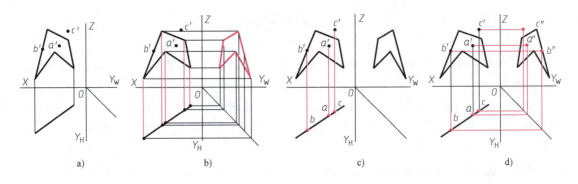

图 3-26 补全特殊平面上点的投影

☆【示例 3-11】 如图 3-27a 所示，已知一般位置平面 ABC 上点 E 的正面投影 e'，求其水平投影 e。

分析：平面 ABC 为一般位置平面，需要作辅助线求水平投影 e。过点 E 作一条属于三角形平面内的辅助线，因辅助线与平面边界交点的投影可以用点在直线上的方法求出，故先求边界交点的投影完成辅助线的投影，再利用点 E 在辅助直线上求出点 E 的投影。过点 E 的辅助线有无数，若辅助线过已有投影的一个顶点则可以少求一个点的投影。

3.6.1-示例 3-11

方法 1：过点 E 且过已有投影的一个顶点作辅助线。

作图：过 e' 作辅助线 BR 的正面投影，连接 $b'e'$ 并延长 $b'e'$，与边线 $a'c'$ 交于 r'，如图 3-27b 所示；过 r' 向下作竖线与 ac 相交求出 r，连接 br，完成辅助线的水平投影，如

图 3-27c 所示。过 e′ 向下作竖线与 br 相交，交点即为 e，如图 3-27d 所示。

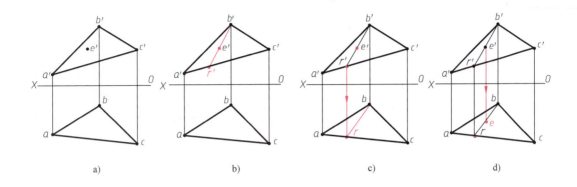

图 3-27 平面上点的投影（1）

方法 2：过点 E 作辅助线与某边线平行，如作辅助线 DR 与边线 AB 平行。

作图：过 e′ 作辅助线 DR 的正面投影平行于 a′b′，交 b′c′ 于 d′、交 a′c′ 于 r′，如图 3-28b 所示；作出 r，并过 r 作直线平行于 ab，必交 bc 于 d，则完成辅助线的水平投影，如图 3-28c 所示；过 e′ 向下作竖线与 dr 相交，交点即为 e，如图 3-28d 所示。

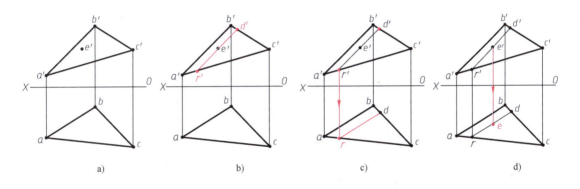

图 3-28 平面上点的投影（2）

方法 3：过点 E 作任意一条辅助线，如作辅助线 FR。

作图：过 e′ 作辅助线 FR 的正面投影，交 a′b′ 于 f′，交 a′c′ 于 r′，如图 3-29b 所示；求出 f、r，并连接 fr，完成辅助线的水平投影，如图 3-29c 所示；过 e′ 向下作竖线与 fr 相交，交点即为 e，如图 3-29d 所示。

【**示例 3-12**】 如图 3-30a 所示，完成四边形平面 ABCD 的三面投影

分析：因为点 D 在平面 ABC 上，过 D 作辅助线，先求辅助线的投影，再利用点 D 在辅助直线上求出点的投影。

作图：连接 AC 的正面投影 a′c′ 与水平投影 ac，如图 3-30b 所示；作辅助线 BE 并求出 BE 的正面投影：连接 bd，与 ac 交于 e，过 e 向上作竖线与 a′c′ 相交于 e′，连接 b′e′ 并延长 b′e′，如图 3-30c 所示；过 d 向上作竖线与 b′e′ 延长线交于 d′，连接 a′d′、c′d′，完成多边形两面投影，如图 3-30d 所示；根据四边形 ABCD 各点的两面投影，求出各点的侧面投影，依次连线完成平面的侧面投影，如图 3-30e 所示。

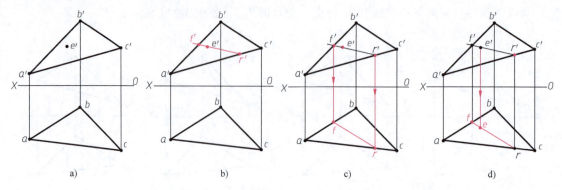

图 3-29 平面上点的投影（3）

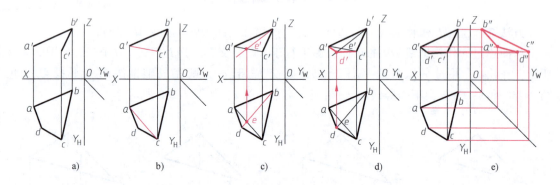

图 3-30 四边形平面的三面投影

3.6.2 平面上直线的投影

直线在平面上的几何条件为：若一直线经过平面上的两个已知点，或经过一个已知点且平行于该平面上的另一已知直线，则此直线必定在该平面上。

【示例 3-13】 如图 3-31a 所示，已知平面 ABC 上直线 DE 的正面投影 d'e'，求 DE 的水平投影。

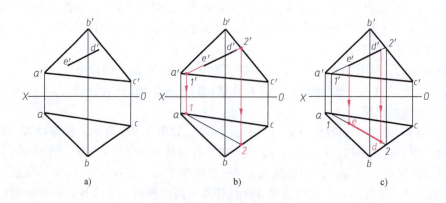

图 3-31 平面上直线的投影

分析：因为 DE 的延长线在平面 ABC 上，用 DE 延长线作辅助线，先求辅助线的投影，再利用点 D、点 E 在辅助直线上求出点的投影。

作图：1）延长 e'd' 与 a'c' 和 c'd' 分别交于 1' 和 2' 点。过 1' 向下作竖线与 ac 交于 1 点，过 2' 向下作竖线与 bc 交于 2 点，连接 1、2 点。

2）过 e' 向下作竖线与 12 交于 e 点，过 d' 向下作竖线与 12 交于 d 点。用粗实线连接 ed，即为直线 DE 的水平投影，如图 3-31b 所示。

3.7 形体上点、直线和平面与形体三视图上的位置关系

通过在空间形体与其三视图上互找点、直线和平面的位置，既可以训练想象力，也可培养识图能力。

【示例 3-14】 根据图 3-32a，在图 3-32b 所示三视图中找出 A、B、C、D、E 点的投影及平面 P、T、R 的投影在三视图中的位置，并判断直线 AB、BD、BC、BE 的空间位置及平面 P、T、R 的空间位置。

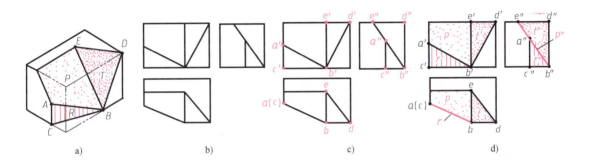

图 3-32 形体上点、直线和平面与形体三视图上的位置关系

A、B、C、D、E 点的三面投影位置如图 3-32c 所示，平面 P、T、R 的三面投影位置如图 3-32d 所示。

直线 AB 的三面投影都是倾斜直线，所以直线 AB 为一般位置直线；直线 BD 的正面投影与轴倾斜，另两面投影与轴平行，直线 BD 为正平线；直线 BC 的水平面投影与轴倾斜，另两面投影与轴平行，直线 BC 为水平线；直线 DE 的侧面投影与轴倾斜，另两面投影与轴平行，直线 BE 为侧平线。

平面 P 的三面投影是"一线对两面"，所以平面 P 为侧垂面；平面 T 的三面投影都为三角形，所以平面 T 为一般位置平面；平面 R 的三面投影是"一线对两面"，所以平面 R 为铅垂面。

【示例 3-15】 根据图 3-33a 所示，在图 3-33b 所示轴测图上找出指定表面的对应位置，并标注，再判别其空间位置。

指定表面的对应位置如图 3-33c 所示，空间位置是：P 的三面投影都是四边形，所以平面 P 是一般位置平面；平面 Q 的正面投影是多边形，另两面是直线，三面投影是"一面对两线"，所以平面 Q 是正平面；平面 R 的水平投影是多边形，另两面是直线，所以平面 R 是

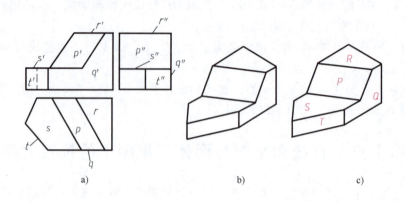

图 3-33 判别立体表面的空间位置

水平面;平面 S 的水平投影是多边形,另两面是直线,所以平面 S 是水平面;平面 T 的水平投影是斜线,另两面是四边形,三面投影是"一线对两面",所以平面 T 是铅垂面。

核潜艇之父——黄旭华

黄旭华是中国第一代核潜艇总设计师,中国核潜艇研究设计专家、核潜艇之父。1958年,核潜艇研制工程启动,黄旭华成为其中一员。当时的条件,极为艰苦、简陋。没有现成的图纸和模型,科研人员就一边设计、一边施工;没有计算机计算核心数据,就用算盘和计算尺;为了控制核潜艇的总重和稳定性,就用磅秤来称。就这样,他们用最"土"的办法解决了一个个尖端技术问题。

1970 年 12 月 26 日,中国第一艘核潜艇下水;1974 年 8 月 1 日,核潜艇"长征一号"正式列入海军战斗序列。中国成为世界上第五个拥有核潜艇的国家。

1988 年 4 月 29 日,我国进行核潜艇首次深潜试验,试验危险性极高。64 岁的黄旭华决定亲自随核潜艇下潜。他说:"我不是充英雄好汉,而是确保人、艇安全。"到达设计深度时,巨大的水压使艇身多处发出"咔哒咔哒"的声响,黄旭华沉着应对,掌握了大量第一手数据,最终,深潜试验获得成功。

作为核潜艇技术领域的带头人,黄旭华率领团队开展了一系列核潜艇研制,培养锻炼了一大批优秀的科技人才。由于严格的保密制度,黄旭华隐姓埋名,默默无闻,以无私的奉献、无比的忠诚,谱写了一曲时代壮歌。

干惊天动地事,做隐姓埋名人!

第 4 章

切割体三视图的绘制与识读

【本章能力目标】 能够识读切割体三视图；能够绘制轴测图；能够绘制切割体的三视图；能够分析和标注切割体的尺寸。

基本体被平面截切后的不完整形体称为切割体，截切基本体的平面 P 称为截平面，截平面与形体表面的交线称截交线，如图 4-1 所示。

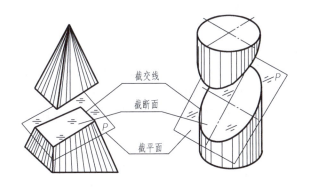

图 4-1 截平面、截交线、切割体定义

4.0-图 4-1 动画 1　　4.0-图 4-1 动画 2

4.1 切割体三视图的识读

[知识链接 1] 3.5.3 平面的空间位置辨认

4.1.1 切割体三视图识读方法

1. 识图的一般步骤　先想象切割体被切前的原始形体，再根据截交线的形状应用线面分析法，分析截平面的空间位置，然后以立体的原始形体为基础，想象其被切后的形状。

2. 线面分析法　用线面分析法识图就是以图线及线框分析为基础，运用投影规律将形体的表面进行分解，弄清各个表面的形状和相对位置，最后将其加以综合、归位，想象形体形状的过程。具体是：从具有特征的部位入手，特征部位一般是外框明显的切口线；再找对应投影关系，找出另两面的对应投影，以形成一个线框组；在此基础上再进行投影分析，三个视图联系起来想象截平面的空间位置。其关键步骤是根据线框组想象截平面的空间位置。

若一个线框对应两条线，则表示为投影面平行面，特征部位一般是外框明显积聚的横线或竖直线，例如，识读如图 4-2a 所示三视图时，从左视图切口入手，如图 4-2b、c 所示的线框和线是立体上正平面、水平面的投影。

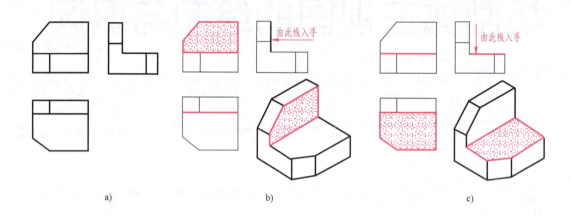

图 4-2 平行位置截平面分析法

若一条斜线对应两个线框，则表示为投影面垂直面，特征部位一般是外框明显的斜线。视图中的斜线一般为投影面垂直面的投影，抓住其积聚性为直线的投影和另两面投影为边数相等的类似形特点，对识图很有帮助。识读如图 4-3 所示三视图时，从斜线入手，如图 4-3a 所示的线框和线是立体上正垂面的投影，如图 4-3b 所示的线框和线是立体上铅垂面的投影，如图 4-3c 所示的线框和线是立体上侧垂面的投影。

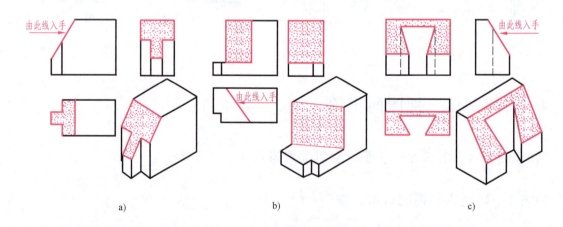

图 4-3 垂直位置截平面分析法

若三个线框相对应，则表示为一般位置平面，投影特征是"三个类似形"，如图 4-4 所示的线框是立体上一般位置平面的投影。

4.1.2 切割体三视图识读示例

【示例 4-1】 已知形体的三视图如图 4-5a 所示,试想象出该形体的形状。

读图:根据三视图中外框与主要轮廓线知切割体被切前的原始形体应为正六棱柱;根据主视图左上角的斜线,并在俯视图和左视图上找出对应投影,如图 4-5b 所示,可知截平面是正垂面;综合想象形体是正六棱柱左上角被正垂面切割了,立体图如图 4-5c 所示。

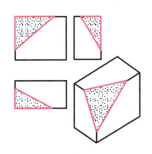

图 4-4 一般位置截平面分析法

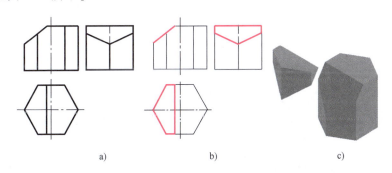

a)　　　　　b)　　　　　c)

图 4-5 正六棱柱切割体三视图识读例

【示例 4-2】 已知形体的三视图如图 4-6a 所示,试想象出该形体的形状。

读图:根据三视图中外框与主要轮廓线知切割体被切前的原始形体应为正五棱柱;根据主视图左上角的竖线,并找出对应投影,如图 4-6b 所示,可知截平面是侧平面;根据主视图左上角的斜线,并在俯视图和左视图上找出对应投影,如图 4-6c 所示,可知截平面是正垂面;综合想象形体是正五棱柱左上角被一侧平面和一正垂面切割,立体图如图 4-6d 所示。

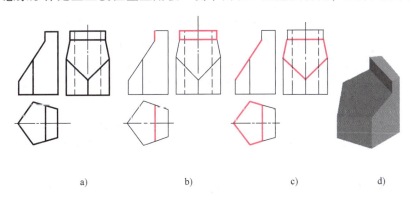

a)　　　　b)　　　　c)　　　　d)

图 4-6 五棱柱切割体三视图识读例

【示例 4-3】 已知形体的三视图如图 4-7a 所示,试想象出该形体的形状。

读图:根据三视图中外框与主要轮廓线知切割体被切前的原始形体应为圆柱;根据主视图左右两边的直线找出对应投影,如图 4-7b、c 所示,可知截平面是三个平面,一个水平面和两个侧平面;综合想象形体是圆柱体,其上方、左右两边上角被一个水平面和两个侧平面切割，立体图如图 4-7d 所示。

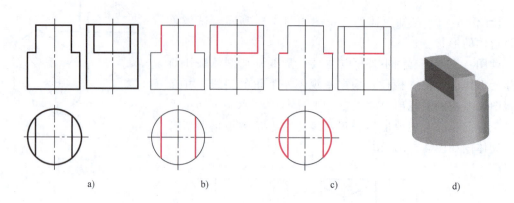

图 4-7　圆柱切割体三视图识读例

【练一练 4-1】　识读图 4-8 所示的三视图，并回答问题。

问题：基本体是什么？形体什么部位被切割？有几个截平面？分别是什么位置平面？

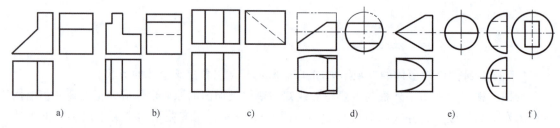

图 4-8　切割体三视图识读练习（1）

【示例 4-4】　识读图 4-9a 所示压块的三视图。

读图：从压块的外表面来看，该体是由长方体被多个平面切割而形成的。主视图左上方的缺角是用正垂面切出的，俯视图左端前、后的缺角是用两个铅垂面切出的，左视图下方前、后的缺块是分别用正平面和水平面切出的。可见，压块的外形是一个长方体被几个特殊位置平面切割后形成的。由此可知，形体被特殊位置平面切割，因其平面的某些投影有积聚性，所以，在视图上都较明显地反映出切口的位置特征。在搞清被切面的空间位置后，再根据平面的投影特性，分清各切面的几何形状，进一步证明前面的想法。

1）当被切面为"垂直面"时，一般应先从该平面投影积聚成直线的视图出发，再在其他两视图上找出对应的线框——边数相等的类似形。如图 4-9b，应先从主视图中的斜线（正垂面的积聚性投影）出发，在俯视图中找出与它对应的梯形线框，则左视图中的对应投影也一定是一个梯形线框（图中的粗实线），将其旋转归位便可知，此面是垂直于正面而倾斜于水平面和侧面的梯形平面。如图 4-9c，应先从俯视图中的斜线（铅垂面的投影）出发，在主、左视图上找出与它对应的投影——七边形，将其旋转归位便可知，此面是垂直于水平面且与正面和侧面倾斜的七边形。

2）当被切面为"平行面"时，一般也应先从该平面投影积聚成直线的视图出发，在其他两视图上找出对应的投影——直线和一反映该平面实形的平面图形。如图 4-9d，应先从左视图直线入手，再找出此面的正面投影（反映实形的矩形线框）和水平面投影（一直线），知此面是正平面。如图 4-9e，从左视图的直线出发，找出此面的水平投影（反映实形的四边形）和正面投影（一直线），可知此面是水平面。

在看懂压块各表面的空间位置与形状后，还必须根据视图搞清面与面间的相对位置，进而综合想象出压块的整体形状，如图 4-9f 所示。

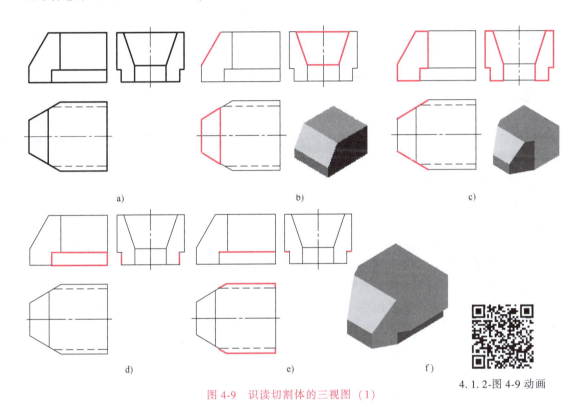

图 4-9 识读切割体的三视图（1）

4.1.2-图 4-9 动画

【示例 4-5】 识读如图 4-10a 所示的三视图。

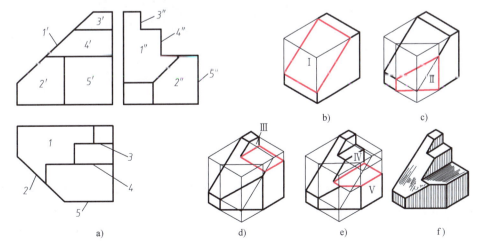

图 4-10 识读切割体的三视图（2）

读图：一看便知，该体是由长方体被多个平面切割而形成的，应运用线面分析法看图。

视图具有特征线框的部位有三处，即主、俯视图中的两条斜线和左视图中的"台阶"：由斜线1′及其对应投影1、1″为"一线对两框（八边形）"，可知Ⅰ为正垂面（见图4-10b）；由斜线2及其对应投影2′、2″为"一线对两框（五边形）"，可知Ⅱ为铅垂面（见图4-10c）；从"台阶"形互相平行的3″、4″、5″及其对应投影3′、4′、5′和3、4、5均为"一框对两线（四边形）"，可知它们均为正平面，其相对位置在左视图中反映得很清楚，即Ⅴ面在前，Ⅲ面在后，Ⅳ面居中（见图4-10d、e）将所有表面综合归位可想象出该体的形状，如图4-10f所示。

【**示例4-6**】 识读图4-11a所示的三视图。

读图：从三视图的外形可以看出，该体的原形为长方体。

1) 分析面的形状。从左视图右侧具有明显特征的缺口入手，斜线4″及其对应投影4′、4所形成的线框组为"一线对两框"，故表示侧垂面（四边形）；与其相接的上、下两竖线及其另两面投影所形成的线框组为"一框对两线"，均表示正平面（四边形）；另一特征是主视图中的斜线2′，据此找出2、2″，其线框组为"一线对两框"，故表示正垂面（六边形）；同样，可分析出线框Ⅰ（1、1′、1″）为正平面（三角形），线框Ⅲ（3、3′、3″）为侧平面（矩形）。

2) 分析面的相对位置。根据线框判别相邻表面的前后、上下、左右或相交的相对位置，其方法如前所述，即某一视图中相邻线框所示平面的位置关系，须到另外一个（或两个）视图中找出对应投影，加以判别，读者自行分析。

综上所述，该体是由长方体用一个正平面和正垂面在左前部切掉一个三角块，又用一个正平面和侧垂面在前上方切掉一个四棱块所形成的，如图4-11b所示。

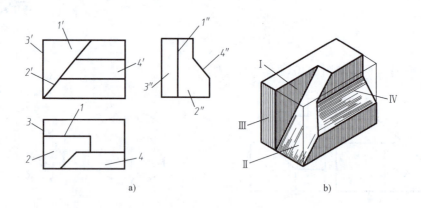

图4-11 识读切割体的三视图（3）

应当指出，看图时并不是要求对视图中所有的线框都加以分析，一般只就一个主要视图或在不同视图中找出几个主要线框进行分析就可以了。而且，分析时不一定从线框出发找其他投影，如本例先从斜线2′、4″出发，再分别找出对应线框2、2″和4、4′，更快捷。

【练一练 4-2】 判断：图 4-12 所示每组图中三视图对应的立体图是否正确。

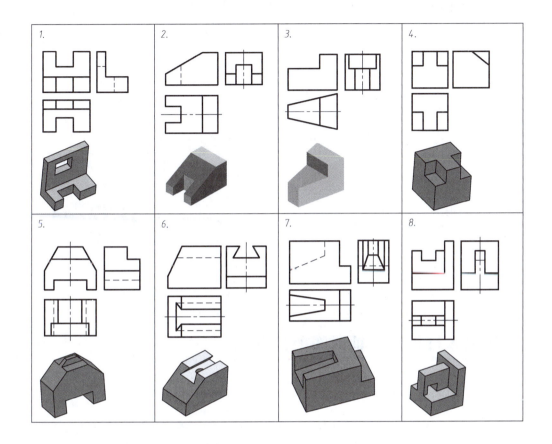

图 4-12 切割体三视图识读练习（2）

4.1.3 识读图的注意点

在视图中找出点、线、面的对应投影，按投影特征分析相邻视图中对应的一对线框若为同一平面的投影，它们必定是类似形；相邻视图中的对应投影若无类似形，必定积聚成直线。

☆【示例 4-7】 如图 4-13a 所示三视图，找出 9 个线框的对应投影，判断空间位置。

读图： 线框 1、2、3 虽然都是梯形线框，但只有线框 1 与 2 顶点符合投影对应关系，是同一平面的两面投影，其侧面投影积聚成直线，如图 4-13b 所示，平面为一个侧垂面。而线框 3 与 6 符合投影对应关系，并且同时与正面上的一条直线是对应投影，所以代表一个正垂面，如图 4-13c 所示。线框 4 与线框 5 为类似形，但不能在俯视图上找到同时与它们相对应的直线或类似形线框，所以线框 4 与 5 代表两个平面，由图 4-13d 所示投影特征可知，它们分别为正平面（最前）与侧平面（最左）。线框 7、8、9 都是矩形线框，但顶点不符合点的投影规律，因此，它们不是一个平面的三面投影，而是代表三个平行面，如图 4-13e～g 所示。

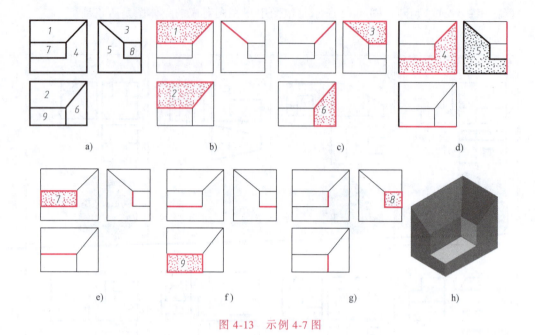

图 4-13 示例 4-7 图

4.2 基本体与切割体轴测图的绘制

4.2.1 轴测图的基本知识

1. 定义　轴测图是将形体连同其参考直角坐标系,沿不平行于任一坐标面的方向,用平行投影法将其投射在单一投影面上所得的图形。轴测图有立体感,比视图容易识读。

2. 相关参数

(1) 轴测轴　直角坐标轴 OX、OY、OZ 对应在轴测图上的坐标轴。

(2) 轴间角　轴测图上任意两轴测轴之间的夹角。

(3) 轴向伸缩系数　轴测轴上单位长度与直角坐标轴上的单位长度之比,OX、OY、OZ 轴上的伸缩系数分别是 p、q、r。如若直角坐标轴上的单位长度 e 的轴测投影长度为 e_x、e_y、e_z,则 $p=e_x/e$,$q=e_y/e$,$r=e_z/e$。

3. 轴测图的种类　根据投影方向与轴测投影面的相对位置,轴测图可分为正轴测图和斜轴测图。当投影方向垂直于轴测投影面时,所得到的轴测图叫做正轴测图;当投影方向倾斜于轴测投影方向时,所得到的轴测图叫做斜轴测图。在每类轴测图中,按轴向伸缩系数关系不同可分为三种:当 $p=q=r$ 时,称为正(或斜)等测轴测投影;$p=q\neq r$ 时,称为正(或斜)二测轴测投影;$p\neq q\neq r$ 时,称为正(或斜)三测轴测投影。此处仅介绍最常用的正等轴测图画法。

4. 轴测图的基本性质　形体上与坐标轴平行的线段,它的轴测投影必须与相应的轴测轴平行。形体上相互平行的线段,它们的轴测投影也相互平行。

5. 正等轴测图的参数　正等轴测图简称正等测图,Z 轴正方向垂直向上,轴间角为 120°,如图 4-14 所示;轴向伸缩系数 $p=q=r=0.82$,为作图方便取 $p=q=r=1$,这样画出的轴测图是实物的 1.22 倍。正方体的正等轴测图如图 4-15 所示。

6. 轴测图中一般只画出可见部分，必要时才画出不可见部分。

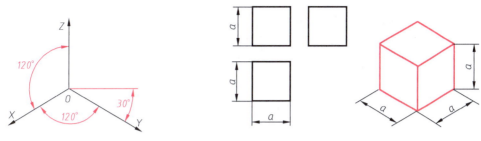

图 4-14 正等轴测图的参数　　　　　图 4-15 正方体的正等轴测图

4.2.2　平面立体正等轴测图的画法

1. 画轴测图的方法　可分为坐标法和方箱法。坐标法是在投影图或在形体自身上确定坐标系，取若干点的坐标值，然后在轴测投影面上画出对应点。对平面立体，可根据立体表面上各顶点的坐标，分别画出它们的轴测投影，然后依次连接成表面的轮廓线。所谓方箱法就是借助长方体的各表面画出形体轴测图的方法。

画正等轴测图的一般步骤：读视图，想象形体空间形状，确定直角坐标系，并在视图上标注出来；画轴测轴；依次画出形体上各线段和各表面的轴测图，从而连线构成形体的轴测图。先画形体大结构，再画形体小结构；先画形体切割前基本体，再画截平面。在设立直角坐标系和具体作图时，应考虑作图简便，有利于坐标的定位和度量，并尽量减少作图线。

2. 坐标法画法示例

【示例 4-8】　根据如图 4-16a 所示三视图，绘制其正等轴测图。

分析：读图，知道是长方体；确定直角坐标系，取长方体右后下方点为原点，利用轴测图的基本性质作平行线完成图。

作图：在视图上标注直角坐标如图 4-16b 所示；画轴测轴，并在轴上量取底部长方形长度与宽度，如图 4-16c 所示；过点 A、B 分别作轴的平行线，交于点 C，得底部长方形图；过四个顶点作 Z 轴平行线，并量取高度，得上部长方形顶点，如图 4-16d 所示；过点连线，如图 4-16e 所示；擦去多余的线，加深图线，完成轴测图，如图 4-16f 所示。

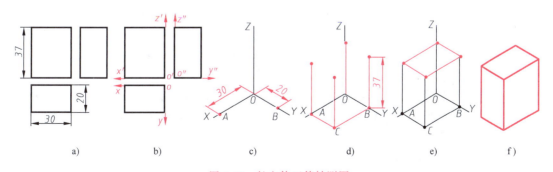

图 4-16　长方体正等轴测图

【示例 4-9】　根据如图 4-17a 所示三视图，绘制其正等轴测图。

分析：读图，知道是四棱台；确定直角坐标系，取底面长方形对角线交点为原点，则点以坐标面对称，可对称作图。

作图：在视图上标注直角坐标，并标注底部长方形与坐标轴的交点，如图 4-17b 所示；画轴测轴，并量取尺寸在轴上标注出点 A、B、C、D，如图 4-17c 所示；过点 A、B、C、D 分别作坐标轴的平行线，得底部长方形图，如图 4-17d 所示；在 Z 轴上量取高度，得到上方坐标原点，并作坐标轴线，如图 4-17e 所示；量取上方尺寸在轴上标注出点，再过交点分别作轴的平行线，得上部长方形顶点，如图 4-17f 所示；过点连线，如图 4-17g 所示；擦去多余的线，加深图线，完成轴测图，如图 4-17h 所示。

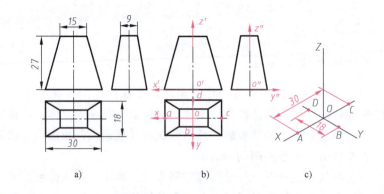

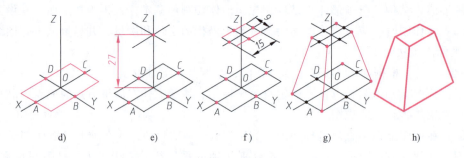

图 4-17 四棱台正等轴测图

【**练一练 4-3**】 完成示例 4-8、示例 4-9。

【**示例 4-10**】 根据如图 4-18a 所示正六棱柱的视图，作其正等轴测图。

作图步骤：

1）由于六棱柱前后、左右对称，为使作图更简洁，将原点选择在六棱柱的顶面上，在投影图上建立如图 4-18b 所示的直角坐标系；

2）画出正等轴测图的轴测轴，分别在 OX、OY 上量取点 1、4、7、8，如图 4-18c 所示；

3）过点 7、8 作 OX 轴的平行线，量得 2、3、5、6，连成六棱柱顶面，如图 4-18d 所示；

4）由点 6、1、2、3 沿着 OZ 轴往下量取 20mm，得点 a、b、c、d，连接 6a、1b、2c、3d，得到正六棱柱，如图 4-18e 所示；

5）擦去作图线，加深轮廓线，如图 4-18f 所示。为使图形清晰，不画虚线。

第4章 切割体三视图的绘制与识读

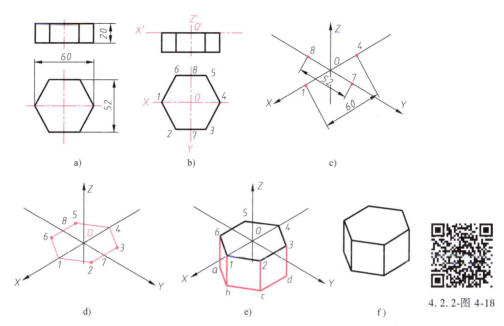

图 4-18 正六棱柱的正等轴测图

a) 视图　b) 确定坐标轴　c) 定出轴上点　d) 定出顶点、连接各点　e) 过各顶点向下画侧棱连接各点　f) 完成全图

【**示例 4-11**】　根据如图 4-19a 所示三视图，绘制其正等轴测图。

分析：读图，知道是三棱锥，底部三角形为水平面，三角形后边线为侧垂线；确定直角坐标系，取底部三角形右边点为原点。

作图：在视图上标注直角坐标，并标注底部三角形在 X、Y 上的坐标点，及锥顶点 S 点的三面坐标点，如图 4-19b 所示；画轴测轴，量取尺寸在 X 轴上标注出点 A，量取点 B 的 X、Y 坐标尺寸在 X、Y 轴上标注出点 B 的坐标交点，过交点作 Y、X 轴的平行线，求得点 B，如图 4-19c 所示；量取点 S 的 X、Y 坐标尺寸，在 X、Y 轴上标注出点 S 的坐标交点，过交点作 Y、X 轴的平行线，求得点 s；过点 s 作 Z 轴的平行线，量取高度值，得点 S，如图 4-19d 所示；过点连线，如图 4-19e 所示；擦去多余的线，加深图线，完成轴测图，如图 4-19f 所示。

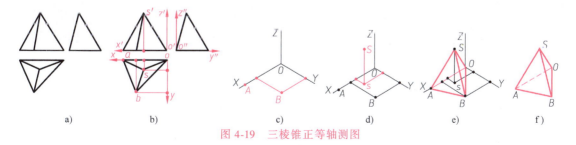

图 4-19 三棱锥正等轴测图

3. 方箱法画法示例

【**示例 4-12**】　根据图 4-20a 所示的投影图，作其正等轴测图。

画出完整的基本形体的轴测图，然后按其结构特点逐个切去多余的部分进而完成形体的轴测图。图 4-20 为用方箱法画轴测图的过程。

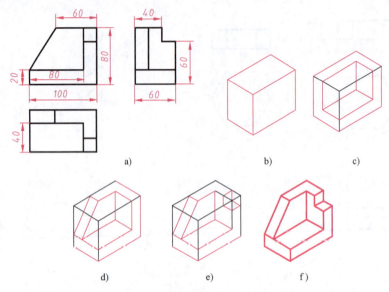

图 4-20 用方箱法画平面立体的正等轴测图（1）

a）立体三视图 b）画方箱 c）切左前角 d）切斜面 e）切右前角 f）完成全图

【练一练 4-4】 完成示例 4-12。

【示例 4-13】 根据图 4-21a 所示的投影图，作其正等轴测图。

分析：作被截切的平面立体的轴测图通常先用坐标法画出完整的平面立体的轴测图，然后采用挖切方法逐个画出各个切口部分。

作图：在投影图上建立直角坐标系，如图 4-21a 所示；画出正等轴测图的轴测轴，按尺寸 40mm、34mm、38mm 画出完整长方体的正等轴测图，如图 4-21b 所示；根据尺寸 10mm、

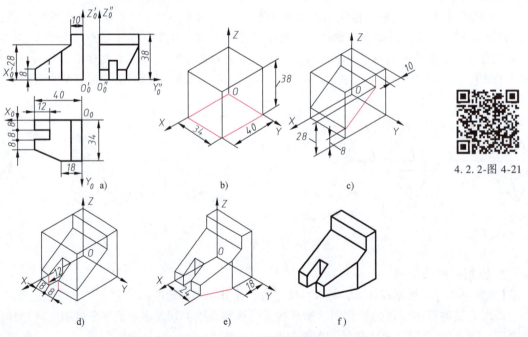

图 4-21 用方箱法画平面立体的正等轴测图（2）

28mm、8mm，画出长方体被一正垂面和一侧平面切割掉一个四棱柱以后的正等轴测图，如图 4-21c 所示；根据尺寸 8mm、12mm，画出形体上左端后侧开槽后的正等轴测图，如图 4-21d 所示；根据尺寸 18mm、24mm，画出形体左前端被铅垂面切割后的正等轴测图，如图 4-21e 所示；擦去作图线，加深轮廓线，如图 4-21f 所示。

4.2.3 回转体正等轴测图画法

1. 平行于坐标面的圆的正等轴测图画法　圆在正等轴测图中都是画成椭圆。在不同的坐标面上椭圆的长短轴的方向是不同的，但画法都是一样的。图 4-22 所示为三种不同坐标平面圆柱的正等轴测图。设置坐标原点放在圆心，水平圆在 XOY 坐标面上，椭圆的长短轴在 X 轴、Y 轴方向；正平圆在 XOZ 坐标面上，椭圆的长短轴在 X 轴、Z 轴方向；侧平圆在 YOZ 坐标面上，椭圆的长短轴在 Y 轴、Z 轴方向。

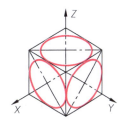

图 4-22　不同坐标面上圆的正等轴测图

(1) 用四段圆弧近似画圆的正等轴测图

1) 水平圆画法的步骤如下：设立 X 轴、Y 轴，在圆与坐标轴交点处标明 1、2、3、4，如图 4-23a 所示；在轴测轴上量取半径，定点 1、2、3、4，如图 4-23b 所示；过轴上点作另一轴的平行线，即过 X 轴上点作 Y 轴平行线，过 Y 轴上点作 X 轴平行线，如图 4-23c 所示；连对角线，连接 C1、C2 或者 D3、D4，确定圆心 A、B、C、D，如图 4-23d 所示；分别以 C、D 为圆心，C2 为半径画出圆弧；以 A、B 为圆心，A2 为半径画出圆弧，连成近似椭圆，如图 4-23e 所示；擦去多余的线，如图 4-23f 所示。

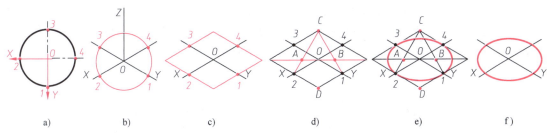

a)　　　　b)　　　　c)　　　　d)　　　　e)　　　　f)

图 4-23　用四段圆弧近似画水平圆的正等轴测图

4.2.3-图 4-23

2) 正平圆画法的步骤如下：设立 X 轴、Z 轴，在圆上标明与坐标轴交点，如图 4-24a 所示；在轴测轴上量取半径，定轴上交点，如图 4-24b 所示；过轴上点作另一轴的平行线，如图 4-24c 所示；确定圆心，如图 4-24d 所示；画出圆弧，如图 4-24e 所示；擦去多余的线，如图 4-24f 所示。

3) 侧平圆画法的步骤如下：设立 Y 轴、Z 轴，在圆上标明与坐标轴交点，如图 4-25a 所示；在轴测轴上量取半径，定轴上交点，如图 4-25b 所示；过轴上点作另一轴的平行线，如图 4-25c 所示；确定圆心，如图 4-25d 所示；画出圆弧，如图 4-25e 所示；擦去多余的线，

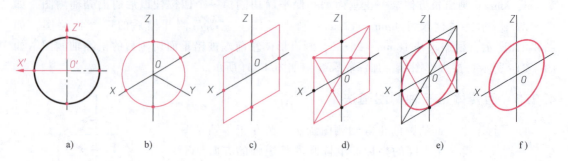

图 4-24 用四段圆弧近似画正平圆的正等轴测图

如图 4-25f 所示。

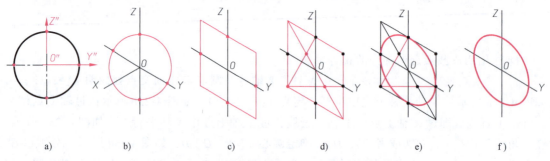

图 4-25 用四段圆弧近似画侧平圆的正等轴测图

【练一练 4-5】 绘制圆的正等轴测图。

☆（2）用坐标法画圆的正等轴测图　如图 4-26 所示。

对于处于一般位置平面或坐标面（或其平行面）上的圆，都可以用坐标法作出圆上一系列点的轴测投影，然后光滑地连接起来即得圆的轴测投影。

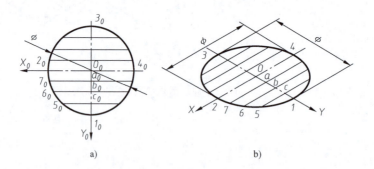

图 4-26 用坐标法画圆的正等轴测图

以水平面上的圆为例，其正等轴测图的作图步骤如下：设立坐标轴，在其上定出一系列点 1_0、2_0、3_0、4_0、a_0、b_0、c_0…，分别过 a_0、b_0、c_0…作平行于 O_0X_0 轴的直线，在圆周上得到点 5_0、6_0、7_0…，如图 4-26a 所示；画出正等轴测图的轴测轴，根据圆的直径在 OX 及 OY 轴上分别确定椭圆上的点 2、4、1、3；再确定 OY 轴上的一系列点 a、b、c…，然后按坐标相应地作出通过点 a_0、b_0、c_0…的平行直线的轴测投影，即求得椭圆上的一系列点 5、6、7…；光滑连接各点，即为椭圆的轴测投影，如图 4-26b 所示。

2. 圆柱正等轴测图的画法　先明确圆平面与哪一个坐标面平行，再按上述方法画图。

【示例 4-14】　绘制如图 4-27a 所示圆柱的正等轴测图。

作图：在投影图上建立直角坐标系，如图 4-27a 所示；作轴测轴，画出圆柱顶面水平圆的正等轴测图，如图 4-27b 所示；沿 OZ 轴量取 50，确定圆柱底面圆心的位置，画出圆柱底面水平圆的正等轴测图，如图 4-27c 所示；作两椭圆的切线，画出圆柱的正等测轴图，如图 4-27d 所示；擦去作图线，加深轮廓线，如图 4-27e 所示。

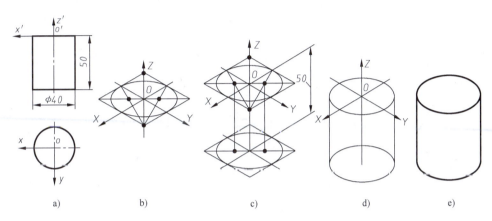

图 4-27　圆柱正等轴测图的画法

3. 切口圆柱正等轴测图的画法　曲面立体截交线的画法，可以先将完整的曲面立体轴测图画出，然后运用取点法，在轴测图上求出截交线上各点的投影，光滑连接各点，即可得到截交线的轴测投影。

4.3　平面切割体三视图的绘制

[知识链接 2]　3.4 直线上点的投影规律与作图方法；3.6 平面上点与平面上直线的投影

4.3.1　平面立体表面点的投影

【练一练 4-6】　当基本体三视图绘制完成后，基本体上所有端点、棱线、面的三面投影已在视图上表示出来。在基本体三视图上找出端点、棱线、面的三面投影。

1. 在平面立体表面上求点方法　首先要根据已知点的投影位置和可见性判别点空间位置，即判别点在哪条直线或在哪个平面上；若在直线上，则根据点在直线上的特性直接求点的投影；若点在平面，则先判别该平面的空间位置，再选择作图方法：若点所在平面是特殊平面，则根据平面的积聚性和点的投影规律求出该点的其余两投影；若点所在平面是一般平面，则根据一般平面求点投影的原理作图，即作出辅助线求出该点的其余两投影。

【示例 4-15】　如图 4-28a 所示，已知正六棱柱表面上点 M 的正面投影 m′ 和点 N 的水平影 n，求点的其余二面投影。

分析：根据点 M 的正面投影 m′ 的位置及可见性，可判断点 M 在正棱柱的侧面且 ABCD

上，且 ABCD 面为铅垂面，在水平面上的投影积聚为直线，可利用此线直接求点，如图 4-28b 所示。根据点 N 的水平投影 n 不可见，可判断点 N 在正棱柱的下底面上，且底面为水平面，在正面和侧面上的投影都有积聚性，可利用积聚性直接求点。

作图：过点 m'向下作竖直投影线，交 ab 于点 m；再根据已知点 M 的两面投影求第三投影的方法求出点 m"，并判别可见性，点 m 与 m"皆可见。过点 n 向上作竖直投影线，交下底线于点 n'；再根据已知点 N 的两面投影求第三投影的方法求出点 n"，如图 4-28c 所示。

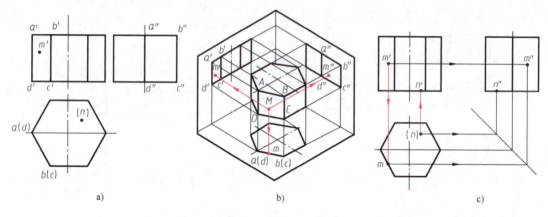

图 4-28　正六棱柱表面求点

2. 三棱锥三视图绘制及表面求点　将如图 4-29a 所示为正三棱锥 S-ABC 放在三投影面体系中，使其底面为水平面，侧面△SAC 为侧垂面，侧棱线 SB 为侧平线。正三棱锥三视图如图 4-29c 所示。画棱锥三视图方法是先画出底面三角形及顶点的三面投影，如图 4-29b 所示，再连接锥顶点与底面各点的同名投影，得到各棱线的投影即可，具体画图时最好先绘制点的水平投影。

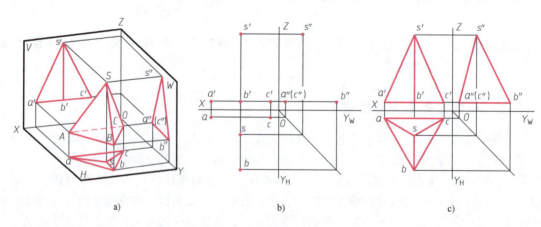

图 4-29　正三棱锥三视图

【示例 4-16】如图 4-30a 所示，已知正三棱锥 S-ABC 表面上点 E 的水平投影 e，点 M 的正面投影 m'，求作 E、M 点的其余两面投影。

1）求点 E。

分析：根据点 E 的水平投影 e 的位置及可见性，可知点 E 在正三棱锥 SABC 的侧面 SAC

上，如图4-30b所示。平面SAC的侧面投影有积聚性，先利用积聚性求侧面投影，再根据二面投影求正面投影。

作图：先在△SAC上，过点E的水平投影e作一条水平线，经过45°等宽辅助线转折成竖直线与△SAC的侧面积聚投影s″a″相交即得e″；再根据点的投影规律求出正面投影e′；最后判断可见性，其中e′为不可见，如图4-30c所示。

【思考1】 若点E的水平投影为(e)，则点E在什么平面上？怎么求其余两面投影？

2）求点M。

分析：根据点M的正面投影m′的位置及可见性，可知点M在正三棱锥的侧面SAB上，如图4-30d所示。且侧面SAB为一般位置平面，须用作辅助线的方法来求点的投影。

作图：可用两种作不同辅助线的方法求。

方法一：在△SAB内，连接锥点S与点M并延长交AB于Ⅰ点，如图4-30e所示，则点M在平面△SAB内的直线SⅠ上，点M的各面投影必在直线SⅠ的同名投影上。具体作法是：连接s′m′并延长交a′b′于1′，再过1′作竖线交ab求出1，连接s1，过m′作竖直投影线与s1交于m，最后由m′与m求出m″。判别可见性可知m与m″皆可见，如图4-30f所示。

方法二：在△SAB内过点M作一条直线ⅡⅢ平行于直线AB，如图4-30g所示，则点M的各面投影必在直线ⅡⅢ的同名投影上。具体作法是：过m′作直线2′3′//a′b′，其中点2′在s′a′上，再过2′向下作竖线交sa于点2，并过点2作直线23//ab，过m′作竖直投影线交23于点m；最后根据已知点的两面投影求第三投影的方法求出点m″，如图4-30h所示。

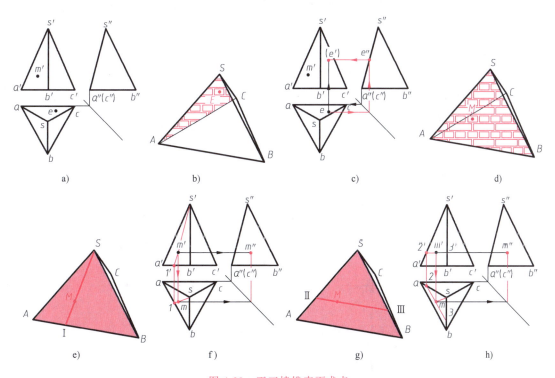

图4-30 正三棱锥表面求点

【思考2】 若点M的正面投影为(m′)，则点M在什么平面上？怎么求其余两面投影？

【练一练】 完成示例4-16。

4.3.2 平面切割体三视图的绘制

1. **平面立体截交线画法** 截交线是截平面和立体表面的共有线,平面立体的表面是由若干个平面图形组成的,所以它的截交线是由直线所组成的封闭的平面多边形,这个多边形的各条边就是截平面与平面立体各表面的交线,且均为直线。所以平面立体的截交线可用求平面立体表面直线投影的方法来求,即求截交线投影的实质就是求每段交线两端点的投影。如点在棱线上,可利用点在线上的投影特性直接求出;如点位于没有积聚性投影的棱面上,则须利用在形体表面上求点的方法求得。

2. **切割体三视图的绘制基本方法** 先进行形体分析:分析切割体被切割之前的基本体的形状;分析截平面相对于投影面的位置;分析截平面截切立体的位置和截切到了哪些平面;分析产生了哪些截交线。在以上分析的基础上再进行画图,步骤如下:先画被切割之前的基本体(完整基本体)的三视图;逐个画出截切产生的截交线的投影;修改并加深图形。

【**示例 4-17**】 绘制如图 4-31a 所示切割体三视图。

分析:基本体是正六棱柱,上方被正垂面截切,截交线是六边形,六个顶点均在棱线上。俯视图上不需增加截交线线型,正垂面的正面投影是一条斜线,侧面投影是六边形。

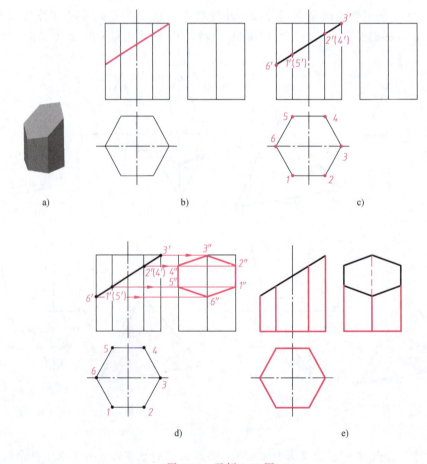

图 4-31 示例 4-17 图

作图：绘制正六棱柱的三视图，画出正垂面的正面投影，如图 4-31b 所示；标注六个点的水平投影和正面投影，如图 4-31c 所示；求出侧面投影 1″、2″、3″、4″、5″、6″，依次连接各交点求得截交线的侧面投影，如图 4-31d 所示；描深正六棱柱留下的线，擦去多余的线，不可见棱线画虚线，完成全图，如图 4-31e 所示。

【示例 4-18】 绘制出如图 4-32a 所示四棱锥被正垂面截切后下部分的三视图。

分析：截平面与正四棱锥的四个侧棱面均相交，则截交线为四边形，且顶点都在棱线上。截平面 P 为正垂面，其正面投影积聚为直线。

作图：绘制四棱锥的三视图，并确定截平面在主视图上的位置，如图 4-32b 所示；确定截平面与四条棱线交点的正面投影 1′、(2′)、(3′)、4′，如图 4-32c 所示；求出点的水平投影 1、2、3、4 及侧面投影 1″、2″、3″、4″，如图 4-32d 所示；依次连接各点的同名投影得到截交线的投影，如图 4-32e 所示；擦去被截平面截去的部分，保留未截的棱线并加粗，完成全图，如图 4-32f 所示。

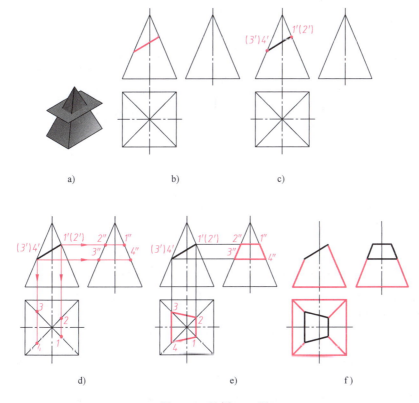

图 4-32　示例 4-18 图

【示例 4-19】 绘制出如图 4-33a 所示正三棱锥被正垂面截切后下部分的三视图。

分析：截平面与正三棱锥的三个侧棱面均相交，则截交线为三边形，且顶点都在棱线上。

作图：确定截平面与三条棱线交点的正面投影 a′、b′、(c′)，如图 4-33b 所示；求出点的水平投影 a、b、c，并连接点得到截交线的水平投影，如图 4-33c 所

4.3.2-示例 4-19

示;再求出点的侧面投影,如图 4-33d 所示;连接点得到截交线的侧面投影,如图 4-33e 所示;绘制留下的棱线,擦去多余的线,如图 4-33f 所示。

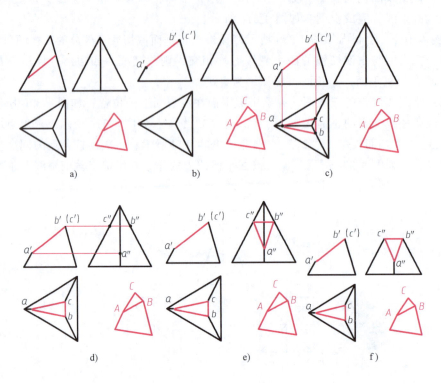

图 4-33　示例 4-19 图

【练一练 4-7】　完成示例 4-18、示例 4-19。

3. 画切割体的三视图,应注意以下几点。

(1) 注意画图顺序。无论立体怎样被切割,都应先画出立体原形的三视图,再画截平面具有积聚性的投影,以体现切口、凹槽的特征形状,进而按点的投影规律求出其他投影(先求位于棱线和特殊位置平面上的点,后求位于一般位置平面上的点)。

(2) 注意连线顺序。只有位于同一棱面上的两点才能连线。连线时,应逐个面依次连续进行,并使其首尾相接,最终形成一个闭合的平面图形。

(3) 注意轮廓线投影的变化。一是立体上原有的轮廓线的投影、切割后存留的部分轮廓线的投影不要漏画;二是已被切去的轮廓线的投影不要多画。

4. 当用几个截平面切割时,分别分析各截平面并画图,但注意找出"结合点"。当用几个截平面切割时,必然出现与截平面数量相同的几个平面图形,它们之间交线的端点即为结合点,如图 4-34b 中的 C、D。两结合点的连线,既是两截平面的交线,也是被切出的两平面图形的分界线和转折线,切勿漏画。

【示例 4-20】　绘制出如图 4-34a 所示三棱锥截切后的三视图。

分析：截平面是一个水平面与一个正垂面,则截交线为两个三角形,两个三角形有两个共同点,且在一般位置平面上,其余顶点在棱线上。水平面截交线与底边三角形各边平行。

4.3.2-示例 4-20

作图：确定截交线顶点的正面投影 a'、b'、c'、(d')，如图 4-34b 所示；求出棱线上点 A 的水平投影 a，过 a 作底边平行线，再求出 c、d，连接点，如图 4-34c 所示；求出棱线上点 B 的水平投影 b，连接点，如图 4-34d 所示；擦去俯视图上多余的线，再求出点的侧面投影，如图 4-34e 所示；连接点得到截交线的侧面投影，擦去左视图上多余的线，如图 4-34f 所示。

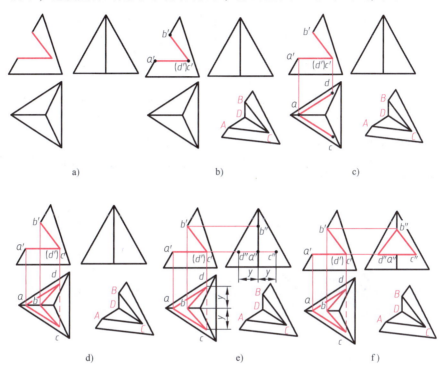

图 4-34 示例 4-20 图

【示例 4-21】 如图 4-35a 所示，补全俯视图，补画左视图，完成三视图。

分析：基本体是正四棱柱，截平面是一个水平面与两个对称的正垂面，如图 4-35b 所示。截交线为一个六边形与两个四边形，相邻两个平面形有两个共同点，顶点在侧面上，四个侧面都是铅垂面，且前后对称、左右对称。

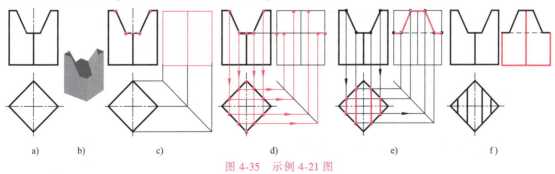

图 4-35 示例 4-21 图

作图：绘制正四棱柱的左视图，确定截交线顶点的正面投影，如图 4-35c 所示；求出各点的水平投影，再求出各点的侧面投影，如图 4-35d 所示；连接同名投影点，得到截交线的水平投影与侧面投影，如图 4-35e 所示；加深基本体留下的线，擦去多余的线，如图 4-35f 所示。

【示例 4-22】 已知正四棱锥切割体的主视图和不完整俯视图如图 4-36a 所示，完成俯视图，并绘制出左视图。

分析： 正四棱锥切割体的左上角切口由正垂面与侧平面截切而成，立体图如图 4-36b 所示，其截交线为相连的五边形与三角形，共由六个点组成，其中四个点在棱线上，两个点在侧面上。四个侧面均为一般位置平面，需要用辅助线法求侧面上点的投影。

作图： 1) 绘制正四棱锥左视图；在主视图上标注出截交线点的投影，如图 4-36c 所示。

2) 求出线上点的另两面投影。点 Ⅰ、点 Ⅳ、点 Ⅴ 和点 Ⅵ 是截平面与四条棱线的交点，均在棱线上，点的投影直接用直线上求点的方法求得，如图 4-36d 所示。

3) 求出面上点的另两面投影。点 Ⅱ 和点 Ⅲ 在右侧面上，均为一般位置平面，需要作辅助线求点的水平投影，如图 4-36e 所示。

4) 判断截交线的可见性，依次连接线，完成截交线的投影，如图 4-36f 所示。

5) 判断轮廓线的完整性与棱线的可见性，整理并擦去多余线条，如图 4-36g 所示。

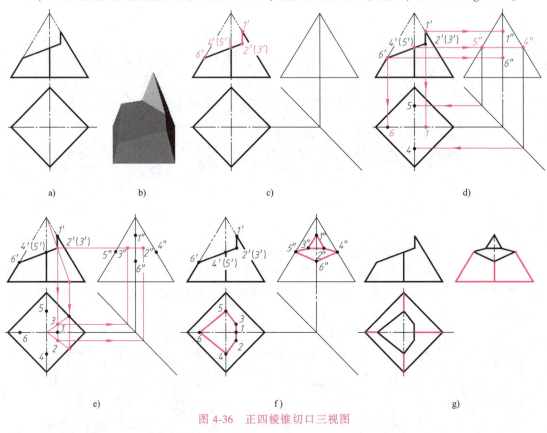

图 4-36 正四棱锥切口三视图

4.4 圆柱切割体三视图的绘制

4.4.1 圆柱体表面点的投影

【练一练 4-8】 在圆柱三视图上找转向轮廓素线的投影。

圆柱面投影有积聚性,这是圆柱体表面求点的投影时可利用的条件。

【示例 4-23】 如图 4-37b 所示,已知圆柱面上 M 点与 N 点的正面投影 m' 与 n',求 M、N 两点的其他两面投影。

分析: 由图可知,点 M、N 均在柱面上,由于圆柱面的水平投影有积聚性,所以圆柱面上点 M、N 的水平投影在该圆上。因 m' 不可见,所以点 M 在圆柱的后部分,因点 M 在圆柱的左半部分,所以 m'' 为可见。点 N 在圆柱的最右素线上,所以 n 在投影圆的最右点,n'' 在左视图的对称中心轴线处,因点 N 在圆柱的右半部分,所以 n'' 为不可见。

作图: 从 m'、n' 向下作直线与圆周相交可求得 m、n;由 M、N 的两面投影再求出侧面投影 m'' 和 n'',如图 4-37c 所示。

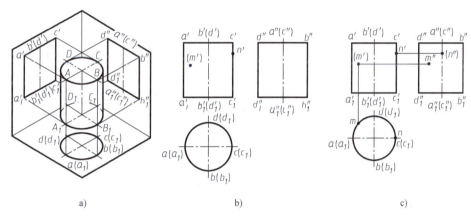

图 4-37 圆柱体表面点的投影

4.4.2 圆柱截交线

1. 圆柱截交线的基本类型 截交线是封闭的平面曲线,由于截平面与圆柱轴线的相对位置不同,截交线有三种不同的形状,其投影可能是直线、圆、曲线,如图 4-38 所示。截平面垂直圆柱轴线,截交线为圆,如图 4-38a 所示;截平面平行圆柱轴线,截交线为矩形,如图 4-38b 所示;截平面与圆柱轴线斜交,截交线为椭圆,如图 4-38c 所示。

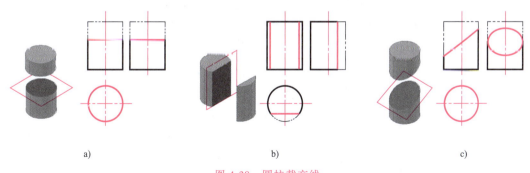

图 4-38 圆柱截交线

2. 圆柱截交线的求法 截交线的作图步骤是:先根据平面的相对位置,分析截交线的形状及其在投影面上的投影特点;再求点的投影,若投影是直线则求两个端点的投影,若投影是圆则求圆心的投影和半径点,若投影是曲线则求许多点的投影;后判断可见性,依次光滑连接各点的同面投影,并补全轮廓线的投影。圆柱的投影有积聚性时,可利用积聚性求出截交线的投影,如图 4-38a、b 所示两种情况,直接按截平面的位置找好投影关系即可得到截交线。图 4-38c 所示的截交线是椭圆,需要用描点连线绘制。点的求法是,先求出特殊点(即确定截交线范围的最高、最低、最前、最后、最左和最右点),后求一般点(利用前面介绍的立体表面上取点方法)。

【示例 4-24】 补线完成如图 4-39a、b 所示切割圆柱体的左视图。

分析:圆柱体被正垂面切割,截交线是椭圆,椭圆的正面投影是一直线,水平投影与圆柱面的投影重合为圆,侧面投影为椭圆。侧面投影需先找出特殊点:截交线上极限位置点、截交线的特征点和转向轮廓线上的点等。再找出特殊点之间的一般点,最后光滑连接这些点即得到截交线,作图步骤如图 4-39 所示。

1)求出截交线上特殊位置点的投影。Ⅰ、Ⅱ点是最低点和最高点,Ⅲ、Ⅳ点是最前点和最后点。根据水平投影 1、2、3、4 和正面投影 1′、2′、3′、(4′) 可求出侧面投影 1″、2″、3″、4″,如图 4-39c 所示。

2)求出截交线上的一般位置点投影。在截交线上任取 Ⅴ 点,根据水平投影 5 和正面投影 5′ 可求出侧面投影 5″。同理求出 6″,如图 4-39d 所示。同理可求出更多点的投影。

3)依次光滑连接点得到截交线的侧面投影,如图 4-39e 所示。整理后,左视图如图 4-39f 所示。

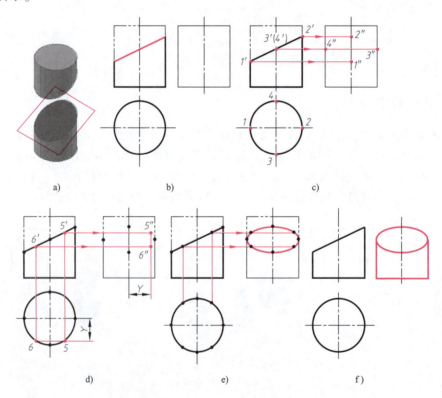

图 4-39 圆柱体被截平面斜切

【练一练 4-9】 完成示例 4-24。

4.4.3 圆柱切割体三视图绘制

与平面切割体的画图步骤一致，先画完整圆柱的三视图，再画切割后的三视图，如有多处切割，须依次画出各部分的三视图。多平面切割圆柱的截交线求法是将每个分成基本类型后再作图。

【示例 4-25】 绘制图 4-40a 所示切割体的三视图。

分析： 切割体是圆柱左上角被侧平面和水平面切割而成。

作图： 先绘制圆柱三视图，如图 4-40b 所示；再绘制切口主视图和水平面的投影，如图 4-40c 所示；后绘制侧平面的投影，如图 4-40d 所示；最后整理完成，如图 4-40e 所示。

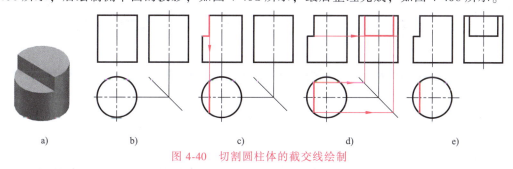

图 4-40 切割圆柱体的截交线绘制

【示例 4-26】 绘制图 4-41a 所示切割体的三视图。

分析： 切割体是圆柱左端中间被一个侧平面和两个水平面开了一通槽，右端被一个侧平面和两个水平面上、下对称切割，各切去了一块。

作图： 先绘制圆柱的三视图，绘制左端通槽及右端上、下切口的正面投影，如图 4-41b 所示；绘制左端通槽及右端上、下切口的侧面投影，如图 4-41c 所示；绘制左端通槽的水平投影，如图 4-41d 所示；绘制右端切口的水平投影，如图 4-41e 所示；整理图形，描深圆柱留下的线，如图 4-41f 所示。

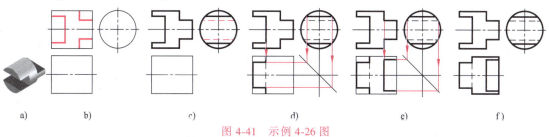

图 4-41 示例 4-26 图

4.5 圆锥切割体三视图的绘制

4.5.1 圆锥体表面点的投影

1. 圆锥的投影 如图 4-42a 所示圆锥体的三视图，它没有积聚性，俯视图是一个圆，它是底圆的投影。圆锥表面上的四条特殊素线：最前素线 SC、最后素线 SD、最左素线 SA 和最右素线 SB 是圆锥表面的转向轮廓线。圆锥三视图上转向轮廓素线的投影如图 4-42b 所示。

2. 求圆锥表面上点的投影

【练一练】 在圆锥体的三视图上找圆锥四条特殊素线和底圆的三面投影。

圆锥四条特殊素线和底圆上点的投影可直接求；由于圆锥体锥面没有积聚性，不能直接求锥面上一般点的投影，需要辅助方式。

【示例 4-27】 如图 4-42c 所示，已知圆锥表面上点 M 的正面投影，求其另两面投影。

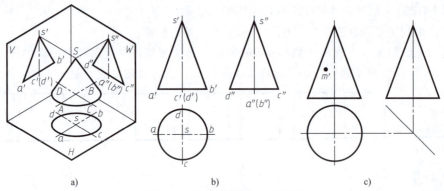

图 4-42 圆锥轴测图与三视图

在圆锥表面上求点的投影，可以用下列两种方法。

（1）素线法 过锥顶作辅助直线的方法（圆锥表面只有过锥顶的线才是直线）。如图 4-43 所示，过锥顶 S 和锥面上点 M 作一素线 SA，交底圆于点 A。作图：作出 SA 的正面投影 s'a'，再作出点 A 的水平投影，连线完成 SA 的水平投影 sa，再求得 m，后由 m 与 m' 求出 m"。因为 m' 可见，则点 M 位于圆锥的前半部，又因点 M 在圆锥的左半部，所以 m" 可见。

（2）纬线圆法 作与轴线垂直的辅助平面求圆锥面上点的方法。如图 4-44 所示，在锥面上过点 M 作水平面得一水平圆即纬线圆，其水平投影为圆，此圆与最左、最右素线的投影交于 A、B 两点。作图：作正面投影，水平圆积聚为直线 a'b' 且垂直于轴线；量取半径画水平投影的同心圆，再求得 m；后由 m 与 m' 求出 m"。

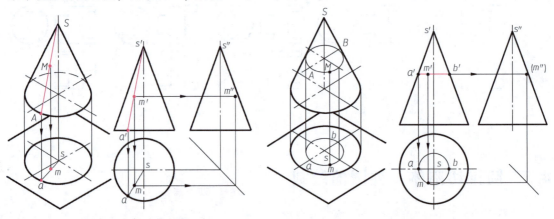

图 4-43 素线法求圆锥表面上点　　图 4-44 纬线圆法求圆锥表面上点

4.5.2 圆锥截交线

1. 截交线形状　截平面与圆锥轴线的相对位置不同，其截交线形状也不同，如图 4-45

所示。若截平面过圆锥顶点，截交线形状为相交直线构成的三角形，如图 4-45a 所示；若截平面与轴线垂直，截交线形状为圆，如图 4-45b 所示；若截平面与轴线倾斜（θ>α），截交线是椭圆，如图 4-45c 所示；若截平面与轴线倾斜，平行于一素线（θ=α），截交线是抛物线，如图 4-45d 所示；若截平面与轴线平行（θ=0°），截交线是双曲线，如图 4-45e 所示。

2. 圆锥三种基本类型截交线画法　圆锥截交线形状有多种，但从作图方法来分，可分为三种基本类型，即截平面过锥顶时的三角形、与轴线垂直时的圆、其他位置时的曲线（非圆非直线的形状）。如图 4-45 所示，截交线是圆和三角形时，可直接按截平面的投影对应关系求出截交线；当截交线是椭圆时，需找到椭圆的长、短轴四个端点以及圆锥特殊素线与截平面的交点等特殊点；当截交线是抛物线与双曲线时，需找出截交线上的最高、最低、最前、最后、最左、最右等极限位置点，截交线特征点和圆锥面上转向轮廓线上的点等特殊点。对于截交线上一般点的求法，通常采用纬线圆法。

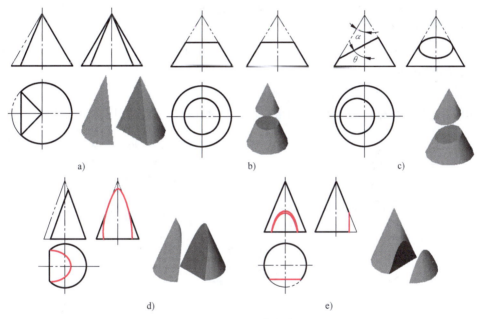

图 4-45　圆锥截交线

4.5.3　圆锥切割体二视图绘制

【示例 4-28】　如图 4-46a 所示圆锥被一正垂面截切，求作其三视图。

分析：图 4-46a 所示圆锥的轴线是铅垂线，截平面是正垂面，截交线为曲线，其正面投影积聚为一直线，侧面、水平面投影需要求出。作图如下：

1）画出圆锥主、俯、左视图，画出正垂面的正面投影，如图 4-46b 所示。

2）求特殊点，共有五个点，可以在主视图上标注出来，如图 4-46c 所示。点Ⅰ为最高点，位于最右素线上，由点 1′可作出点 1 与 1″。点Ⅱ、Ⅲ位于圆锥的最前、最后素线上，可由点 2′、3′求得点 2″、3″，再求 2、3。点Ⅳ、Ⅴ为最低点，位于底圆上，可作出点 4、5，再求点 4″、5″。

3）求一般点，可用纬线圆法。先作点的正面投影 6′和 7′（必须在斜线上），再在俯视

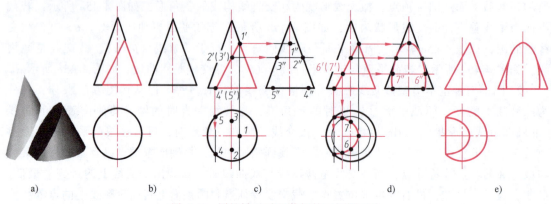

图 4-46 圆锥被正垂面截切的三视图画法

图上作纬线圆,从而可得到点 6、7,后求侧面投影 6″、7″(根据图形精度要求可多求几个点的投影),如图 4-46d 所示。

4)依次光滑连接点 4″、6″、2″、1″、3″、7″、5″和 4、6、2、1、3、7、5、4,得到截交线,如图 4-46d 所示。

5)整理圆锥轮廓线,完成全图,如图 4-46e 所示。

【示例 4-29】 根据如图 4-47a 所示的三视图,在俯视图与左视图上补线完成三视图。

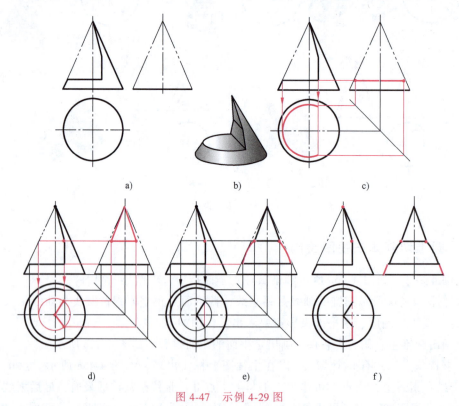

图 4-47 示例 4-29 图

分析:图 4-47a 所示圆锥的轴线是铅垂线,截平面是正垂面、侧平面、水平面,如图 4-47b 所示。水平面的水平投影为圆,侧面投影为横线。正垂面过锥点,水平面投影、侧面投影为三角形。侧平面的水平投影为竖线,侧面投影为曲线。

作图:

1) 画出水平面的投影,如图 4-47c 所示。
2) 画出正垂面的投影,如图 4-47d 所示。
3) 画出侧面的投影,如图 4-47e 所示。
4) 整理轮廓线,擦去多余线,完成全图,如图 4-47f 所示。

4.6 圆球切割体三视图的绘制

4.6.1 圆球体表面点的投影

1. 圆球的投影及分析　圆球从任意方向去看投影都是圆,因此其三面投影都是直径相同的圆,这三个圆分别是球面在三个投影方向上转向轮廓素线圆的投影。

【练一练 4-10】　在圆球的三视图上找三个转向轮廓素线圆的三面投影。

2. 圆球表面上的点　当点处于转向轮廓素线圆时可直接求出点的投影,一般点可以用纬线圆法来确定球面上的点的投影。

【示例 4-30】　已知图 4-48a 所示球面上点 M 的正面投影 m',求其另两面投影 m 与 m''。

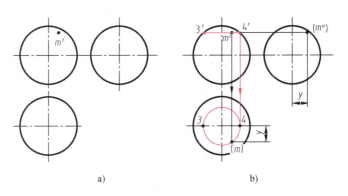

图 4-48　圆球面上点的投影

分析:根据 m' 的位置和可见性知点 M 位于圆球的前、右、上部分,可过点 M 作辅助水平面得纬线圆,即可在辅助纬线圆的投影上求得点 M 相应投影。

作图:如图 4-48b 所示,先在球面的主视图上过点 m' 作一条水平直线与圆有两交点;再在俯视圆上以主视图交点之间距离长为直径画一个同心圆;再过点 m' 向下作一条竖直线与绘制的圆相交求得点 m;后根据 m' 与 m 求得 m''。

4.6.2 圆球截交线画法

圆球被任意平面截切,得到的截交线都是圆。但是截平面与投影面的位置不同,截交线的投影有所区别。当截平面是投影面平行面时,截交线在所平行的投影面上的投影是一个圆,其他两面投影均为直线,如图 4-49a 所示;当截平面是投影面垂直面且不平行于任意投影面时,截交线在所垂直的投影面上积聚为直线,其他两面投影为椭圆,如图 4-49b 所示。

4.6.3 圆球切割体三视图绘制

【示例 4-31】 作出图 4-49b 所示截切圆球的三视图。

分析：圆球被正垂面截切，截交线的正面投影积聚为直线，可直接画出，水平投影与侧面投影均是椭圆，需作图画出。

作图：1）先画出完整圆球的三视图，并作出主视图上截交线的积聚投影。

2）求特殊点的投影。特殊点共 6 个，在主视图上标明。Ⅰ、Ⅱ点在前后半球的分界圆上，可直接求得 1、2、1″、2″；Ⅲ、Ⅳ点处于上、下半球分界圆上，由 3′（4′）得 3、4，从而得 3″、4″；Ⅴ、Ⅵ点处于左、右半球分界圆上，由 5′（6′）得 5″、6″，从而得 5、6，如图 4-49c 所示。

3）求一般点的投影。1′、2′的中点 7′（8′）是长轴的积聚投影，作辅助水平纬线圆，由 7′（8′）得 7、8 和 7″、8″；9′（10′）是任意点，作辅助水平纬线圆 P，由 9′（10′）得 9、10 和 9″、10″，根据作图需要可作出其他一般点投影，如图 4-49d 所示。

4）将同名投影依次光滑连接，完成截交线的投影，如图 4-49e 所示。

5）整理圆球轮廓线，完成全图，如图 4-49b 所示。

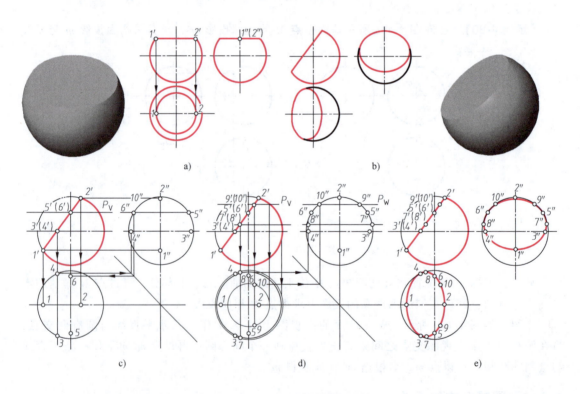

图 4-49 圆球的截交线

【示例 4-32】 绘制图 4-50a 所示开槽半圆球的三视图。

分析：半圆球开槽是由一水平面与两侧平面截切而成的。多平面切割圆球的截交线求法可转化成基本类型来求。水平面与半圆球截切，截交线在俯视图上的投影是圆的一部分，在左视图上的投影积聚为直线；侧平面与半圆球截切，截交线在左视图上的投影是圆的一部分，在俯视图上的投影积聚为直线；平面的交线中间部分从左方观察为不可见，左右分界圆的上部分轮廓线在开槽处被截掉了。

作图： 1) 画出半圆球完整的三视图，并完成主视图，如图 4-50b 所示。

2) 画出水平面截交线，如图 4-50c 所示。

3) 画出侧平面截交线，如图 4-50d 所示。

4) 判别可见性，处理轮廓线，完成全图，如图 4-50e 所示。

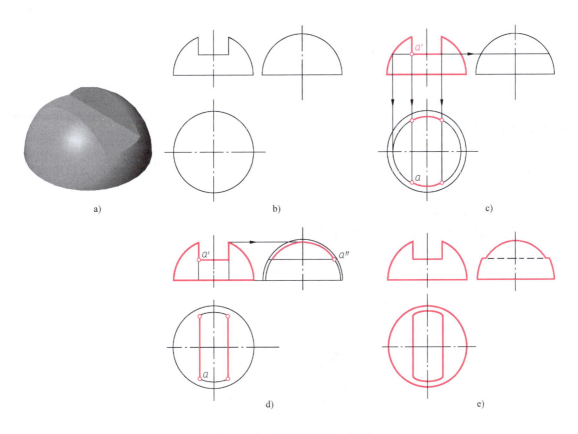

图 4-50 开槽半圆球的三视图

4.7 圆环表面点投影

圆环面上的点一般采用辅助纬线圆的方法求。如图 4-51a、b 所示为轴线是铅垂线圆环的投影图和三视图。

【示例 4-33】 已知图 4-51b 所示圆环面上点 A 的正面投影 a'，求圆环左视图及点 A 另二面投影 a 及 a''。

作图： 用纬线圆法求。在主视图上过 a' 作一水平直线，由 a' 可知，点 A 在环的外环面前、左半部，因此在俯视图上作出辅助纬线圆的投影可得到 a；再由 a' 及 a 求出 a''，如图 4-51c 所示。

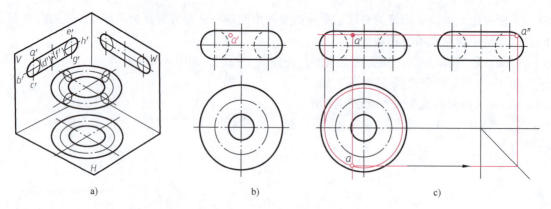

图 4-51 圆环的三视图与表面求点

4.8 切割体的尺寸标注

切割体需要标注基本体的尺寸与截平面的位置尺寸。由于截交线是由截平面位置确定的，因此截交线不需要标注。

1. 一个平行面需要一个定位尺寸

【示例 4-34】 标注如图 4-52a 所示切割体的尺寸。

识读可知切割体是圆柱体前部被一个正平面切割而成，如图 4-52b 所示。圆柱体需要一个底面圆直径与一个高度尺寸，正平面需要一个前后定位尺寸，标注尺寸如图 4-52c 所示。

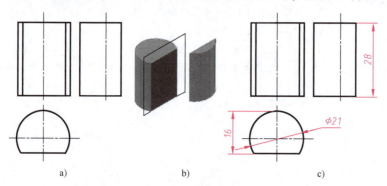

图 4-52 示例 4-34 图

【示例 4-35】 标注如图 4-53a 所示切割体的尺寸。

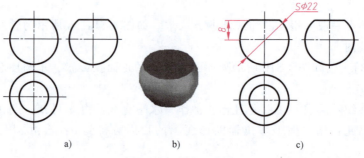

图 4-53 示例 4-35 图

识读可知切割体是球体上部被一个水平面切割而成,如图 4-53b 所示。球体需要一个直径尺寸,水平面需要一个上下定位尺寸,标注尺寸如图 4-53c 所示。

2. 一个垂直面需要两个定位尺寸

【示例 4-36】 标注如图 4-54a 所示切割体的尺寸。

识读可知切割体是正五棱柱左上部被一个正垂面切割而成,如图 4-54b 所示。正五棱柱需要底面形状尺寸与高度尺寸,底面形状尺寸可以用边长尺寸;正垂面需要两个定位尺寸。标注尺寸如图 4-54c 所示。

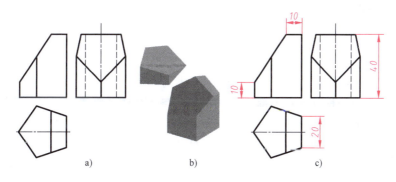

图 4-54 示例 4-36 图

【示例 4-37】 标注如图 4-55a 所示切割体的尺寸。

识读可知切割体是圆柱上部被一个正垂面切割而成,如图 4-55b 所示。圆柱需要底面圆直径尺寸与高度尺寸,正垂面需要两个定位尺寸,但圆柱高度尺寸可以是其中一个定位尺寸。标注尺寸如图 4-55c 所示。

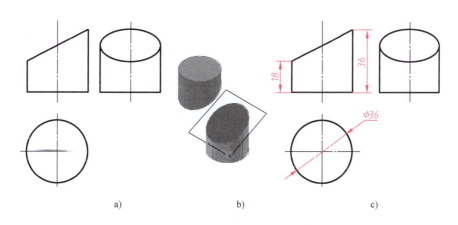

图 4-55 示例 4-37 图

3. 几个截平面切割,就分别标注截平面的位置尺寸

【示例 4-38】 标注如图 4-56a 所示切割体的尺寸。

识读可知切割体是圆柱左上部被一个水平面与一个侧平面切割而成,如图 4-56b 所示。圆柱需要底面圆直径尺寸与高度尺寸,水平面与侧平面各需要一个定位尺寸。标注尺寸如图 4-56c 所示。

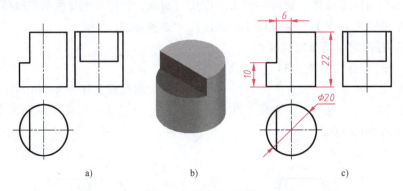

图 4-56　示例 4-38 图

【示例 4-39】　标注如图 4-57a 所示切割体的尺寸。

识读可知切割体是长方体左上部被一个水平面与一个侧平面切割，右上部被一个正垂面切割而成，如图 4-57b 所示。长方体需要长度、宽度与高度尺寸，水平面与侧平面各需要一个定位尺寸，正垂面需要两个定位尺寸。标注尺寸如图 4-57c 所示。

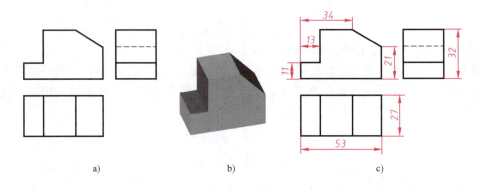

图 4-57　示例 4-39 图

4. 形体对称时，两个对称的截平面应标注两个截平面之间的位置尺寸，不要分别标注截平面距离对称面的位置尺寸，若两个截平面不对称则需要分开标注。

【示例 4-40】　标注如图 4-58a 所示切割体的尺寸。

识读可知切割体左右对称，是圆柱上部中间被两个对称的侧平面与一个水平面切割而成，如图 4-58b 所示。圆柱需要底面圆直径尺寸与高度尺寸，两个对称的侧平面只需要一个定位尺寸，水平面需要一个定位尺寸。标注尺寸如图 4-58c 所示。

【示例 4-41】　标注如图 4-59a 所示切割体的尺寸。

识读可知切割体左右对称，是长方体上部左右被两个对称的侧平面与一个水平面切割而成，下部中间被两个对称的侧平面与一个水平面切割而成，如图 4-59b 所示。长方体需要长度、宽度与高度尺寸，两个对称的侧平面只需要一个定位尺寸，水平面需要一个定位尺寸。标注尺寸如图 4-59c 所示。

【示例 4-42】　标注如图 4-60a 所示切割体的尺寸。

识读可知切割体是球体上部中间被两个不对称的侧平面与一个水平面切割而成，如

第4章 切割体三视图的绘制与识读

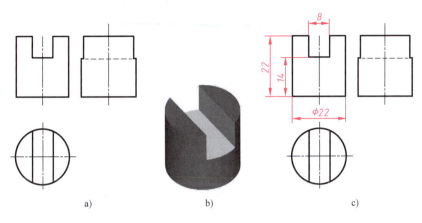

图 4-58　示例 4-40 图

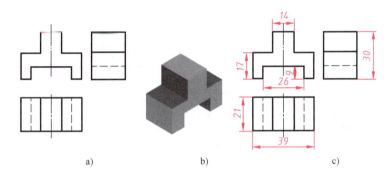

图 4-59　示例 4-41 图

图 4-60b 所示。两个不对称的侧平面需要两个定位尺寸。标注尺寸如图 4-60c 所示或如图 4-60d 所示，半球可以标注半径，也可以标注直径，要视标注的图是否大于半圆而定。

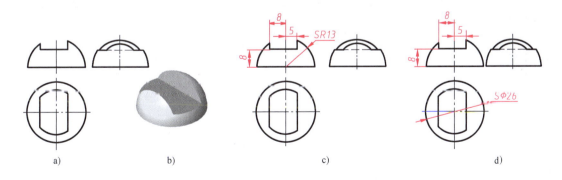

图 4-60　示例 4-42 图

4.9　切割体三视图绘制与尺寸分析示例

【示例 4-43】　根据图 4-61a、b 所示的立体图与主视图，完成三视图，并分析尺寸。

分析： 圆筒的切口是由侧平面 O、R，水平面 Q 及正垂面 P 截切而成的。侧平面 O、R 与圆柱轴线垂直，产生的截交线是两素线；平面 Q 与圆柱轴线垂直，产生的截交线是圆弧；平面 P 与圆柱轴线倾斜相交，产生的截交线是椭圆弧。其中平面 P、Q、R 与圆筒内、外表面都截切。

作图： 1）先画出完整的圆筒的三视图，画出各截交线的正面投影与水平投影，画出水平面 Q 的侧面投影，如图 4-61c 所示。

2）求出侧平面 O、R 截切立体产生的截交线，如图 4-61d 所示。

3）求出平面 P 截切外圆柱体表面产生的截交线，如图 4-61e 所示。

4）求出平面 P 截切内圆柱体表面产生的截交线，如图 4-61f 所示。

5）求出平面 Q 截切圆筒表面产生的截交线；对圆筒的轮廓线进行整理，擦去多余图线，完成全图，如图 4-61g 所示。

6）分析尺寸，如图 4-61h 所示。

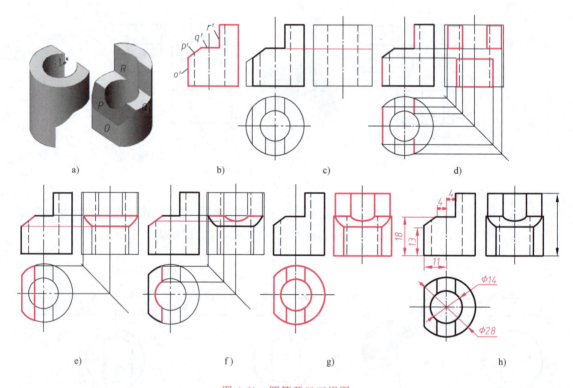

图 4-61 圆筒开口三视图

第 5 章

组合体三视图的绘制与识读

【本章能力目标】 能够绘制组合体三视图，能够识读组合体的视图，能够绘制组合体正等轴测图，能够分析和标注组合体的尺寸。

5.1 组合体三视图的绘制

从几何角度看，机器零件尽管其形状千差万别，但都可以看成由若干简单的棱柱、棱锥、圆柱、圆锥等基本几何体组合而成。由基本体组合而成的形体称为组合体。

5.1.1 组合体的构成方式

组合体的构成方式一般分为叠加和挖切两种。叠加就是若干基本体如同积木的堆积，如图 5-1a 所示的组合体可看作是由 1、2、3 三部分叠加所形成的。挖切就是从基本体中挖去另一些基本体，包括切割块、开槽、穿孔，如图 5-1b 所示的组合体可看作是长方体被挖去 1、2 两部分所形成的。实际零件有时较复杂，更多的组合体是叠加和挖切两种形式的综合，如图 5-1c 所示的组合体可看作是由 1、2 两部分叠加之后，又被挖切去 3、4 两部分所形成的。在某些情况下，组合体按叠加或切割方式组合并无严格的界线，同一形体可以按叠加去分析，也可以按挖切去理解，应视具体情况，以利于理解和作图为准。

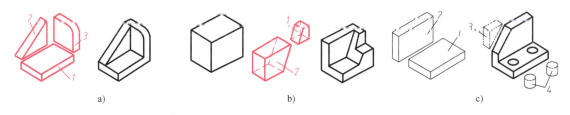

图 5-1 组合体的构成方式
a）叠加式组合 b）挖切式组合 c）叠加和挖切综合式组合

5.1.2 组合体相邻表面界线分析与画法

由基本体构成组合体时，不同形体上有些表面因为组合成为一个实体，其内部结构不再存在，有些则连成一个平面，有些产生了相交或相切，因此绘图前必须分析相邻表面连接方式和界线的情况。组合体相邻两表面之间的连接方式分为平齐、相交、相切三种。

1）相邻两形体表面平齐时，说明两表面构成同一平面，在接合处没有分界线，则在视图上不应用线隔开，如图 5-2a 所示上、下两形体前表面、后表面均平齐，则主视图中间无分界线。当相邻两形体的表面不平齐时，说明它们在连接处有分界线，在视图上应有分界线隔开，如图 5-2b 所示的上、下两形体前表面不平齐，则主视图中间有分界线。

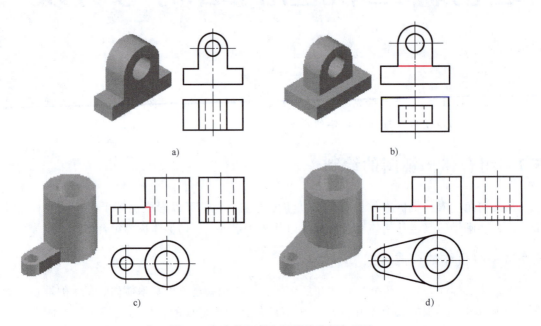

图 5-2 组合体相邻表面界线分析与画法

【思考】 若图 5-2a 所示上、下两形体的前表面平齐、后表面不平齐，主视图有什么变化？

2）两表面相交时，连接处有明显的交线，在图上必须画出分界线，如图 5-2c 所示。

3）两表面相切时，在相切处表面光滑过渡，无分界线，图上不应画线，如图 5-2d 所示。

说明：只有平面与曲面或曲面与曲面之间才会出现相切的情况，也只有相切时，图形才会出现不封闭的框。

5.1.3 组合体三视图的画法

1. 形体分析法 在绘制和识读组合体的视图时，为使复杂的问题变得简单，常用形体分析法，即先根据构成方式和相对位置将组合体分解成简单几何体部分，再分部分绘图和识图。如图 5-3a 所示的支座，可以看成是由圆筒、底板、肋板、耳板和凸台五个部分组合而成，如图 5-3b 所示。形体分析法是绘图和识图的基本方法。

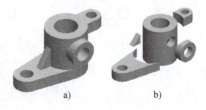

图 5-3 支座的形体分析

【练一练5-1】 判断：图5-4所示的每组图中，立体图对应的三视图是否正确。

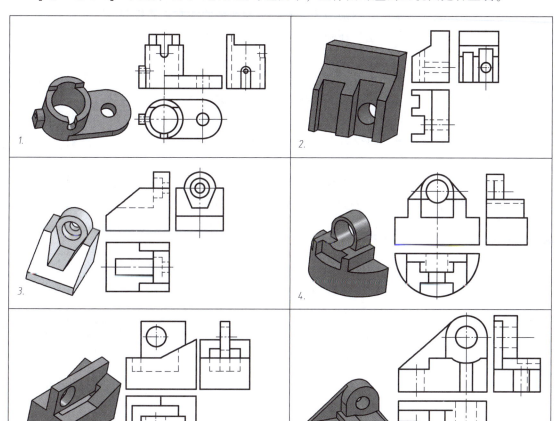

图5-4 组合体三视图绘制练习

2. 画组合体三视图的方法和步骤　画组合体的视图时，常采用形体分析法，就是假想把组合体分解为几个较简单的基本几何体，并确定各基本几何体的构成方式和相互位置，再逐步绘制各部分的视图，最后综合整理完成视图。下面举例说明画组合体三视图的作图步骤。

【示例5-1】 绘制如图5-5a所示支架的三视图。

画组合体的视图时，通常先对组合体进行形体分析，选择最能反映其形体特征的方向作为主视图的投射方向，再确定其余视图，然后按投影关系画出组合体的视图。

（1）形体分析　先认清组合体的形状结构，分析它由几个简单的形体组成，再分析各组成部分之间的相对位置，然后分析各相邻表面间的连接关系，确定相邻表面有无分界线。如图5-5所示，

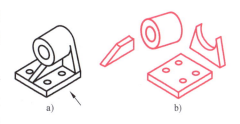

图5-5 支架的形体分析

支架由圆筒、支承板、加强肋以及底板组成。任选一个部分为基准,决定其他部分相对于它的位置关系。如以底板为基准,判别圆筒、支承板和加强肋相对于底板的上下、左右和前后的相对位置和表面连接关系。这是在画组合体三视图时,确定各个组成部分投影的位置的重要依据。

(2)视图选择　选择视图的关键是选择主视图。主视图应能较明显地反映组合体的形状特征和基本体之间的相互位置关系,并能兼顾其他视图的合理选择。先将组合体按自然位置放稳,并使其主要表面平行或垂直于投影面,便于看图和画图。图 5-5a 所示为支架的安放位置,箭头所示方向为主视图的投影方向。主视图确定后,俯视图和左视图的投射方向也就确定了。

(3)绘图步骤　首先根据各基本体的相对位置画出各个基本体的各面视图,以确定出组合体边界线的投影,然后画出各表面的积聚投影和相邻两表面交线的投影。支架的三视图作图过程如图 5-6 所示。

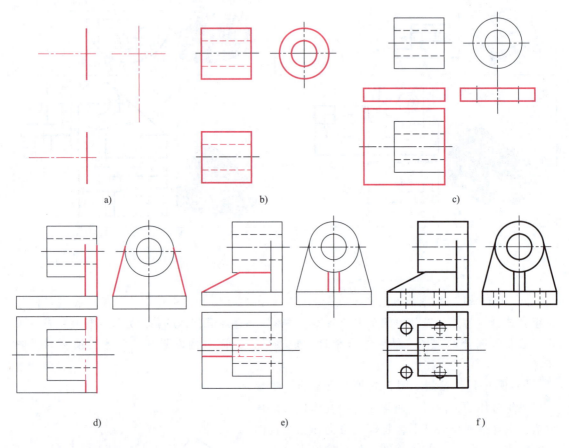

图 5-6　支架的作图步骤

3. 画图时应注意的问题　先画主体部分,再画次要部分。先画反映形体实形的视图,再按投影关系画出其他视图。几个视图要配合着画,不要先画完一个视图,再画另一个视图,而应按逐个简单形体的顺序来画图。不能将组合后不存在轮廓线的投影画出。若需要标注尺寸,则在所有视图描深完工之后再标注尺寸。

5.2 组合切割体三视图的绘制

方法：绘制几个基本体组合后被平面切割产生的切割体三视图时，可按单个基本体被平面切割的情况进行分析与绘制。

【示例 5-2】 根据图 5-7a 所示形体的立体图与俯视图，绘制其主视图与左视图。

分析：组合回转体的中心线为侧垂线，从右到左由半球、大圆柱、小圆柱和圆锥组合而成；再用一正平面截切此立体，从右到左截交线形状依次为球表面半圆、大圆柱表面直线、小圆柱表面直线与圆锥表面曲线。

作图：1）从右到左依次画出完整半球、大圆柱、小圆柱和圆锥的主视图与左视图；画出正平面的侧面投影，如图 5-7b 所示。左视图上不需再绘制其他线了。

2）画出半球截交线的正面投影，为一半圆，如图 5-7c 所示。

3）画出大、小圆柱截交线的正面投影，各为两条直线，如图 5-7d 所示。两圆柱分界面在主视图上积聚为一直线，中间不可见，画虚线。

4）画出正平面切圆锥曲线的正面投影，可利用辅助纬圆法求一般点，圆锥与圆柱的交线后面部分不可见，画虚线，如图 5-7e 所示。

5）擦去多余的图线，加粗可见轮廓线，整理完成全图，如图 5-7f 所示。球与大圆柱之间无分界线。

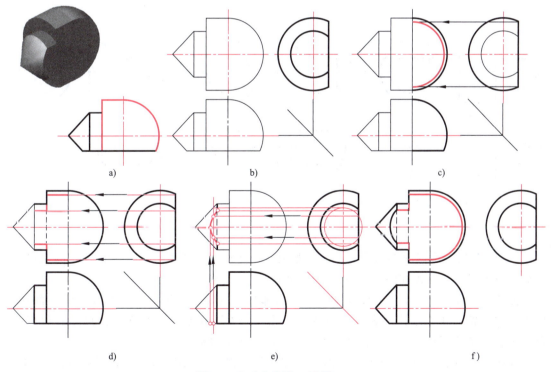

图 5-7 组合切割体三视图（1）

【示例 5-3】 根据图 5-8a 所示主视图与左视图，绘制其俯视图。

分析：形体由水平放置的同轴圆锥与两个圆柱组成，左上方用水平面与正垂面切割而成，如图5-8b所示。水平面与圆锥截交线的水平投影为曲线，水平面与圆柱截交线的水平投影为两条直线；正垂面与圆柱截交线的水平投影为椭圆的一部分；水平面和正垂面交线的水平投影为直线。从左到右依次画截交线的水平投影。

作图： 1）画完整圆锥与圆柱的俯视图；画水平面与圆锥截交线的水平投影：先根据主视图与左视图上点的投影求点的水平投影，再依次连线，如图5-8c所示。

2）画水平面与小圆柱截交线的水平投影，如图5-8d所示。

3）画正垂面与大圆柱的截交线，如图5-8e所示。

4）对轮廓线进行整理，圆锥与小圆柱分界面在俯视图上积聚为一直线，中间不可见，画虚线；两圆柱分界面在俯视图上积聚为一直线，中间不可见，应画虚线，但水平面与正垂面的交线可见，故画成粗实线。擦去多余图线，完成全图，如图5-8f所示。

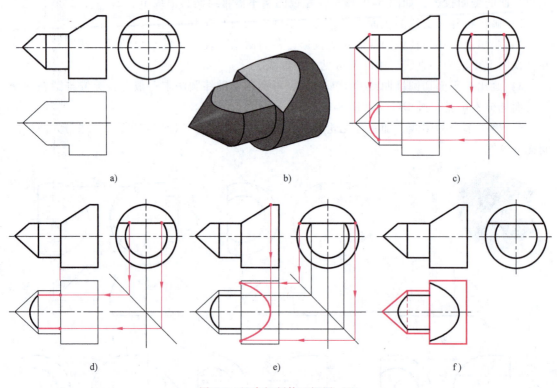

图 5-8 组合切割体三视图（2）

【示例5-4】 根据图5-9a所示的正五棱柱与四棱柱方孔立体图与图5-9b所示的主视图，完成其三视图（正五棱柱的边长与四棱柱的对角线长度相等）。

分析： 组合体外部是正五棱柱切割体，内部是四棱柱切割体，切口都是由正垂面 P 与侧平面 Q 切割。正五棱柱外表面与四棱柱方孔的内表面在水平投影面上的投影有积聚性，可知 P 面截交线形状为八边形，Q 面截交线为两个矩形线框。

作图： 1）画出完整正五棱柱与四棱柱方孔的三视图；画出 P_V 正面投影；画出 Q_V 正面投影与 Q_H 水平投影，如图5-9c所示。

2）画出 Q 面截切正五棱柱与四棱柱方孔交线的侧面投影，如图5-9d所示。

3）画出 P 面截切正五棱柱的交线，如图5-9e所示。

4) 画出 P 面截切四棱柱方孔的交线，如图 5-9f 所示。
5) 判断棱线的可见性，擦去多余线条，完成全图，如图 5-9g 所示。

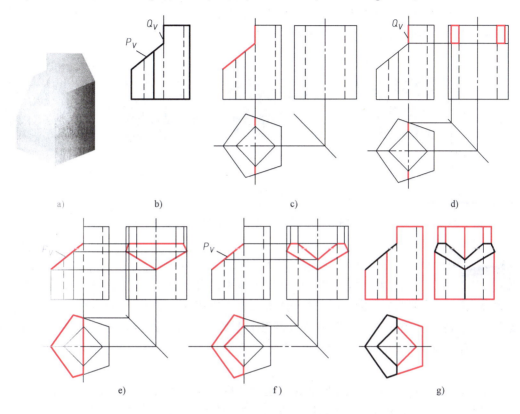

图 5-9　截切正五棱柱与四棱柱方孔三视图

5.3　相贯体三视图的绘制

5.3.1　相贯线的概念及性质

1. 相贯线的概念　相交的两形体称为相贯体，相交立体表面的交线称为相贯线。相贯不同于两立体的简单叠加，而是一个立体的表面全部或部分"贯入"另一个立体的表面，因此相贯线多数情况下是三维空间的封闭线。由于相贯立体的形状及相对位置不同，相贯线的形状也各不相同。相交有平面立体和平面立体相交、平面立体与曲面立体相交、曲面立体与曲面立体相交三种情况，如图 5-10 所示。

平面立体与平面立体的交线实际是平面与平面立体相交的截交线，为空间折线；平面立体与曲面立体的交线，实际是平面与曲面立体相交的截交线，为若干段平面曲线组成的组合截交线。以上交线可归结为截交线问题，绘图方法前面已介绍。两曲面立体相交的交线是空间曲线，是主要的相贯线，本节将专门讨论两回转体相贯的画法。

2. 相贯线的性质

1）相贯线为两形体表面所共有（具有共有性），即相贯线既在甲立体表面上又在乙立体表面上，相贯线上所有的点既在甲立体表面上又在乙立体表面上。由共有性可知：当相贯两立体中有一立体的某个投影积聚为线时，相贯线的投影必在此积聚为线的投影上，如若圆柱面积聚为圆时，则圆柱面上所有点积聚在圆周上。

5.3.1-图 5-10-动画

图 5-10　相贯线

2）相贯线通常为封闭空间曲线，特殊情况下，相贯线可以是平面曲线或直线，也可能不封闭，如两立体部分相贯。

3. 相贯线的作图方法　求相贯线的思路是：先求相贯线上一系列点的投影再光滑连线。求点的投影时，主要利用相贯线的共有性和回转体表面求点的方法，先根据相贯线上的点在甲立体表面上，利用回转体表面求点的方法求出点投影所在的范围（圆或直线），再根据相贯线上的点在乙立体表面上，利用回转体表面求点的方法求出点投影所在的范围（圆或直线），后求两范围（圆或直线）的交点。求相贯线的方法常有两种，即表面取点法和辅助平面法。

求相贯线时，首先应对形体空间和投影进行分析，分析两相交立体的几何形状、相对位置和尺寸大小，相贯线的形状特征和投影范围。当相贯线的投影是非圆曲线时，一般按如下步骤求相贯线：

1）求出能确定相贯线投影范围的特殊点的投影，特殊点包括曲面转向轮廓线上的共有点和极限位置点，即最高、最低、最前、最后、最左、最右点。

2）求出特殊点之间一般点的投影。

3）判断相贯线投影的可见性，用粗实线或虚线依次光滑连接。

5.3.2　利用表面取点法求相贯线

1. 方法　当两相贯立体表面在两个投影面上分别具有积聚性时，常用此方法。表面取点法就是利用积聚性，依据已知立体表面上点的某面投影求其他投影的方法。两回转体相交，若有一个是轴线垂直投影面的圆柱，则该圆柱在这个投影面上的投影积聚为圆，那么，相贯线在这个投影面上的投影与此圆重合，相贯线上的点在这个投影面上的投影全部在此圆周上，这可看作作图的已知条件。

【示例 5-5】　绘制图 5-11 所示两圆柱正贯的三视图，注意相贯线的求法。

分析：图 5-11a 所示两圆柱的相贯体，可以先分别绘制两圆柱三视图的底稿，再绘制其相贯线。两圆柱其轴线在同一平面内，且垂直相交。水平放置的圆柱轴线为侧垂线，圆柱面在侧面的投影具有积聚性，即相贯线积聚在其侧投影面的投影圆周上；竖直圆柱轴线为铅垂线，圆柱面在水平面的投影有积聚性，即相贯线积聚在其水平投影面的投影圆周上，可利用聚积性求相贯线。只需求出相贯线的正面投影。

作图：如图 5-11b~g 所示。

1）用细点画线绘制两个圆柱的轴线完成布图；用细实线绘制水平放置圆柱的三视图，用细实线绘制竖直放置圆柱的三视图，擦去主视图中间不存在的线，如图 5-11b 所示。

2）求相贯线特殊点。根据空间位置可知，点Ⅰ、Ⅱ为相贯线最左点与最右点，也是最高点；点Ⅲ、Ⅳ为相贯线最前点与最后点，也是最低点，如图 5-11c 所示。特殊点Ⅰ、Ⅱ都在圆柱体的转向轮廓素线上，可直接求出。对于特殊点Ⅲ、Ⅳ，先确定特殊点的水平投影 3、4；再分析这两个特殊点的侧面投影，既在水平圆柱的侧面投影圆周上，又在竖直圆柱最前、最后素线投影上，故侧面投影圆与最前、最后素线投影线的交点 3″、4″就是特殊点的侧面投影；然后根据水平投影和侧面投影求得点的正面投影 3′、4′，如图 5-11d 所示。

3）找出一系列一般点的投影。一般点在特殊点之间取，即在Ⅰ、Ⅱ、Ⅲ、Ⅳ点之间取点，可取无数点，图形精确度越高需取点越多，这里仅在每两点之间取一个点Ⅴ、Ⅵ、Ⅶ、Ⅷ介绍作图方法，取其他点作图方法相同。此图只需求出点的正面投影，而且因为形体前后对称，只需绘制前面两点的正面投影，如图 5-11e 所示。先确定点的水平投影 5、6，再利用"宽相等"作出Ⅴ、Ⅵ点所在铅垂线的侧面投影，并与侧面投影圆求交点得到点的侧面投影 5″、6″，后根据水平投影和侧面投影求得点的正面投影 5′、6′（若不对称还需绘制Ⅶ、Ⅷ点的投影，如图 5-11f 所示，方法相同）。

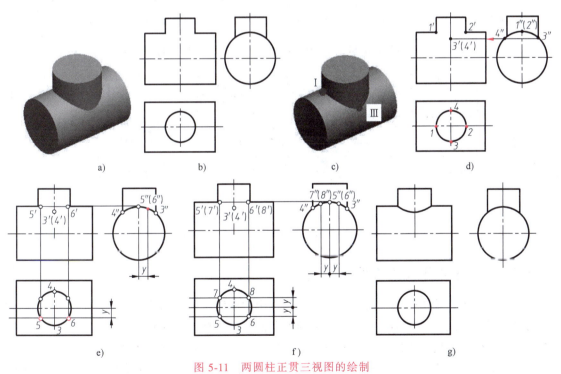

图 5-11 两圆柱正贯三视图的绘制

a）立体图　b）分步图　c）、d）求特殊点　e）、f）求一般点　g）判断可见性并光滑连线

4）擦去作图线，光滑连线完成相贯线。由于正面投影前半个相贯线可见，将求得的各点光滑地用粗实线连接。

5）整理、加深线型，三视图如图 5-11g 所示。

2. 相贯常见形式 两轴线垂直相交的圆柱组合体是机械零件上常见的结构，两圆柱相贯的常见形式如图 5-12 所示。虽然外表看似不同，但它们的相贯线形状和作图方法是相同的。

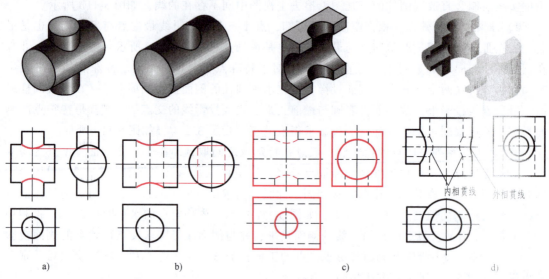

图 5-12 两圆柱相贯的常见形式

a）两圆柱相交 b）圆柱开圆柱孔 c）两圆柱孔相交 d）两圆柱相交、两圆柱孔相交、圆柱与圆柱孔相交

3. 相贯线形状 两圆柱正相贯时，相贯线的形状与直径大小有关，如图 5-13 所示。

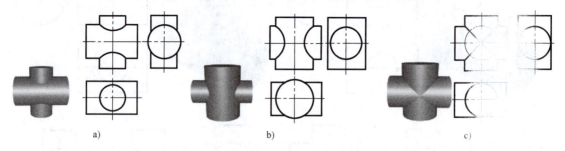

图 5-13 两圆柱直径变化对相贯线的影响

a）水平圆柱直径大 b）水平圆柱直径小 c）两圆柱直径相等

5.3.3 利用辅助平面求相贯线

为方便作图，采用辅助平面法时，应使所选用的辅助平面与两相贯体表面截交线的投影是圆或直线，一般选择特殊位置平面作为辅助平面。利用辅助平面求相贯线的方法是：过相贯线上的点作一辅助平面同时与两相贯体表面相交，得两形体的截交线并求出两截交线的三面投影，它们同面投影的交点就是相贯线上点的投影，求一系列点的投影后光滑连线即为所求。

【示例 5-6】 绘制图 5-14 所示圆柱与圆锥相贯的三视图，注意相贯线的求法。

分析：图 5-14a 所示圆柱与圆锥的相贯体，可以采用先绘制圆锥三视图底稿，再绘制圆柱三视图，然后擦去多余的线并绘制其相贯线。图示水平放置圆柱轴线为侧垂线，圆柱表面在侧面上的投影积聚为圆，相贯线的侧面投影也积聚在该圆周上，不用再求，需要求出相贯线的水平投影和正面投影。求相贯线可作水平辅助平面，水平辅助平面截切圆柱时截交线为两根直线（平行圆柱轴线），截切圆锥时截交线为圆。

作图：如图 5-14b~h 所示。

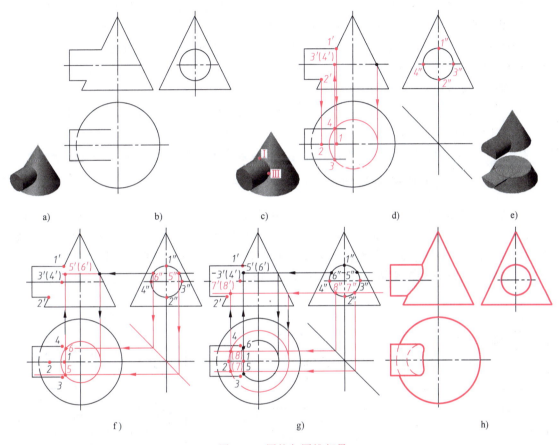

图 5-14　圆柱与圆锥相贯

1）用细点画线绘制轴线完成布图，用细实线绘制竖直放置的圆锥的三视图，用细实线绘制水平放置的圆柱的三视图，擦去主视图与俯视图上不存在的线，如图 5-14b 所示。

2）求相贯线特殊点的投影。根据空间位置可知相贯线最高点Ⅰ、最低点Ⅱ、最前点Ⅲ及最后点Ⅳ在圆柱的最上素线、最下素线、最前素线、最后素线上，如图 5-14c 所示，故点的侧面投影在圆周上，可直接确定投影 1″、2″、3″、4″。最高点Ⅰ为圆锥最左素线上的点和圆柱最上素线上的点，最低点Ⅱ为圆锥最左素线上的点和圆柱最下素线上的点，因此可直接确定其正面投影 1′、2′；根据正面投影和侧面投影求出这两点的水平投影 1、2，如图 5-14d 所示。

3）利用水平辅助平面求Ⅲ、Ⅳ点的水平投影和正面投影。先求水平投影，过Ⅲ、Ⅳ点的水平辅助平面截切圆柱的截交线为最前、最后两素线，投影已画出（水平投影可延长，方便作图），水平辅助平面截切圆锥的截交线为圆，其水平投影也为圆，在正面投影或侧面投影上测得半径后可画出此圆，求交点可得水平投影 3、4。再根据侧面投影和水平投影求得正面投影 3′、4′，如图 5-14d 所示。

4) 找出一般点的投影。因水平辅助平面截切圆柱时截交线为两根直线且平行圆柱轴线，截切圆锥时其截交线为圆，其水平投影也为圆，如图 5-14e 所示。先确定一般点 Ⅴ、Ⅵ、Ⅶ、Ⅷ的侧面投影 5″、6″、7″、8″在圆周上；再求点的水平投影，过侧面投影点作横线与圆和三角形有交点，测量宽度大小可绘制两截交线的水平投影（直线和圆），求直线和圆的交点得点的水平投影 5、6、7、8；再求正面投影 5′、6′、7′、8′。点 Ⅴ、Ⅵ 的投影如图 5-14f所示，点 Ⅶ、Ⅷ 的投影如图 5-14g 所示。此相贯体前后对称，因此相贯线水平投影前后对称，正面投影前后重合，所以可仅求出前面点的水平投影 5、7 和正面投影 5′、7′，再根据对称直接求得 6、8，不用求 6′、8′。

5) 擦去作图线，光滑连线完成相贯线。水平投影图上，相贯线位于上半圆柱的可见，位于下半个圆柱的不可见。

6) 整理、加深线型，圆柱与圆锥相贯三视图如图 5-14h 所示。

5.3.4 相贯线的近似画法与相贯线的特殊画法

1. 相贯线的近似画法　相贯线也可以采用近似画法。当两圆柱正交且直径不相等时，其相贯线可以用圆弧代替，圆弧的半径为大圆柱的半径，圆心在小圆柱体的轴线上，如图 5-15a所示。当两圆柱正交且直径相差很大时，其相贯线可以用轮廓线代替，如图 5-15b 所示。相贯线也可以采用模糊画法，如图 5-15c 所示，左图为简化前画法，右图为简化后画法。

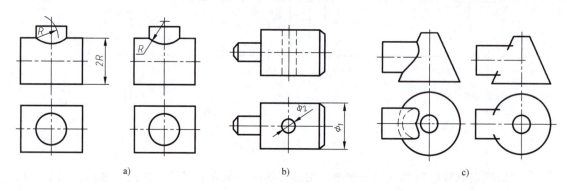

图 5-15　相贯线的近似画法与模糊画法

2. 相贯线的特殊画法　一般情况下相贯线是一条封闭的空间曲线，但特殊情况下，它可能为平面曲线或直线。

1) 两回转体公切于一球体时，相贯线为两个椭圆（平面曲线），平面曲线为投影面的垂直面时，则其在该面的投影为直线，如图 5-16 所示。

2) 两回转体具有公共轴线时，相贯线为垂直于轴线的圆，当回转体的轴线平行于某投影面时，相贯线在该投影面上的投影积聚成一条直线段，如图 5-17 所示。

3) 两平行轴线的圆柱相交及共锥顶的圆锥相交，其相贯线在主视图上为直线，如图 5-18所示。

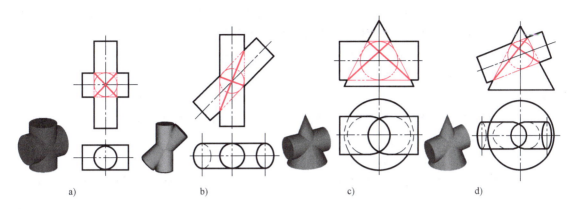

图 5-16　两回转体公切于球体时的相贯线

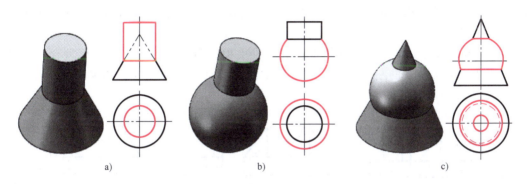

图 5-17　公共轴回转体的相贯线

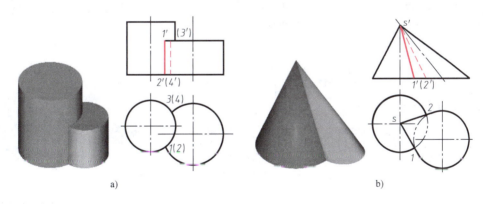

图 5-18　两平行轴线的圆柱相交及共锥顶的圆锥的相贯线

5.4　组合体三视图的识读

5.4.1　组合体三视图识读的方法和步骤

1. 形体分析法　形体分析法是识读组合体三视图的基本方法。识图的一般步骤如下：

1)抓住特征部分,分线框。从反映形状特征较明显的视图入手,把视图按线框分解成几个部分,即将一个较复杂的形体分解成若干个较简单的组成部分。

2)想各部分形状。依据"三等"规律把各组成部分在各视图上的投影找出来,从而将每个部分的三个投影划分出来,分别从体现每部分特征的视图出发,逐个想象出每部分的形状。

3)综合起来想整体。分析各部分之间的构成方式和相互之间的表面连接关系,进而综合起来想象出组合体的整体空间形状。

【示例 5-7】 识读图 5-19a 所示形体的三视图。

1)抓住特征视图分线框。主视图特征较明显,将主视图分为三个线框,即三个部分,如图 5-19b 所示。

2)想象各部分形状。依据"三等"规律分别在其他视图上找出对应的投影,并从各自特征图出发想象出各组成部分的形状,形体Ⅰ、Ⅱ从主视图出发,形体Ⅲ从左视图出发,如图 5-19c~e 所示。

3)综合起来想象整体。长方体Ⅰ在底板Ⅲ上面,两形体的左右对称面重合,后面靠齐;肋板Ⅱ在长方体Ⅰ的左、右两侧并与其相接,后面靠齐,从而综合想象出形体的整体形状,如图 5-19f 所示。

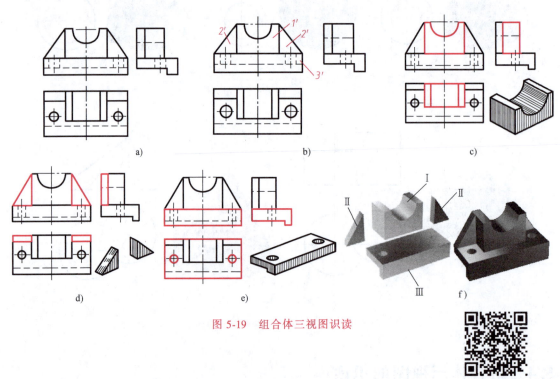

图 5-19 组合体三视图识读

5.4.1-图 5-19 动画

【示例 5-8】 识读如图 5-20a 所示形体的三视图。

1)抓住特征视图分线框。主视图特征较明显,将主视图分为三个线框,即三个部分,如图 5-20b 所示。

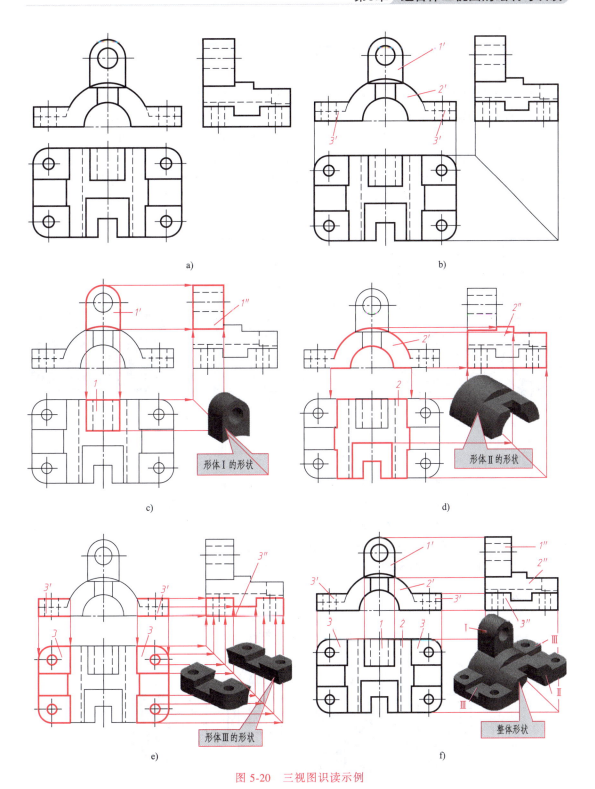

图 5-20 三视图识读示例

2)想象各部分形状。依据"三等"规律分别在其他视图上找出对应的投影,并从各自特征图出发想象出各组成部分的形状,形体Ⅰ、Ⅱ从主视图出发,形体Ⅲ从俯视图出发,如

图 5-20c~e 所示。

3) 综合起来想象整体，如图 5-20f 所示。

2. 识图注意点

（1）三个视图联系起来看　一般情况下，一个视图不能完全确定形体的形状，因此在看图时，要将三个视图联系起来分析。两个视图是形体向两个方向的投影，有时能确定形体的空间形状，有时不能唯一确定形体的空间形状，如图 5-21a 所示，主视图能反映形体的特征，但联系两个视图来看，却不能确定圆柱体上圆线框与矩形线框的具体形状，哪个是实体凸出哪个是空洞凹进，所以由图 5-21a 所示的两视图，可以想象出图 5-21b、c 两种形状，形体空间形状不能唯一确定。因此看图时必须将三个视图联系起来看。

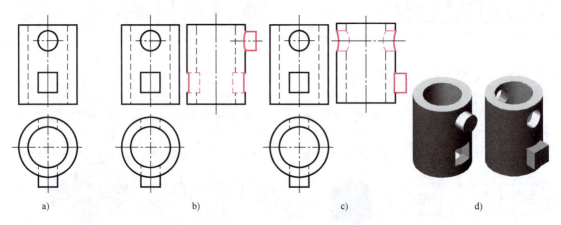

图 5-21　两个视图不能唯一确定形体形状

（2）寻找位置特征视图　所谓位置特征视图，就是把形体各部分相对位置反映得最充分的视图。如图 5-22 所示的主视图与俯视图相同，由主视图与俯视图可以推测板上的两个部分，一个是圆柱，一个是长方体，而且知道一个是凸台，一个是凹槽，但只有左视图后才能确定具体位置，左视图是位置特征视图。识读时，若轮廓线为粗实线，则表示从观察方向看去，此部分在最前方，如图 5-23a 所示的凹槽；若轮廓线为细虚线，表示从观察方向看去，前方肯定有遮挡，此部分在后面，或者在前后的中间。若此方向中间只有一条分界线，则表示是两部分，此部分在后面，如图 5-23b 所示的凹槽的左视图；若此方向中间有两条分界线，则此部分在中间，如图 5-23c 所示的凹槽的左视图。

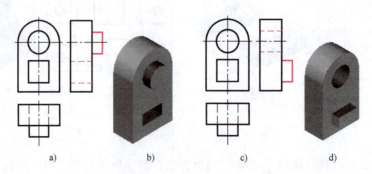

图 5-22　两种不同位置组合体的三视图

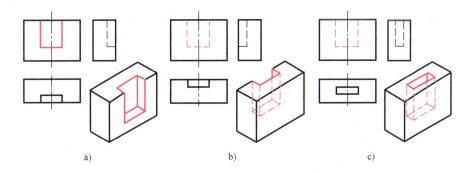

图 5-23 三种不同位置状组合体的三视图

（3）寻找形状特征视图 所谓形状特征视图，就是把形体的形状特征反映得最充分的视图。如图 5-24 中的左视图，找到这个视图，再配合其他视图，就能较快地认清形体了。

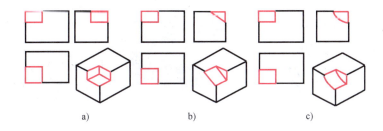

图 5-24 三种不同形状组合体的三视图

3. 看组合体视图的顺序 先看主要结构部分，后看次要结构部分；先看容易看懂、容易确定的部分，后看不易看懂和难于确定的部分；先看特征视图，后看其他视图；先分析组合体中各部分基本形体，后分析组合体的整体形体。

4. 明确视图中的线框和图线的含义

1）视图中相邻的两个封闭线框，通常表示形体上位置不同的两个表面的投影，说明这两处表面肯定不在一个平面，也不相切，如图 5-25 所示。下面进一步揭示判别形体表面相对位置的方法，以其中的图 5-25c 为例：左视图中的相邻两线框，其上下关系一看即明，但

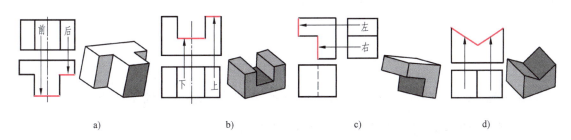

图 5-25 判别表面之间相对位置的方法

a) 前后位置 b) 上下位置 c) 左右位置 d) 倾斜位置

这不是判别的重点,而真正的重点是要找出在该视图上无法判别,必须在其他视图(如主、俯视图)中才能确定的左右位置关系。只有这样,当将该两线框所示表面的形状(两个矩形)及其左右关系加以综合想象时,才能对所判别部位的形体产生立体感。

2)视图中的每个封闭线框,可以是形体上不同位置平面和曲面的投影,也可以是孔的投影。如图 5-26a 所示,图中的 A、B、C 线框分别为左前铅垂面、前方正平面、最下水平面的投影,线框 D 为外圆柱面的投影,线框 E 为内圆柱孔面的投影,如图 5-26b 所示。

3)视图中的每一条图线,可能表示四种情况:空间直线的投影;垂直于投影面的平面或曲面的投影;两个面交线的投影;曲面转向轮廓线的投影。如图 5-26c 示,图中的 A、B、C 线分别为铅垂面的投影、正平面与铅垂面两个面交线的投影、圆柱面最左转向轮廓线的投影。

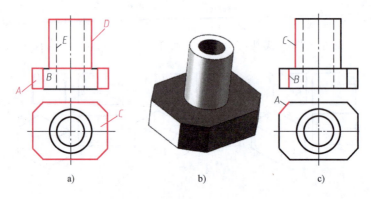

图 5-26 线框和图线的含义

4)在一个大封闭线框内所包括的各个小线框,一般是表示在大平面体(或曲面体)上凸出或凹下的各个小平面体(或曲面体)的投影,如图 5-27 所示。

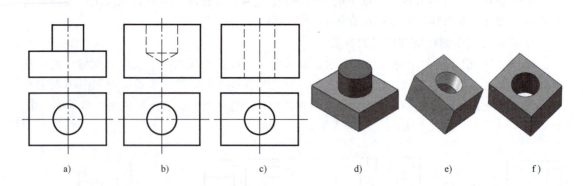

图 5-27 大封闭线框内包括各个小线框的含义

【练一练 5-2】 判断:图 5-28 所示每组图中三视图对应的立体图是否正确。

5.4.2 识读组合体的两面视图,补画第三视图

识读两面视图时,首先根据两个视图的位置判断是三视图中的哪两个,再同前面介绍的组合体识读方法一样找出每个部分的视图来识读,只不过每个部分只有两个视图。补画第三

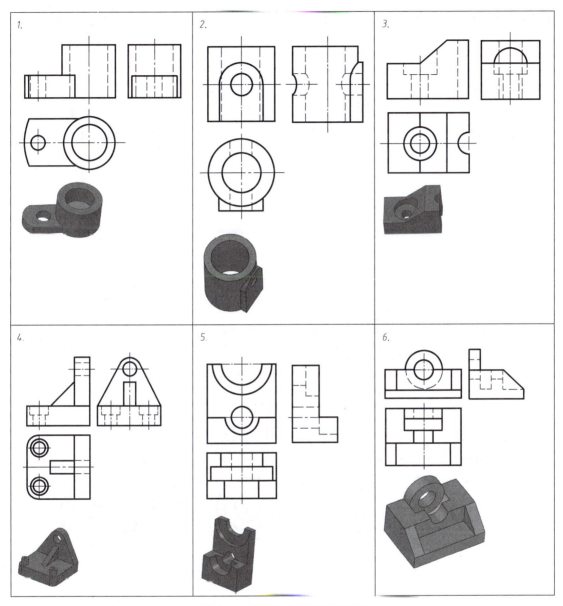

图 5-28　组合体三视图识读练习

视图时也同前面介绍的组合体绘制方法一样,一个部分接一个部分绘制,只不过每个部分只需要绘制一个视图。

【示例 5-9】　如图 5-29a 所示三视图,补线完成左视图。

作图:先根据主、俯视图读图,将形体分成两部分,如图 5-29b 所示;想出空间形状如图 5-29c 所示,右部圆筒靠上部分挖了一个圆柱孔,只前方挖了,且此孔直径与圆筒内圆柱孔直径相等;补线绘制左视图如图 5-29d 所示。

【示例 5-10】　根据如图 5-30a 所示两面视图,补画第三视图。

分析:两面视图是主视图、俯视图,则需要绘制左视图。先想出空间形状,再分别画各

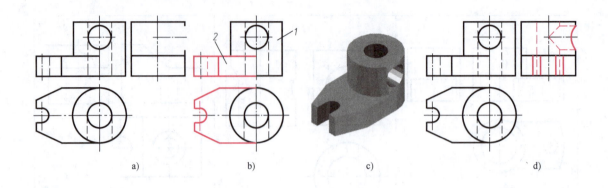

图 5-29 补线完成三视图

部分的左视图。

读图:将主视图分成三个部分如图 5-30b 所示;找出三个部分的俯视图如图 5-30c 所示;读出三个部分的形状如图 5-30d 所示;综合整体形状如图 5-30e 所示。

作图:画第 1 部分的左视图如图 5-30f 所示;画第 2 部分的左视图如图 5-30g 所示;画第 3 部分的左视图如图 5-30h 所示;整理完成左视图如图 5-30i 所示。

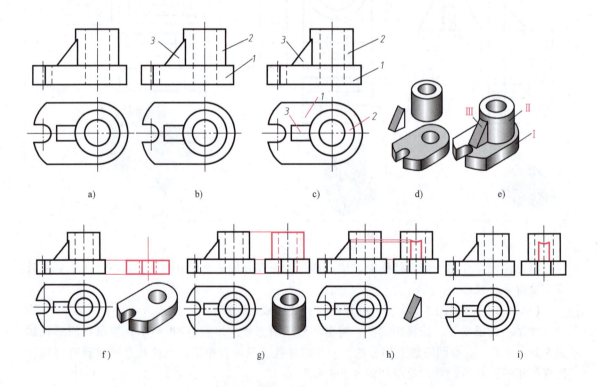

图 5-30 根据组合体的主、俯视图,补画出左视图

【示例 5-11】 根据如图 5-31a 所示的主、俯视图，想象该组合体的形状并补画左视图。

读图：将主视图按封闭线框分为四部分，并找出各部分在俯视图上的对应关系，如图 5-31b 所示，想象出它们的形状，如图 5-31c 所示。

作图：补画各部分的左视图，如图 5-31d~h 所示。

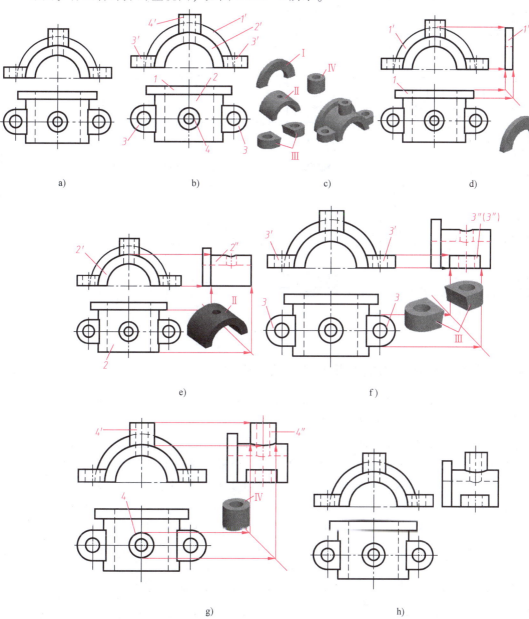

图 5-31 根据组合体的主、俯视图，补画出左视图

a）题目 b）将组合体分成四部分 c）组合体形体 d）画Ⅰ的左视图
e）画Ⅱ的左视图 f）画Ⅲ的左视图 g）画Ⅳ的左视图 h）三视图

【练一练 5-3】 如图 5-32 所示，根据两个视图选择正确的第三视图。

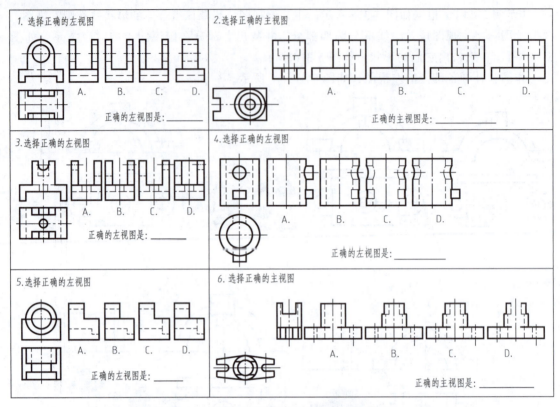

图 5-32 根据两个视图选择正确的第三视图

5.4.3 识读组合体一面视图想象空间可能形状

识读一面视图想象空间可能形状是训练读图想象力的好方法。识读一面视图不是目的，而是将它作为提高空间想象能力、打通看图思路的一种手段。当看一面视图或其一部分时，就能将它看成是"凸"（或"凹"）的，并很快地构思出能够满足该面视图要求的多种形体的可能形状来，看图的思路就通了。看图都是从一个视图或一个视图中的某一部位开始的，之所以还要与其他视图找投影对应关系，是为了将其想象出的多种可能形状加以定形、定位，确定形体的唯一形状，这就是看图的实质。如图 5-33a 所示主视图，若想象空间形状如

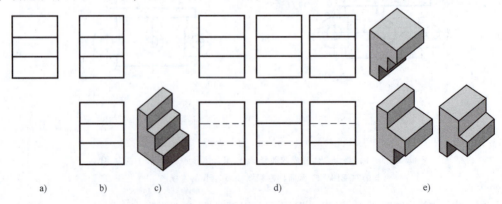

图 5-33 识读组合体一面视图想象空间可能形状

图 5-33b 所示的主视图和俯视图，立体图如图 5-33c 所示；若想象空间形状如图 5-33d 所示主视图和俯视图，立体图如图 5-33e 所示。每组视图还可以有其他立体结构。

5.5　组合体轴测图的绘制

1. 组合体的轴测图绘制方法　分析组合体的组成部分，逐个绘制每个部分的轴测图，再进行整理，然后擦去作图辅助线，加深轮廓线，进而完成整体的轴测图。

2. 组合体的轴测图绘制示例　分析该组合体由底板、立板及 2 个三角形肋板叠加而成。画其正等测图时，可采用叠加法。其具体作图步骤如图 5-34b~e 所示。

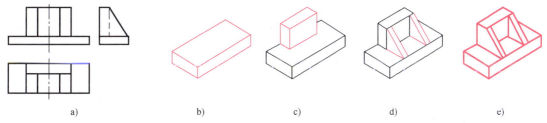

图 5-34　用叠加法画组合体的正等轴测图

a）视图　b）画底板的正等轴测图　c）画立板的正等轴测图　d）画两块肋板的正等轴测图　e）描深，完成全图

【示例 5-12】　绘制如图 5-35a 所示支板的正等轴测图。

读图：想象支板的空间形状如图 5-35h 所示。

绘图：1）确定直角坐标系原点的位置，并在视图上标出直角坐标系的投影，如图 5-35b 所示。

2）画出轴测轴，画出底部长方体轴测图，如图 5-35c 所示。

3）画出底部长方体圆角，画出上半圆柱面轴测图，如图 5-35d 所示。

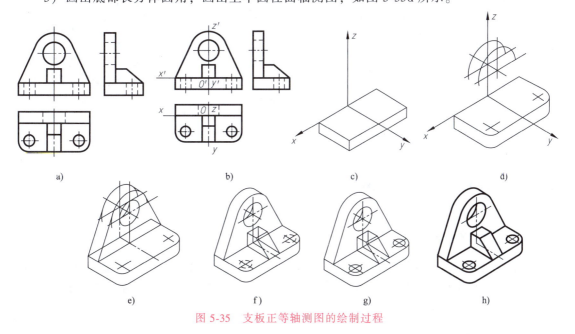

图 5-35　支板正等轴测图的绘制过程

4）画出上部板轴测图；画出上圆柱孔轴测图，如图 5-35e 所示。

5）画出上前面肋板轴测图，如图 5-35f 所示。

6)画出底板上圆柱孔轴测图,如图 5-35g 所示。

7)擦去作图线,加深轮廓线完成轴测图,如图 5-35h 所示。

【**示例 5-13**】 绘制架体的正等轴测图。

分析:进行形体分析,可知该架体由三个基本形体底板、竖板及侧板构成。先采用叠加的方法画出各个完整的基本形体,再依次进行切割,后得到正等轴测图。

作图:在投影图上建立直角坐标系如图 5-36a 所示。画出底板、竖板、侧板的正等轴测图,如图 5-36b 所示。画竖板圆角及圆孔的正等轴测图,如图 5-36c、d 所示。画底板上腰形槽的正等轴测图,如图 5-36e 所示。擦去作图线,加深轮廓线,如图 5-36f 所示。

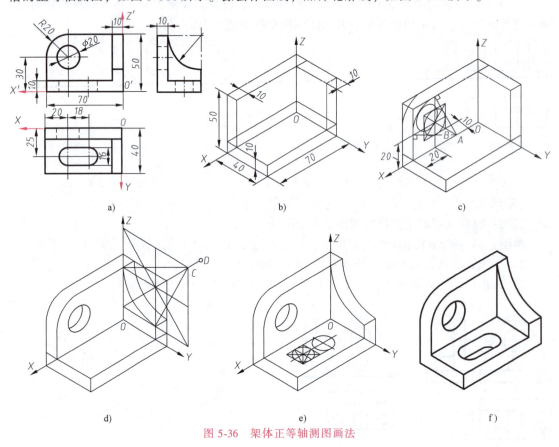

图 5-36 架体正等轴测图画法

5.6 组合体的尺寸分析与标注

5.6.1 组合体尺寸标注要求

组合体尺寸标注的基本要求有三点:一是尺寸标注应符合国家标准;二是所注尺寸应齐全,能唯一地确定形体的形状大小和各组合部分的相对位置;三是尺寸应标注在适当的位置,尺寸的布置应清晰、整齐,方便读图。

5.6.2 组合体尺寸分析与标注

1. 组合体的尺寸种类 组合体的尺寸可分为定位尺寸、定形尺寸和总体尺寸。

定位尺寸是各形体之间的相对位置尺寸，定形尺寸是决定单个形体大小的尺寸，总体尺寸是组合体的总长、总宽、总高尺寸，如图 5-37b 所示。基本体的定位尺寸最多有二个，若基本体在某方向上处于叠加、平齐、对称、同轴之中任意一种情况，则应省略该方向上的一个定位尺寸，如图 5-37c 中左右两圆孔只标注一个定位尺寸（对称、平齐），上方圆筒的定位尺寸均省略。

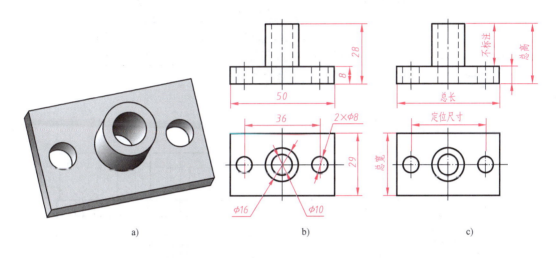

图 5-37 组合体的尺寸标注要求（1）

2. 标注尺寸的步骤　为了保证尺寸齐全，标注组合体尺寸的基本方法是形体分析法。

【示例 5-14】 分析并标注如图 5-38a 所示形体的尺寸。

读图：可分为上下两部分，想象空间结构如图 5-38b 所示。形体前后对称。

标注尺寸：1）分析确定基准，确定长度方向基准为下部方体的右端面（侧平面），宽度基准为前后对称面（正平面），高度基准为底部水平面。标注总体尺寸如图 5-38c 所示。

2）下部分基本体是长方体，要标注长、宽、高三个尺寸，但长、宽的尺寸与总体尺寸重合，不再标注；左部前后中间用对称的两个正平面与一个侧平面切割，要标注平面的定位尺寸，对称的两个正平面标注一个尺寸，一个侧平面标注一个尺寸；左部前后对称的用铅垂面切割，要标注两个尺寸来定位平面。标注尺寸如图 5-38d 所示。

3）确定上部分的位置，标注定位尺寸，只需标注左右定位尺寸；前后对称摆放，不需标注尺寸；下底面与下部分的上面重合，也不需标注尺寸。上部分是圆柱内挖阶梯孔，分别标注圆柱直径与高度。外圆柱的高度根据总高减去下部分的高度尺寸可得到，故不需标注；内部小圆柱孔是通孔，不需标注。标注后的图形如图 5-38e 所示。

4）检查，完成尺寸标注如图 5-38e 所示。

当组合体的一端为有同心孔的回转体时，该方向上一般不标注总体尺寸，而只标注到圆心处，如图 5-39b 所示。

【示例 5-15】 分析并标注如图 5-40a 所示形体的尺寸。

1）用形体分析法分析组合体由哪些基本体组成，明确各基本体之间的构成方式及相对位置。该形体可分为底板、圆筒、支承板和肋板四个基本部分，如图 5-40b 所示。

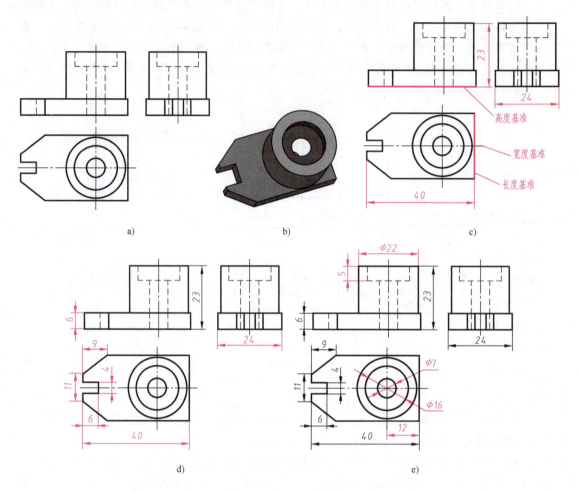

图 5-38 组合体的尺寸标注示例（1）

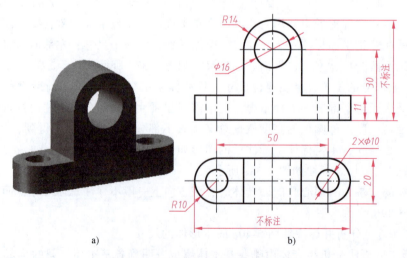

图 5-39 组合体的尺寸标注要求（2）

第5章 组合体三视图的绘制与识读

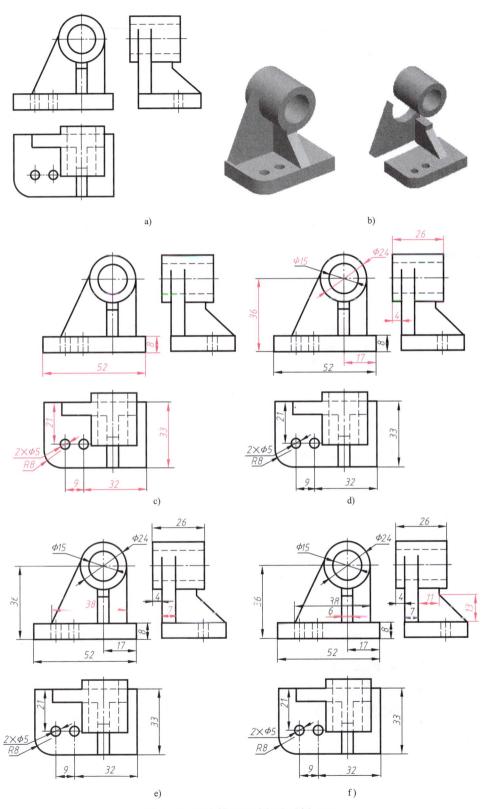

图 5-40 组合体的尺寸标注示例（2）

2）标注每一个单个形体的定位尺寸和定形尺寸。标注底板的定形尺寸，如图 5-40c 所示。标注圆筒的定位尺寸和定形尺寸，如图 5-40d 所示。标注支承板的定位尺寸和定形尺寸，如图 5-40e 所示。标注肋板的定位尺寸和定形尺寸，如图 5-40f 所示。

3）标注长、宽、高三个方向的总体尺寸。但当圆弧为主要轮廓线时，总体尺寸不标注，如图 5-40f 所示的高度方向不标总体尺寸。若总体尺寸与单个形体的定形尺寸、定位尺寸重合，总体尺寸不再标注，避免重复，如图 5-40 所示的长度方向不再标总体尺寸。如图 5-40f 所示，总宽尺寸为底板宽 33mm 与圆筒伸出底板的长度 4mm 之和，不再标注。

4）检查、调整，补全漏掉的尺寸，去掉多余的尺寸，避免出现封闭尺寸。

3. 标注尺寸应注意的问题

1）尺寸应标注在反映形体特征的视图上。如图 5-40f 所示，肋板的尺寸标注在左视图上比标注在俯视图上清楚。

2）同一结构的尺寸应集中标注在反映其形状特征的视图上，以便于查找尺寸，如图 5-40d 所示，圆筒的主要尺寸集中标注在左视图上。

3）不同结构的尺寸尽量分散在不同的视图上，尽量不标注在虚线上，以使图形清晰。

4）尺寸应尽量标在视图外部。相互平行的尺寸，要内小外大排列，即小尺寸靠近图形，大尺寸依次向外排列，如图 5-39b 所示高度尺寸。尺寸线之间不能相交，也不能与任何图线重合。

5）对称图形尺寸只标注一个尺寸，不能分成两个尺寸标注，如图 5-39b 所示的长度尺寸 50。

5.7 组合体绘制与识读综合示例

【示例 5-16】 绘制如图 5-41a 所示组合体的三视图，并标注尺寸。

分析：组合体是由底板、圆筒、连接板、肋板四部分组成。

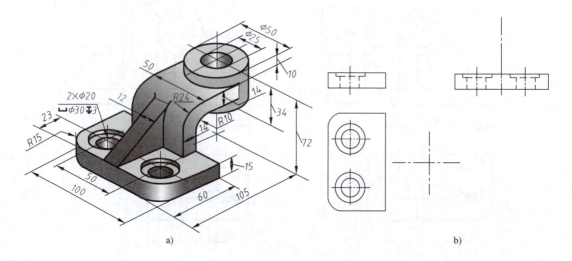

图 5-41 形体立体图与三视图

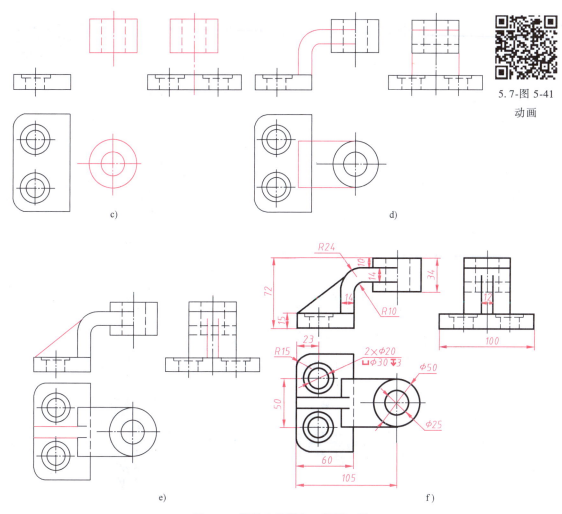

图 5-41 形体立体图与三视图（续）

作图：绘图过程如图 5-41 所示，先绘制底图，再整理线型，后加深轮廓线，标注尺寸。作图步骤是布图，绘制基准线，绘制底板，如图 5-41b 所示。绘制圆筒，如图 5-41c 所示。绘制连接板，如图 5-41d 所示。绘制肋板，整理线型，如图 5-41e 所示，整理线型是指擦去作图辅助线、擦去因组合而不存在的线、将不可见棱线改成虚线。加深轮廓线，标注尺寸，如图 5-41f 所示。

【**示例 5-17**】 识读如图 5-42a 所示组合体三视图，想象该组合体的形状。

读图：1）分析视图、划分线框。从主视图入手，将视图划分为Ⅰ、Ⅱ、Ⅲ、Ⅳ四个部分，如图 5-42a 所示，可以认为该组合体是由四个基本形体构成的。

2）对照投影，想象形体。依据"长对正、高平齐、宽相等"的投影规律，分别找到主视图中的四个部分在其他视图中对应的投影，一一想象出各部分的形状。形体Ⅰ为圆筒，形体Ⅱ为"L"形底板，形体Ⅲ为支承块，形体Ⅳ为肋板。其中，形体Ⅰ、Ⅳ的形状特征视图位于主视图，形体Ⅱ左端、形体Ⅲ的形状特征则反映在俯视图上，如图 5-42b～e 所示。分析每一部分的三视图时，抓住了特征视图就容易想象出这部分的形状。

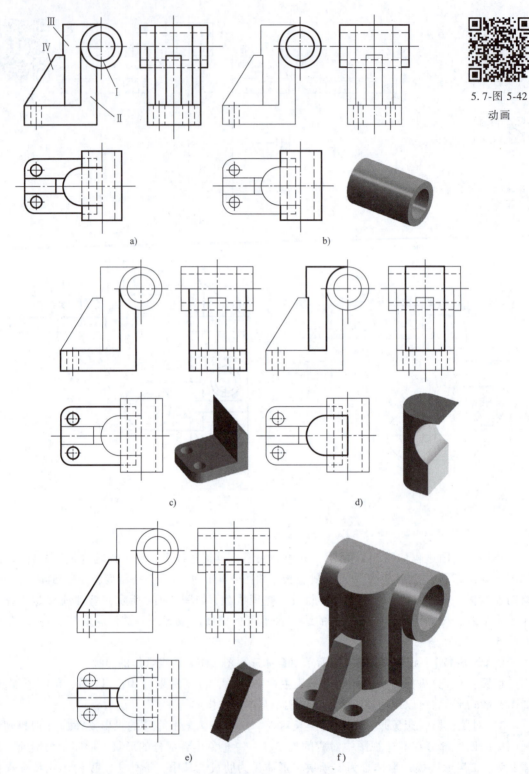

图 5-42 用形体分析法读图

a) 题目, 划分线框 b) 根据投影, 想象出形体 I c) 根据投影, 想象出形体 II
d) 根据投影, 想象出形体 III e) 根据投影, 想象出形体 IV f) 综合起来想象整体

3）确定位置，想出整体。由主视图可知，L 形底板、支承块均与圆筒相切，肋板与支承块相交，肋板与支承块简单叠加在 L 形底板上。经过分析，确定各部分的相对位置后，综合想象出组合体的整体结构，如图 5-42f 所示。

【示例 5-18】 根据如图 5-43a 所示的主、俯视图，想象该组合体的形状并补画左视图。

读图： 1）将主视图分为 Ⅰ、Ⅱ、Ⅲ、Ⅳ 四个部分，利用投影关系，在俯视图中找到与这四部分对应的投影，如图 5-43b 所示。

2）分别想象各部分的形状。经分析可知，形体 Ⅰ 为一带半圆柱的底板，其上带有 U 形槽、通孔；形体 Ⅱ 为一圆筒，前端有一 U 形槽，后端有一圆孔；形体 Ⅲ 为一长方体；形体 Ⅳ 是由小半圆柱与小长方体合并成，其上开有一 U 形槽。

3）从主视图和俯视图分析，各形体组合连接关系为：形体 Ⅲ 与形体 Ⅱ 相交且两者底面平齐；形体 Ⅳ 与形体 Ⅱ 相交且两者顶面平齐；形体 Ⅱ、Ⅲ 直接叠加到形体 Ⅰ 上。

4）综合分析，想象出该组合体的形状，如图 5-43c 所示。

作图： 1）根据主、俯视图，画出形体 Ⅰ 底板的左视图，如图 5-43d 所示。

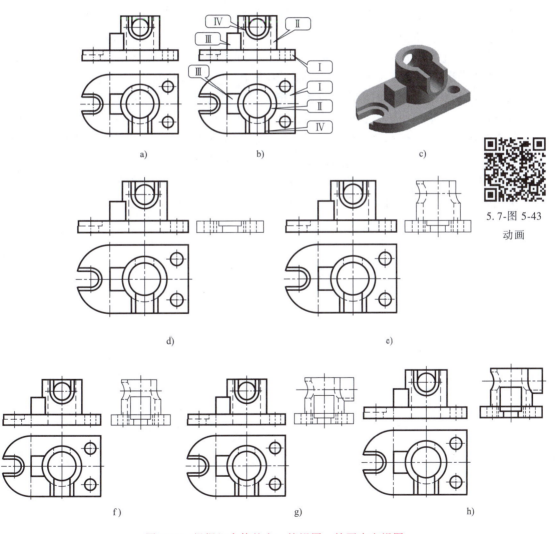

图 5-43 根据组合体的主、俯视图，补画出左视图

2)画出形体Ⅱ圆筒的左视图,圆筒的前端槽、后端孔的投影一起画出。注意内、外表面相贯线的画法如图5-43e所示。

3)画出形体Ⅲ长方体的左视图,注意相交的关系,如图5-43f所示。

4)根据主、俯视图,画出形体Ⅳ的左视图,注意平齐关系,如图5-43g所示。

5)检查并加深轮廓线,如图5-43h所示。

为火箭焊"心",为民族筑梦——高凤林

高凤林是中国航天科技集团公司第一研究院211厂发动机车间班组长,几十年来,他几乎都在做着同样一件事,为火箭的"心脏"——发动机,焊接喷管。

"长征五号"火箭发动机的喷管上,有数百根空心管线,管壁的厚度只有0.33mm,高凤林需要通过3万多次精密的焊接操作,才能把它们编织在一起,焊缝细到接近头发丝,而长度相当于绕一个标准足球场两周。高凤林说,在焊接时得紧盯着微小的焊缝,一眨眼就会有闪失。"如果这道工序需要十分钟不眨眼,那就十分钟不眨眼。"

高凤林说,每每看到我们生产的发动机把卫星送到太空,就有一种成功后的自豪感,这种自豪感用金钱买不到。正是这份自豪感,让高凤林一直以来都坚守在这里。35年,130多枚长征系列运载火箭在他焊接的发动机的助推下,成功飞向太空。这个数字,占到我国发射长征系列火箭总数的一半以上。火箭的研制离不开众多的院士、教授、高工,但火箭从蓝图落到实物,靠的是一个个焊接点的累积,靠的是一位位普通工人的拳拳匠心。专注做一样东西,创造别人认为不可能的可能,高凤林用35年的坚守,诠释了航天匠人对理想信念的执着追求。

第 6 章

机件图样图形的绘制与识读

【本章能力目标】 能够用基本视图、向视图、局部视图、斜视图、剖视图、断面图绘制机件图样，能够识读视图、剖视图、断面图及规定画法的图样。能够绘制和识读第三角投影基本视图。

机件（包括零件、部件和机器）的结构是多种多样的，前面学习了用三视图来表达形体结构，但三视图并不是最常用的方法，它只是表达方法的基础。工程中图形选择原则是能正确、完整、清晰、简练地表达机件的结构，即在完整、清晰地表达形体的前提下，还要考虑绘制和识图方便，避免不必要的细节重复，避免使用虚线表达形体的轮廓线，使视图数量为最少。因此，有些简单机件，用一个或两个视图并配合尺寸标注就可以表达清楚其结构了，而有些复杂的机件，用三视图也难以表达清楚，必须根据机件的结构特点以及复杂程度，采用适当的表达方法，为此，国家标准规定了视图、剖视图、断面图、规定画法和简化画法等表达方法供绘图时选用，本章主要学习图形的各种表达方法。

6.1 基本视图的绘制

6.1.1 基本视图的定义与分类

基本视图的表示法分第一角画法和第三角画法。三个相互垂直的平面将空间划分为八个分角，分别称为第一角、第二角、第三角……如图 6-1a 所示。第一角画法是将物体置于第一角内，使其处于观察者与投影面之间而得到正投影的方法；第三角画法是将物体置于第三角内，假设各投影面均为透明的，按照观察者—投影面—物体的相对位置关系得到正投影的方法，如图 6-1b 所示。

国标中规定"应按第一角画法布置六个基本视图，必要时（如按合同规定等），才允许使用第三角画法"，即我国优先采用第一角画法。美国、加拿大、日本等国采用第三角画法。

表示一个物体可有六个基本投射方向，相应地有六个基本投影平面分别垂直于六个基本投射方向。国标规定用正六面体的六个面作为基本投影面，将机件放置在六面体中，机件向基本投影面投射所得的图形是基本视图。基本视图的名称分别是：

① 主视图——从前向后投射所得的视图。

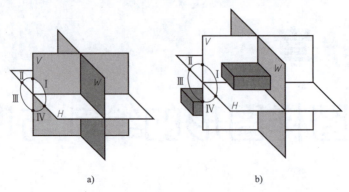

图 6-1 四个分角、第一角画法与第三角投影位置

a) 四个分角 b) 第一角画法与第三角投影位置

② 俯视图——从上向下投射所得的视图。

③ 左视图——从左向右投射所得的视图。

④ 右视图——从右向左投射所得的视图。

⑤ 仰视图——从下向上投射所得的视图。

⑥ 后视图——从后向前投射所得的视图。

6.1.2 第一角画法基本视图绘制

1. 第一角基本视图的定义与形成 将机件放置在六面体基本投影面中，按照观察者—物体—投影面这样的投射方向，向六个基本投影面作正投射，得到六个基本视图，如图 6-2 所示，然后按规定展开投影面。投影面展开规定：正立投影面不动，其余各基本投影面按图 6-3 所示的方法，展开到正立投影面所在的平面上。展开后得到的六个基本视图的配置如图 6-4 所示。

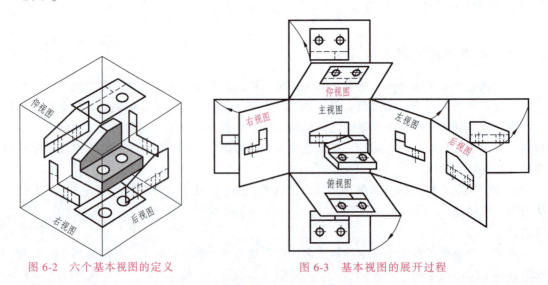

图 6-2 六个基本视图的定义　　　　图 6-3 基本视图的展开过程

2. 第一角画法基本视图的投影规律及画法 如图 6-4 所示位置关系表示的基本视图位置为视图配置位置。在同一张图样上，若按配置位置布局基本视图时，一律不标注视图的名

称，如图 6-5 所示。识图时，要根据各视图的位置辨认视图名称。六个基本视图之间的投射关系仍满足"长对正、高平齐、宽相等"的投影规律，即：主视图、俯视图、仰视图、后视图之间长对正，主视图、左视图、右视图、后视图之间高平齐，俯视图、仰视图、左视图、右视图之间宽相等。

物体方位与六个基本视图的关系是重要的信息，各基本视图反映的物体方位如图 6-6 所示。

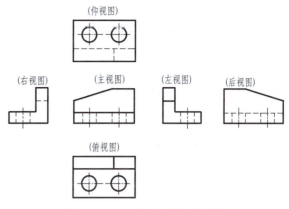

图 6-4 六个基本视图的展开图

各视图形状之间也存在一定关系，如图 6-7 所示，绘制右、仰、后视图时可以以左、俯、主视图为参考图。可归纳为：右视图与左视图左右"对称"、后视图与主视图左右"对称"、仰视图与俯视图上下"对称"，主要指外框线和点画线对称、内部线位置对称，但对称图中细虚线与粗实线可能是相同，可能有变化，即一个视图中是细虚线，而"对称"图中也许是粗实线，具体要根据可见性来判断。

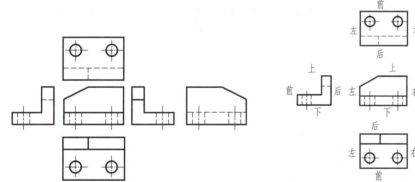

图 6-5 六个基本视图的配置关系图

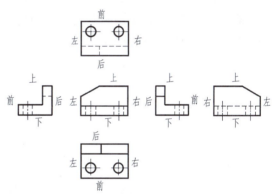

图 6-6 物体与六个基本视图的方位关系

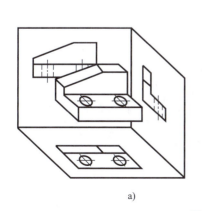

a)

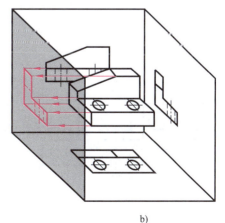

b)

图 6-7 绘制右、仰、后视图

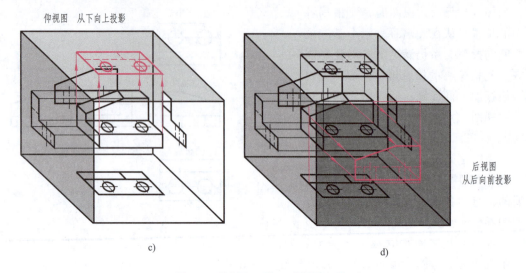

图 6-7 绘制右、仰、后视图（续）

3. 第一角画法基本视图的画图示例

【示例 6-1】 根据如图 6-8a 所示主、俯视图，补画其余基本视图。

绘图：根据主、俯视图想象其空间结构，如图 6-8b 所示；根据主、俯视图，补画左视图，如图 6-8c 所示；根据对称关系，分析左视图，补画右视图，如图 6-8d 所示；根据对称关系，分析俯视图，补画仰视图，如图 6-8e 所示；根据对称关系，分析主视图，补画后视图，如图 6-8f 所示。

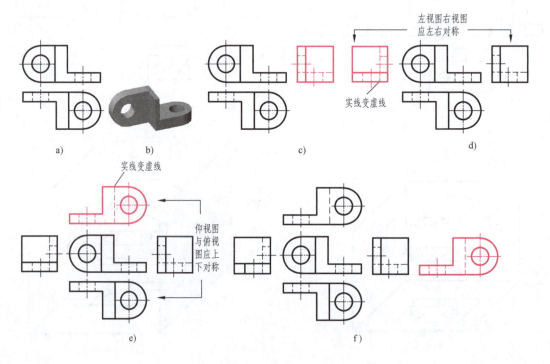

图 6-8 示例 6-1 图

【示例6-2】 根据如图6-9a所示的三视图，补画其仰视图。

作图：根据三视图想象其空间结构如图6-9b所示；按上下对称关系分析俯视图的图线，确定仰视图的位置，绘制仰视图外形轮廓线与圆柱线，如图6-9c所示，注意前后方向；分析下方槽的可见性，完成仰视图，如图6-9d所示。

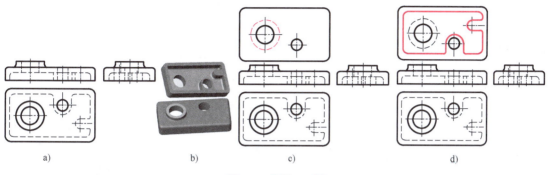

图6-9 示例6-2图

6.1.3 第三角画法基本视图绘制

1. 第三角画法基本视图的定义与识别符号

（1）定义 第三角画法是将形体置于第三角内，假设各投影面均为透明的，按照观察者—投影面—物体的相对位置关系按正投影的方法进行投影得到六个视图。第三角画法轴测图前方不同于第一角画法轴测图，第一角画法轴测图一般以右侧为前方，而第三角画法轴测图一般以左侧为前方。第三角画法得到的三个基本视图如图6-10a所示。按照图6-10b所示方法展开各投影面，即第三角画法规定投影面展开时前立面不动，顶面向上旋转90°、侧面向前旋转90°与前面在一个平面上，展开后的图如图6-11所示，这样的六个图称为第三角画法基本视图，第三角画法基本视图按规定位置配置，不需注写视图名称。第三角画法基本视图方位，如图6-12所示。

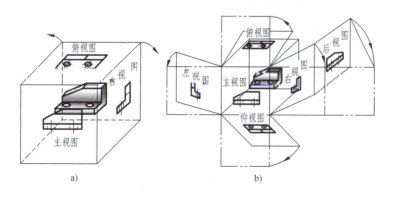

图6-10 第三角画法基本视图与展开过程

（2）识别符号的画法 国标规定我国优先采用第一角画法，因此，采用第一角画法时无需标出画法的识别符号。当采用第三角画法时，必须在图样中画出第三角画法的识别符号。识别符号如图6-13所示。画法的识别符号一般画在标题栏附近。

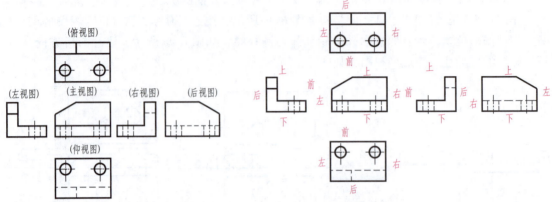

图 6-11 第三角画法基本视图的配置位置

图 6-12 第三角画法基本视图方位

2. 第三角画法三视图绘制

（1）图形与位置 第一角画法和第三角画法都采用正投影，两种画法的六个基本视图名称相同，相同名称的图形也相同，只是相同名称图形放置位置不同。对比可知，只是右视图与左视图互换了位置，仰视图与俯视图互换了位置。

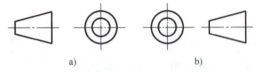

图 6-13 第一角画法和第三角画法的识别符号

a）第一角画法的识别符号 b）第三角画法的识别符号

（2）"三等"关系 各个视图之间仍保持"长对正、高平齐、宽相等"的对应关系，如图 6-14 所示。第三角画法的三视图一般是指主视图、俯视图、右视图。宽相等可采用画向上的 45°线，如图 6-14b 所示。

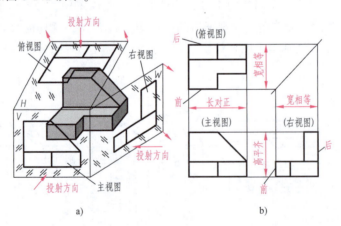

图 6-14 第三角画法三视图的"三等"关系

【示例 6-3】 用第三角画法绘制如图 6-15a 所示物体的三视图。

分析：需要绘制主视图、俯视图、右视图，确定三个视图的位置，刚开始绘制如果不习惯，可以用铅笔在图上写上视图名称提醒自己，如图 6-15b 所示；将形体分成三个部分，分别绘制三个部分的三视图底稿；加深轮廓线，如图 6-15c 所示。

3. 第三角画法轴测图的绘制 第三角画法轴测图的轴间角为 120°，Z 轴正方向垂直向上，

第6章 机件图样图形的绘制与识读

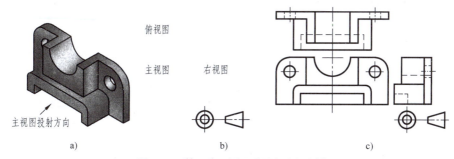

图 6-15 第三角画法三视图画法示例

轴测轴如图 6-16 所示，X 轴、Y 轴的位置与第一角画法正好相反。

【示例 6-4】 根据如图 6-17a 所示第三角画法的三视图，绘制其轴测图。

作图：想象空间形状如图 6-17f 所示；绘制轴测轴，绘制长方体如图 6-17b 所示；绘制右上切口如图 6-17c 所示；绘制上方切口如图 6-17d 所示；找铅垂面的位置线如图 6-17e 所示；绘制铅垂面切口如图 6-17f 所示。

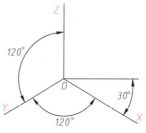

图 6-16 第三角画法轴测轴

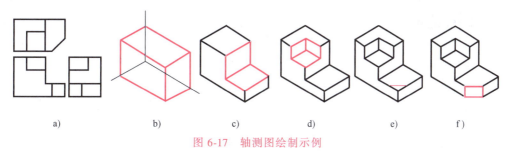

图 6-17 轴测图绘制示例

4. 第三角投影根据两个视图绘制第三视图

【示例 6-5】 根据如图 6-18a 所示第三角画法的两个视图绘制第三视图。

作图：根据两个视图的位置可知两视图为主视图与俯视图，需要绘制右视图，确定右视图的位置应在主视图右边，画出基准线，画出 45°线，如图 6-18b 所示；想象空间形状如图 6-18c 所示；绘制其右视图，如图 6-18d 所示。

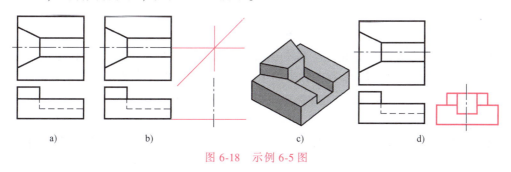

图 6-18 示例 6-5 图

【示例 6-6】 根据如图 6-19a 所示第三角画法的两个视图绘制第三视图。

作图：根据两个视图的位置可知两视图为俯视图与右视图，需要绘制主视图，确定主视图的位置；想象其空间形状，如图 6-19b 所示；绘制其主视图，如图 6-19c 所示。

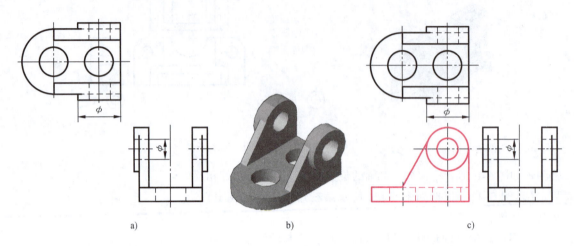

图 6-19 示例 6-6 图

注：本书后面内容仍以第一角画法进行介绍。

6.2 视图的画法与识读

视图是机件向投影面投射所得的图形，主要用于表达其外部结构。视图分为：基本视图、向视图、局部视图、斜视图四种。

6.2.1 基本视图

前面已经学过，基本视图是机件向基本投影面投射所得的图形，按照机件向投影面投射的方向可确定视图的名称，它们是：主视图、俯视图、左视图、右视图、仰视图、后视图。视图表示方法主要是表达机件外部结构的一种方法。实际设计工作中，同一机件并非要同时选用六个基本视图，至于选取哪几个视图，要根据它的结构特征而定，以机件结构表达清楚为原则。选用基本视图时可以优先选用主、俯、左三个基本视图。另外，在实际设计工作中可以不按配置位置来布置每一个基本视图。

6.2.2 向视图

为了合理利用图纸，国标允许将基本视图自由配置，即将基本视图移动到其他位置绘制，不按照配置位置绘制的基本视图称为向视图。从图形而言，向视图可通俗理解为是未按投影关系配置的基本视图。这样，只要知道向视图图形是什么基本视图，并布置好图形位置，向视图就容易画了。

应用向视图时必须进行标注，标注原则是：在另外相应视图附近绘制箭头指明投射方向，注上大写的拉丁字母，并在向视图上方注写相同的字母，即标出向视图的名称"X"，如图 6-20 所示。绘制向视图时，最好先确定绘图位置，进行标注，再绘制图形。

实际制图时，为了合理布图，向视图应用较普遍，但不要将每一个基本视图均按向视图来布置，否则，会增加识图难度。一般主视图不移动，俯、左视图一般也不移动。

【示例 6-7】 根据如图 6-21a 所示的三视图，补画其右视图和 A 向视图。

作图：根据视图想象其空间结构如图 6-21b 所示。根据对称关系，分析左视图，补画右视图，如图 6-21c 所示。分析字母 A 和箭头所指方向，确定 A 向视图实为后视图；根据对称关系，分析主视图，补画 A 向视图，如图 6-21d 所示。

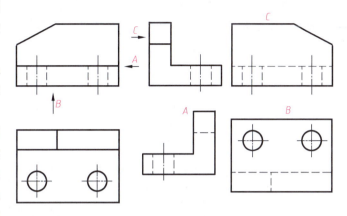

图 6-20 向视图的画法与标注

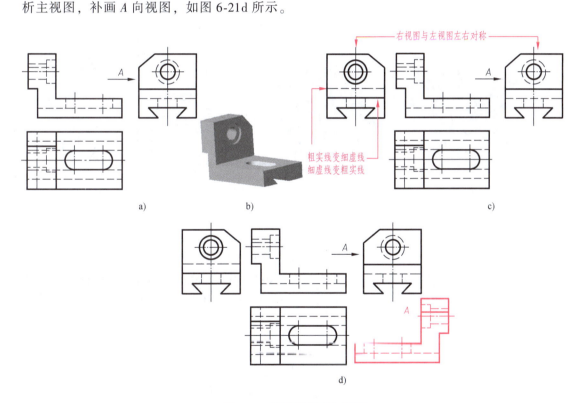

图 6-21 向视图的画法示例

6.2.3 局部视图

将机件的某一部分向基本投影面投射所得的视图称为局部视图。从图形而言，局部视图可通俗理解为局部的基本视图，即只绘制机件某一部分结构的基本视图或基本视图只绘制了某一部分。

当采用一些完整视图后，形体仍有部分形状未表达清楚，又没有必要画出整个基本视图时，可以只画出形体局部结构向基本投影面的投影。如图 6-22a、c 所示的组合体，在绘制主、俯两个完整基本视图后，仅左右侧的小凸台没有表达清楚，因此，左右视图可仅绘出这两处局部结构的视图，其余部分都省略，即用局部视图来表达。

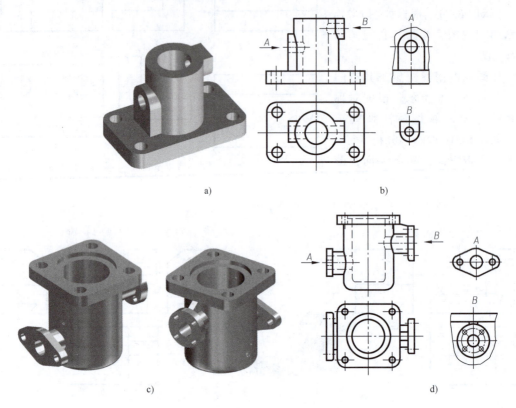

图 6-22 局部视图的示例

局部视图的断裂边界用波浪线表示，如图 6-23d 中的 A；当表示的局部结构是完整的，其外轮廓线又封闭时，波浪线可省略不画，如图 6-23d 中的 B、C。局部视图的配置可选用三种方式：①按基本视图配置，可省略标注，如图 6-23d 中 A 及箭头均可省略；②按向视图

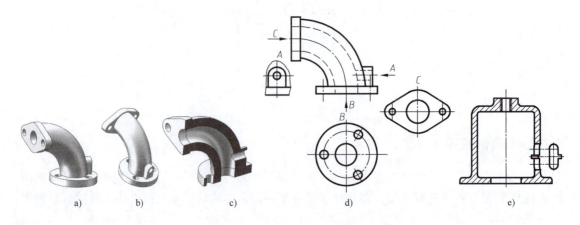

图 6-23 局部视图的标注与配置

的配置形式配置，则按向视图方式标注，即在局部视图上方标出视图的名称"X"，在相应的视图附近用箭头指明投射方向，并注上同样的字母，如图6-23d中的C；③按第三角画法配置在视图上所需表示形体局部结构的附近，并用细点画线将两者相连，如图6-23e所示。

为了节约绘图时间和图幅，对于对称机件的视图，在不致引起误解的前提下，可只画视图的一半或四分之一，并在对称中心线的两端分别画出两条与其垂直的平行细实线，如图6-24a、b所示。当对称机件采用对称省略画法时，该对称机件的尺寸线应略超过对称符号，仅在尺寸线的一端画尺寸界线和箭头，尺寸数字应按全尺寸标注，如图6-24c所示。对称图形尺寸只标注一个总尺寸，不能分成两个尺寸标注，如图6-24c所示中的20。

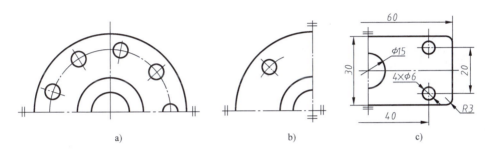

图6-24 对称机件简化画法与尺寸标注

6.2.4 斜视图

（1）定义 由于机件上的倾斜结构投射到基本视图上的投影不反映实形，绘图与识图都有困难。若将机件上的倾斜部分向平行于倾斜部分的投影平面投射，便可在新的投影面上得到反映这部分实形的视图，如图6-25所示。新的投影面一般选择平行于倾斜部分且垂直于某投影面的平面。将机件倾斜部分向不平行于任何基本投影面的平面（一个新的投影面）投射所得的视图称为斜视图。

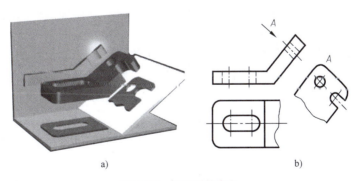

图6-25 斜视图的定义

（2）画法 将机件倾斜部分向一个新的投影面投射所得的视图再沿交线展开就得到斜视图。斜视图只画倾斜结构，肯定是局部视图，其断裂边界使用波浪线表示。斜视图一般按照投射关系配置，如图6-26b所示，有时为了在图纸上更好地布局，也可以将其配置在其他适当的位置，在不致引起误解时，还允许将图形旋转，如图6-26c所示。

（3）标注 斜视图必须标注。先在相应的视图附近沿垂直于倾斜面的方向用箭头指明投射方向，注上大写拉丁字母，箭头不再是水平或竖直方向，而是倾斜方向；再在斜视图上方标出同样的大写字母标明名称，名称字母一律水平书写，如图6-26所示。经过旋转的斜视图标注时，应加旋转符号，其箭头为旋转方向，字母应在旋转符号的箭头端，如图6-26c所示。当需要标注出图形旋转角度大小时，可将旋转角度标注在字母后，如图6-27所示。

（4）说明 需要画斜视图时，往往同时要画局部视图，这两类图经常是相伴的，即画斜视图时，只画倾斜部分的视图，将不反映物体实形的部分省略不画，在相应的基本视图中也省去倾斜部分的视图，如图6-26b、c所示。

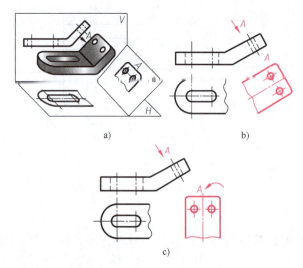

图6-26 斜视图的形成与画法

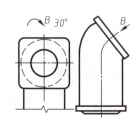

图6-27 斜视图旋转时的注法

6.2.5 视图的识读

1. 识读方法 首先，确定各图形的名称：看图上方有无字母，若无字母则是按投影关系配置的基本视图，根据图形所在位置判定投射方向，从而确定图形名称；若有字母，则是按向视图配置的视图，通过注写的字母和箭头判定投射方向来确定视图名称。其次，区分完整视图和局部视图：有波浪线的肯定不是完整视图；无波浪线的，观察外形尺寸，小于其他完整视图外形尺寸的是局部视图或者斜视图。斜视图和局部视图容易产生混淆，区分斜视图和局部视图的方法是：局部视图画在基本投影面上，表示投射方向的箭头不是水平方向就是竖直方向；斜视图画在辅助投影面上，表示投射方向的箭头是斜的。最后，按部分想象各部分形状，并综合想象整体结构，仍然采用组合体"先分后合"的识读方法。

2. 读图示例 读以下例题时请指出各视图的表达方式，将简单说明各例所示机件的结构，分析结构部分时，注出各部分对应的投影，在斜视图中的对应投影用方框内写数字表示，并画出了机件的立体图。

【示例6-8】 识读图6-28a所示机件。

读图： 1）视图分析。图中共四个图形，首先根据中间两个视图上方无字母及位置确定视图是主视图和俯视图；通过字母"A"及箭头确认左边视图 A 是左视图；通过字母"B"

及箭头确认右边视图 B 是斜视图。再确认表达方法，本图归纳为：完整主视图、局部俯视图、局部左视图 A、斜视图 B。

2）结构分析。将主视图分成四部分，即此件由四部分组合，找各部分的视图并标注，观察知四部分均为块板结构。下方Ⅰ（1、1′、1″）板呈半"工"形，前后各开一圆柱通孔；右下Ⅱ（2′、②）长方体板上有一槽孔和两圆柱通孔。上后方Ⅲ（3、3′、3″）是长方体薄板；右上后方Ⅳ（4′、④）也是长方体薄板。立体图如图 6-28b 所示。

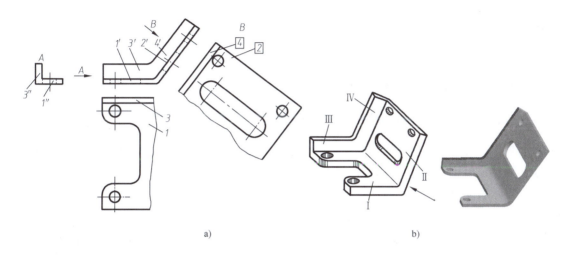

图 6-28 示例 6-8 图

【示例 6-9】 识读图 6-29a 所示的零件。

读图：1）视图分析。图中共三个图形，首先根据左、中两个视图位置及上方无字母，确定视图是主视图和右视图；通过字母"A"及箭头确认右边视图 A 是斜视图。再确认表达方法，本图归纳为：完整主视图、局部右视图、斜视图 A。

2）结构分析。将主视图分成六部分，即此件由六部分组合，找各部分的视图并标注，想象各部分形状。上方Ⅰ（1′、1″、①）是长方体板，中央有一圆柱通孔；中间Ⅲ（3′、3″）

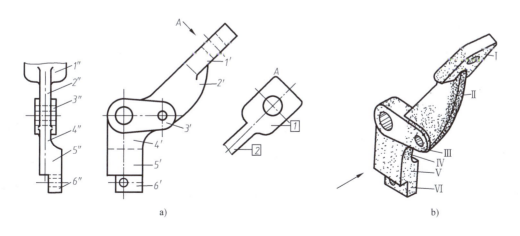

图 6-29 示例 6-9 图

是长方形两端为圆的柱体，两端各有一个圆柱通孔；Ⅱ（2′、2″、[2]）是弧形板，连接Ⅰ和Ⅲ；下方Ⅳ（4′、4″）是与Ⅱ同厚的板，下面带圆角过渡，与Ⅴ连接；Ⅴ（5′、5″）是长方体；最下方Ⅵ（6′、6″）是长方体，有一圆柱通孔。立体图如图6-29b所示。

6.3 剖视图的基本画法

用视图的方法表达机件结构，凡是遇到内部结构需要表达时，都需要用细虚线绘制，内部结构越复杂则视图上的细虚线也就越多，使图形既看不清楚，又不便于标注尺寸，还给识图带来困难。如图6-30a、b所示的机件立体图及其主视图、俯视图，机件内部结构较为复杂，主视图用视图表达，细虚线较多，影响图形的清晰度。为了清晰地表达内部不可见结构，绘制某个视图时，国家标准提供了剖视图的画法。当没有指明画法时，默认为视图画法。

剖视图是假想用面将机件剖开，让内部的结构成为可见，然后再投射绘制。如图6-30a所示的机件，假想用一正平面沿其前后对称面剖开，移去前面部分，内部的孔、槽等显露出来了，再按正投影法画出后面未移去部分的图形，如图6-30c、d所示，图形清晰多了。剖视图在实际图样中应用非常广泛，技术人员必须熟练掌握。

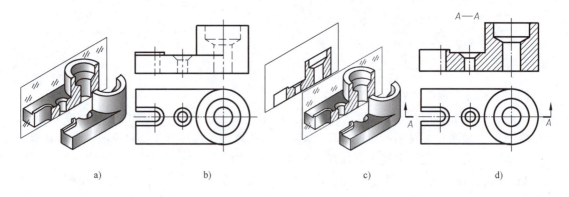

图 6-30　机件立体图和剖视图的形成
a）立体图　b）主、俯视图　c）剖视图的形成　d）剖视图

6.3.1 剖视图的几个术语

剖视图是针对某个方向投射的视图而采用的一种新表达方法，术语如图6-31所示。

剖切面：用来剖切机件的假想面。

剖视图：假想用剖切面剖开机件，将处在观察者与剖切面之间的部分移去，把其余部分向投影面投射所得的图形。剖视图可简称为剖视。

剖面区域：剖切面与机件实体的接触部分。

剖面符号：在剖面区域中绘制的符号，用来区分剖切平面所通过机件的实体或空白部分。本书简称剖面线。

剖切符号：除本剖视图之外的某视图上指示剖切面起、迄和转折位置及投射方向的符号。

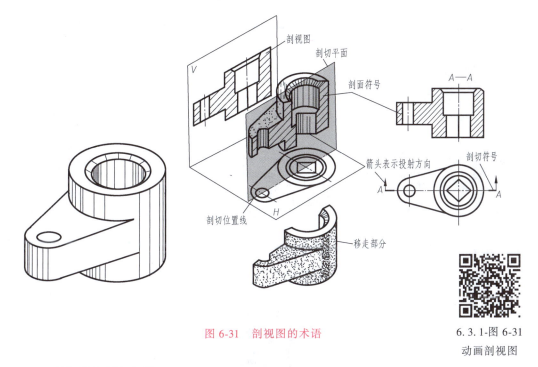

图 6-31　剖视图的术语

6.3.1-图 6-31
动画剖视图

6.3.2　画剖视图的步骤

1. 确定剖切面及其位置　剖切面可以是平面或圆柱面，具体选择要根据结构和观察方向确定，选择原则是选取的剖切面在剖开后能让不可见的结构变成可见。若主视图用剖视图表达，可选用正平面作为剖切平面；若俯视图用剖视图表达，可选用水平面作为剖切平面；若左视图用剖视图表达，可选用侧平面作为剖切平面。所选剖切面一般应通过机件内部孔、槽的轴线或对称面，如图 6-32a 所示的剖切面是通过机件前后对称面的正平面。

2. 完成分析内容的标注

（1）标注名称　在剖视图的上方（或者准备绘制剖视图位置的上方）用大写拉丁字母标出剖视图的名称，如"A—A"。如图 6-32b 所示，在准备绘制剖视图位置的上方标出 A—A。

（2）绘制剖切符号　用来表示剖切位置和投影方向。在相应的视图上绘制短粗实线用来指明剖切面的起、止和转折位置，粗实线尽可能不与轮廓线相交，在剖切符号旁标注与剖视图相同的字母；在起、止处剖切符号外侧用箭头指明投影方向，如图 6-32b 俯视图中所示。

3. 画投影轮廓线　分析剖切后剩下部分的形状，并判断剖切平面处及后面原来不可见的结构是否变成了可见，剖开后可见结构应画成粗实线，而不再画成细虚线，如图 6-32c 所示主视图（即 A—A 剖视图）。画轮廓线前先画细点画线。手工绘图时，先打底稿，再加深轮廓线。

4. 画剖面符号　在剖面区域上画出剖面符号，如图 6-32d 所示。国标规定剖面区域内要绘制剖面符号，并规定了不同材料的剖面符号，表 6-1 所列是其中的一部分。金属材料或者未指明材料时，剖面线应用细实线画成间隔相等、方向相同且一般与剖面区域内的主要轮廓或对称线成 45°的平行线。

5. 检查完成所有图形与标注

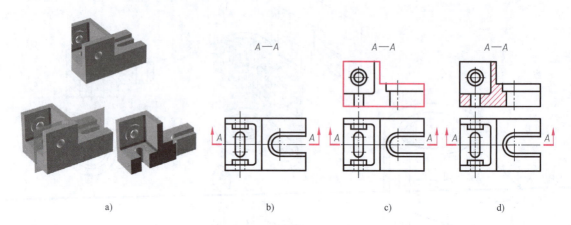

图 6-32　剖视图的绘制步骤

6.3.1-图 6-32 动画全剖

表 6-1　剖面符号

金属材料(已有规定符号者除外)		混凝土	
线圈绕组元件		钢筋混凝土	
转子、电枢、变压器和电抗器等的叠钢片		砖	
非金属材料(已有规定符号者除外)		基础周围的泥土	

6.3.3　画剖视图时的几点说明

1) 由于剖视图的剖切是假想的，实际机件并没有剖开，因此某一视图画成剖视后，其余视图仍需按完整的结构进行分析和投影绘制，如图 6-33 所示。

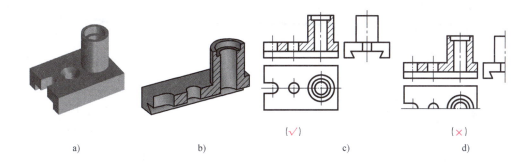

图 6-33 剖视图与视图

2）若机件上的不可见结构在其他图上已表达清楚，在剖视图中的细虚线一般省略不画，如图 6-33b 所示。

3）画剖视图时，应画出剖切面后方的所有可见轮廓线，不得遗漏，如图 6-34 所示，每组视图中左边主视图是正确的，右边主视图是错误的。

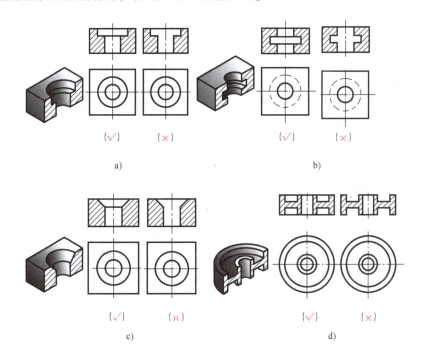

图 6-34 剖视图中遗漏示例

4）剖视图只是一种新的表达方法，而不是一种新的投射方向。如由前向后投射的视图是主视图，不管是用视图绘制，还是用剖视图绘制，都是主视图。改变了表达方法后，其位置关系不变，主视图与俯视图仍然要长对正、主视图与左视图仍然要高平齐。

【示例 6-10】 根据图 6-35a 所示的立体图绘制其主视图与俯视图，主视图用剖视图绘制。

作图：布局主视图与俯视图的位置，用剖视图绘制的主视图与俯视图仍然要保证长对正的位置关系；在俯视图的位置上绘制俯视图；分析剖切平面与剖切位置，此例用正平面从前后对称面处剖开，移走了前部分，绘制剖切符号，如图 6-35b 所示；绘制主视图轮廓线，如图 6-35c 所示；在剖面区域上绘制剖面线，如图 6-35d 所示。

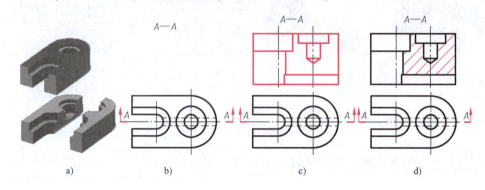

图 6-35　剖视图绘制示例 6-10 图

【示例 6-11】　根据图 6-36a 所示的立体图绘制其主视图与俯视图，俯视图用剖视图绘制。

作图：布局主视图与俯视图的位置，主视图与用剖视图绘制的俯视图仍然要保证长对正的位置关系；在主视图的位置上绘制主视图；分析剖切平面与剖切位置，此例用水平面从圆柱孔轴线处剖开，移走上部分；绘制剖切符号；绘制俯视图外部轮廓线，如图 6-36b 所示；绘制俯视图内部轮廓线，如图 6-36c 所示；在剖面区域上绘制剖面线，如图 6-36d 所示。

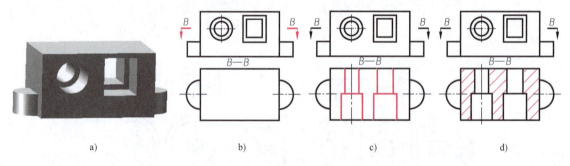

图 6-36　剖视图绘制示例 6-11 图

6.3.4　剖视图省略标注与特殊画法

1. 省略标注的情况　剖视图也经常省略标注，识图时要根据图形特点分析省略内容。

1）当剖视图处于主、俯、左等基本视图的位置，中间又没有其他的图形隔开时可省略箭头，如图 6-36d 所示的标注可省略箭头。

2）单一剖切平面通过对称平面或基本对称的平面，且剖视图按投影关系配置，中间又没有其他的图形隔开时，可不加任何标注，如图 6-32d、图 6-35d 所示的标注可全部省略。

2. 特殊剖面符号的画法

1）剖面符号仅表示材料的类别，材料的名称和代号必须在标题栏中注明。

2）当剖视图中的主要轮廓线与水平线成 45°或接近 45°时，剖面线应画成与水平线成 30°或 60°的线，倾斜方向、间隔仍应与图形上原来的剖面线方向一致，如图 6-37c 所示主视图的剖面线。

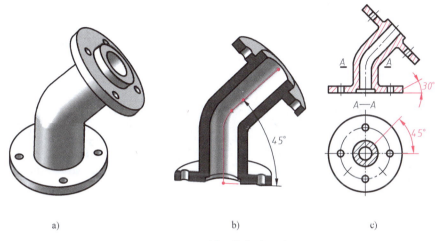

图 6-37　剖面线特殊画法

3. 剖视图中不可见结构的画法　机件上不可见结构在剖视图中的细虚线一般省略不画，若尚有未表达清楚的结构或使用少量细虚线可使图更易于理解时，才将细虚线画出，如图 6-38c 所示。

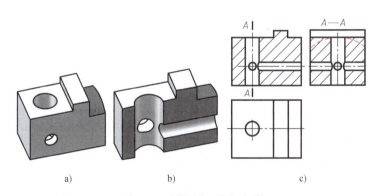

图 6-38　剖视图上的细虚线

6.3.5　剖视图的几点应用说明

1）机件上相同的内部结构一般只需要剖开一处，其他位置处细虚线一般也省略不画，识读时是根据尺寸标注的数量来判断总数。

2）同一机件可根据需要多次剖切，即同一机件的多个视图可同时采用剖视图的表达方式，每次剖切都应从完整的结构考虑，各个方向（或者各个视图）的剖切互不影响。但若几个剖视图均是表达同一个零件时，各剖视图的剖面线方向应相同，间隔要相等，如图 6-39b 所示主视图、俯视图、右视图均采用了剖视图。

3）剖视图既可按照基本视图的投影关系配置，也可放置于其他位置，若布置在其他位置，则一定要标注。剖视图配置在不同位置时，要注意其方向，如图6-39b所示的C—C视图（说明：图中C—C剖视图若绘制在主视图左侧，则需要顺时针旋转90°）。

4）根据需要，也可绘制几个图形来表达同一个方向不同位置的结构，如图6-39a所示机件绘制了两个主视图，全剖主视图表达内部结构，局部主视图表达右部前方结构。

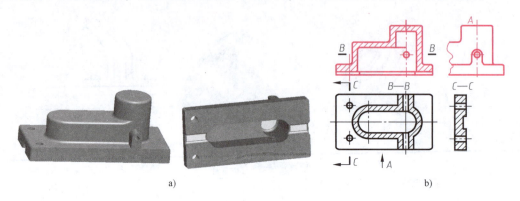

图6-39　剖面符号画法和配置位置

6.4　三类剖视图的画法

画剖视图时，根据表达的需要，既可以将机件完全切开后按照剖视绘制，也可只将它的一部分画成剖视图，而另一部分保留外形，因而得到三种剖视图：全剖视图、半剖视图、局部剖视图。

6.4.1　全剖视图的画法

用剖切平面完全地剖开机件所得的视图称为全剖视图。如果零件的外形较简单，而内部较为复杂，可考虑将机件完全剖开，着重表现内部的结构形状。如图6-40a所示，端盖的外形相对于内部结构来讲较为简单，因而决定在主视图中将零件全部剖开以表现其内部特征。剖切平面的位置为机件的对称面，剖开后，端盖中间部分的大孔、右侧的小孔及边缘的圆形槽都成为可见结构，在视图中用粗实线表示，如图6-40b所示。前面的示例均为全剖视图。全剖视图主要用于表达外形简单而内部结构较复杂的机件。

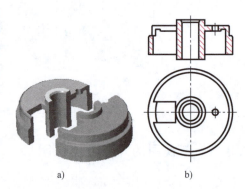

图6-40　全剖视图示例

【示例6-12】　将图6-41a所示机件的主视图用全剖视图重新绘制。

作图：1）根据提供的视图想象机件空间形状，如图6-41b所示。绘图形前必须明确空间形状。

2）分析剖切情况。确定剖切平面、剖切位置和投射方向，明确移走部分后，机件的变化，特别是可见性的变化。此例采用正平面从前后对称面处剖开，移走了前部分，如图

6-41c 所示。

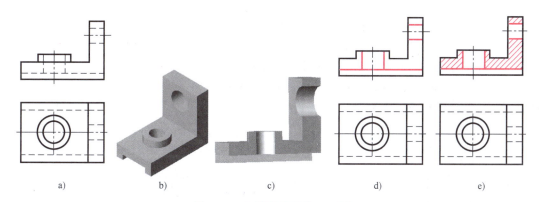

图 6-41　全剖视图示例 6-12 图

3）分析原主视图上多余的可见粗实线和原来不可见的会变成粗实线的细虚线；重新绘制全剖主视图图线。细点画线一般可直接抄画，应变成粗实线的细虚线绘制成粗实线，原主视图上多余的粗实线不要抄画。检查无误后，加深并整理线型，如图 6-41d 所示。

4）在剖面区域上画剖面符号如图 6-41e 所示。标注、整理，完成全图。此图可省略标注。

【示例 6-13】　将图 6-42a 所示机件的左视图用全剖视图重新绘制。

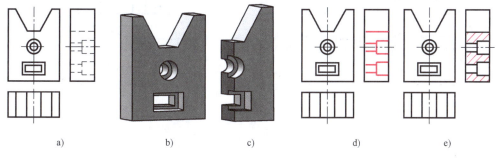

图 6-42　全剖视图示例 6-13 图

作图：1）根据提供的视图想象机件空间形状，如图 6-42b 所示。

2）分析剖切情况。此例采用侧平面从左右对称面处剖开，移走左部分，如图 6-42c 所示。省略标注。

3）分析原左视图上多余的可见粗实线和不可见的会变成粗实线的虚线；重新绘制全剖左视图图线。加深、整理线型，如图 6-42d 所示。

4）在剖面区域上画剖面符号，如图 6-42e 所示。

【示例 6-14】　将图 6-43a 所示机件的主视图用全剖视图重新绘制，并绘制其 A—A 全剖左视图。

作图：1）根据提供的视图想象机件空间形状，如图 6-43b 所示。

2）分析全剖主视图剖切情况。采用正平面，从前后对称面处剖开，移走前部分。

3）分析原主视图上多余的可见粗实线和不可见的会变成粗实线的虚线，图 6-43a 所示红色线是前方轮廓线，剖开后就没有了。重新绘制全剖主视图线。检查无误后，加深、整理线型，如图 6-43c 所示。

4) 在剖面区域上画剖面符号、标注，完成主视图。此图可省略标注，如图 6-43d 所示。

5) 绘制全剖左视图，分析剖切情况。剖切位置用 A—A 标注出来，用侧平面剖开，移走左边部分。分析全剖的左视图的轮廓线，并绘制图形线，如图 6-43e 所示。

6) 在剖面区域上画剖面符号，标注、整理，完成视图，如图 6-43f 所示。左视图上的剖面线应与主视图的剖面线相同。

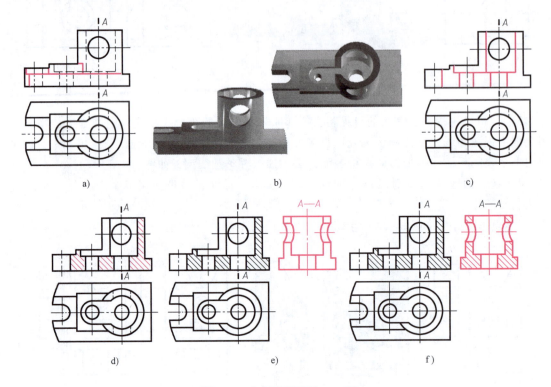

图 6-43　全剖视图示例 6-14 图

6.4.2　半剖视图的画法

1. 定义与画法　当机件具有对称平面时，在垂直于对称平面的投影面上投影所得的图形，可以对称线为界，一半画成剖视图，一半画成视图，这种组合成的图形称为半剖视图，如图 6-44 所示。半剖视图主要用于机件对称且内、外结构均需要表达的情况，如图 6-44 所示的机件，结构左右对称，前部有凸台和孔，若将主视图画成全剖视图，则识图时容易忽略前部分外形，因此以对称面为界，一半画成剖视表达内形，另一半画成视图表达外形更好。如图 6-45 所示的机件，结构左右对称，前部有凸台和孔，左右对称，左部有凸台和孔，主、左视图均采用半剖视图表达。

画半剖视图时应注意：半个视图与半个剖视之间的分界线一定是细点画线，不能是粗实线或者其他线型；由于机件是对称的，半个视图中的虚线也应省略不画；半剖视图的标注方法与全剖视图相同。

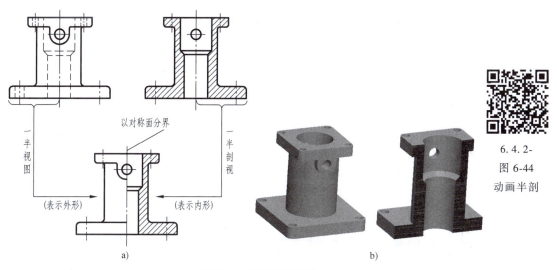

图 6-44 半剖视图定义

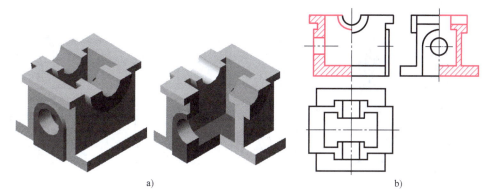

图 6-45 半剖视图示例

2. 示例

【示例 6-15】 将图 6-46a 所示机件的主视图用半剖视图重新绘制。

作图：1）根据提供的视图想象机件空间形状，立体图如图 6-46b 所示。

2）分析剖切情况。采用正平面作为剖切平面，过孔轴线处剖开，移走前部分。在俯视图上完成剖切符号的标注。

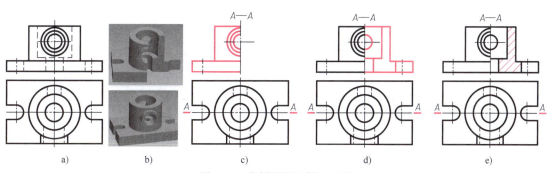

图 6-46 半剖视图示例 6-15 图

3）准备将主视图左边绘制成视图，右边绘制成剖视图。绘制左右分界线的点画线。重新绘制主视图左边图线，原主视图左边细虚线不要绘制，如图6-46c所示。

4）分析剖切后原主视图右边多余的粗实线与会变成粗实线的不可见虚线，按剖视图重新绘制主视图右边图线。检查无误后，加深、整理线型，如图6-46d所示。

5）在剖面区域上画剖面符号，标注、整理、完成主视图，如图6-46e所示。

【示例6-16】将图6-47a所示机件的主视图用半剖视图重新绘制。

作图：1）根据提供的视图想象机件空间形状，立体图如图6-47b所示。主视图上红色线都是前方结构的轮廓线。

2）分析剖切情况。用正平面过左、中、右三个孔轴线处剖开，移走前部分。在俯视图上完成标注。准备将主视图左边绘制成视图，右边绘制成剖视图。绘制左右分界线的细点画线。绘制主视图左边图线，原主视图左边细虚线不绘制，如图6-47c所示。

3）分析剖切后原主视图右边多余的粗实线与会变成粗实线的不可见细虚线，图中间粗实线是前方的轮廓线，剖切后没有了；后方槽不可见轮廓线仍然不可见，其他的线都变成可见了。按剖视图绘制主视图右边图线。检查有无错误后，加深、整理线型，如图6-47d所示。

4）在剖面区域上画剖面符号，标注、整理、完成主视图，如图6-47e所示。

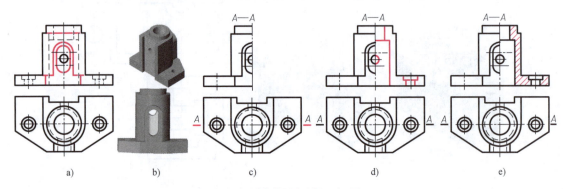

图6-47 半剖视图示例6-16图

【示例6-17】将图6-48a所示机件的俯视图用半剖视图重新绘制。

作图：1）根据提供的视图想象机件空间形状，立体图如图6-48b所示。

2）分析剖切情况。用水平面过孔轴线处剖开，移走上部分。在主视图上完成标注。准备将俯视图左边绘制成视图，右边绘制成剖视图。绘制左右分界线为细点画线。绘制俯视图左边图线，原俯视图上细虚线不绘制，如图6-48c所示。

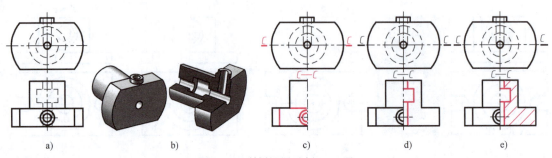

图6-48 半剖视图示例6-17图

3) 分析剖切后原俯视图右边多余的粗实线与会变成粗实线的不可见虚线，图中间的圆是上方轮廓线，下方没有圆柱结构，剖切后没有了。绘制俯视图右边图线，如图6-48d所示。

4) 在剖面区域上画剖面符号，如图6-48e所示。

【示例6-18】 将图6-49a所示机件的主视图用全剖视图、俯视图用半剖视图重新绘制。

作图：1) 根据提供的视图想象机件空间形状，立体图如图6-49b所示。

2) 绘制全剖视图的主视图。分析剖切情况。采用正平面从前后对称面处剖开，移走前部分。分析原主视图上多余的线和会变成粗实线的细虚线，重新绘制全剖主视图图线。原主视图上多余的粗实线和左边前后小圆柱孔的虚线不要绘制；中间的小圆前后各有一个，前方的一个没有了，后面的一个还在，故要绘制。检查无误后，加深、整理线型，如图6-49c所示。在剖面区域上画剖面符号；标注、整理，完成主视图，如图6-49d所示。

3) 绘制半剖视图的俯视图。分析剖切情况，用水平面从上方孔轴线处剖开，移走上部分。标注剖切符号。以前后对称面为界，前部分画成剖视图，后部分画成视图；绘制细点画线，抄画后部分的粗实线，如图6-49e所示。分析前部分内部轮廓并绘制剖视图图线，如图6-49f所示。在剖面区域上画剖面符号，俯视图上的剖面符号应与主视图的剖面符号相同。标注、整理，完成俯视图，如图6-49g所示。

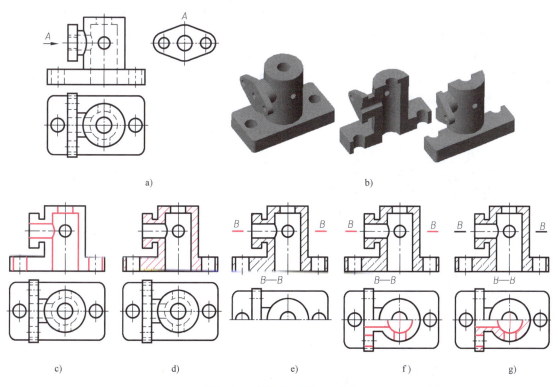

图6-49 剖视图示例6-18图

3. 说明 有时机件接近对称，且不对称部分已在其他图上表达清楚时，也可画成半剖视图，如图6-50所示。在半剖视图中标注对称尺寸时，其尺寸线应超过对称线，并只在尺寸线的一端绘制箭头，如图6-51所示。

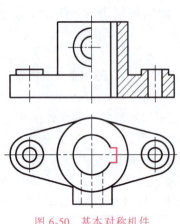

图 6-50　基本对称机件

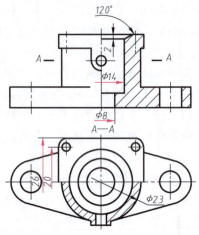

图 6-51　半剖视图中的尺寸标注

6.4.3　局部剖视图的画法

6.4.3-动画局剖

1. 画法　用剖切面局部地剖开机件，所得的剖视图称为局部剖视图。局部剖视图用波浪线作为分界线，将一部分画成剖视图表达内部形状，另一部分画成视图表达外部形状，画成视图部分图形中的细虚线一般可以省略不画。如图 6-52a 所示机件，为表达孔的结构，仅在画主视图时将孔剖开就可以了，其余部分画成视图。如图 6-53a 所示机件，为表达孔的结构，画主视图、俯视图时，剖开部分就可以了，其余部分画成视图。局部剖视图的标注与全剖视图相同，对于剖切位置明显的局部剖视图，一般省略标注。

图 6-52　局部剖视图示例

【示例 6-19】　根据图 6-53a 所示机件，用局部剖视图绘制其主视图、俯视图。

作图：分析剖切位置与剖切平面，主视图用过左边圆柱孔轴心线的正平面将左前部分剖切，如图 6-53b 所示；俯视图用过右边圆柱孔轴心线的水平面将右上方部分剖切，如图

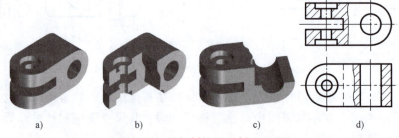

图 6-53　局部剖视图示例 6-19 图

6-53c 所示。用局部剖视图绘制其主视图、俯视图如图 6-53d 所示。

画局部剖视图时应注意：视图与剖视图的分界线（波浪线）不能超出视图的轮廓线，也不可穿空（孔、槽等）而过，如图 6-54a 所示；分界线不应与轮廓线重合或画在其他轮廓线的延长位置上，如图 6-54c 所示。当被剖切的局部结构为回转体时，允许将该结构的轴线作为剖视与视图的分界线，如图 6-54f 所示。

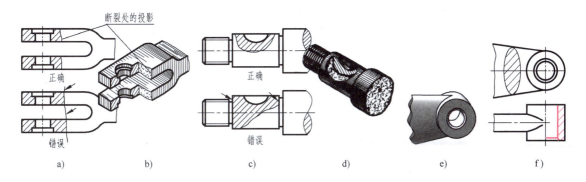

图 6-54　局部剖视图分界线选择和画法图

2. 应用　局部剖视图是一种很灵活的表达方法，在同一视图上既可以表现机件的外形，也可将机件某些局部结构剖开来表达，且不受机件是否对称的限制，剖切范围和剖切位置可根据需要决定，因此应用比较广泛。如图 6-55a 所示的箱体，若主视图与俯视图用视图表示，图形会不太清楚，若采用全剖视图或半剖视图均不适宜，因而采用了局部剖视图，如图 6-55b 所示，主视图还采用了两处局部剖视图。

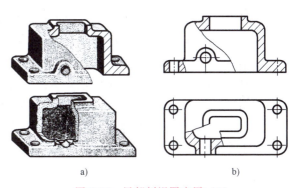

图 6-55　局部剖视图应用（1）

下列情况下宜采用局部剖视图：机件只有局部内部形状需要表达，如图 6-56 所示；机件内、外形均需表达而又不对称时，如图 6-57 所示；当机件的内、外部结构均需要表达，但又不适宜采用全剖或半剖视图时，如图 6-58 所示。

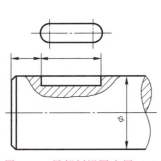

图 6-56　局部剖视图应用（2）

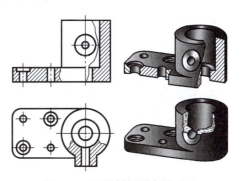

图 6-57　局部剖视图应用（3）

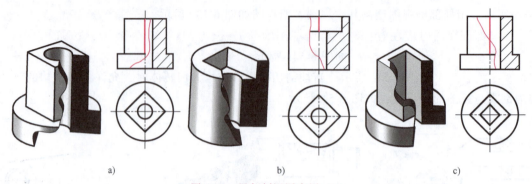

图 6-58　局部剖视图应用（4）

【示例 6-20】 将图 6-59a 所示机件的主视图、俯视图改画成局部剖视图。

作图：1) 根据提供的视图想象机件空间形状，如图 6-59b 所示。

2) 画局部剖视图的主视图。分析剖切情况（确定剖切范围、剖切平面、剖切位置和投射方向），采用正平面作两处局部剖切，移走前部分，分析移走部分后机件的变化。确定剖切范围绘制边界线，如图 6-59c 所示；根据可见性将原主视图上左、右两边不可见的细虚线改成粗实线，如图 6-59d 所示；上方圆筒中的一条水平细虚线不要改成粗实线，后内壁的圆筒变成了可见。擦去原主视图上多余的可见粗实线和上方圆筒中的那条水平虚线，如图 6-59e 所示。在剖面区域上画剖面线，如图 6-59f 所示。

3) 绘制局部剖视图的俯视图。分析剖切情况，用水平面分两处局部剖切。首先从后方孔轴线处剖开，移走上部分；确定剖切范围，绘制边界线；根据可见性将俯视图原右边不可见的虚线改成粗实线；擦去多余的圆粗实线，如图 6-59g 所示；在剖面区域上画剖面线。分析左前方的局部剖切情况，绘制剖切范围边界线，擦去原俯视图中间多余的虚线，将左前方不可见的虚线改成粗实线；如图 6-59h 所示；在剖面区域上画剖面线，俯视图上的剖面线应

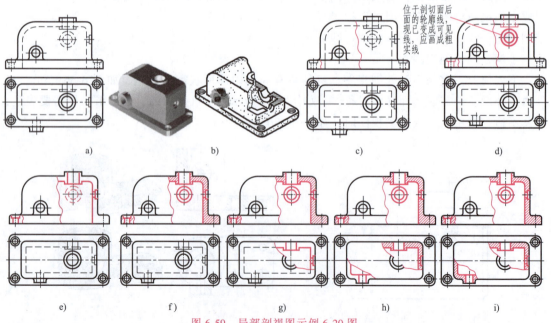

图 6-59　局部剖视图示例 6-20 图

与主视图的剖面线相同，完成全图如图 6-59i 所示。

6.5 剖视图常用的剖切方法与画法

根据机件结构特点，剖切时采用的剖切面可以是一个也可是几个，剖切平面可以相互平行、相交或是其他组合形式，即分单一剖切面、几个平行的剖切平面、几个相交的剖切平面。无论采用哪种剖切方式，都可以获得全剖视图、半剖视图和局部剖视图。

若机件的外部形状不复杂，内部孔轴心线、槽均在一个面上，只需采用一个剖切面将形体全部切开就能清楚地表现内部的结构形状时，尽量选择单一剖切方式。单一剖切方式根据剖切面类型不同又分为单一平行平面剖切方式、单一垂直平面剖切方式、单一圆柱面剖切方式，前面示例均为单一平行平面剖切方式，此处不再赘述了。

6.5.1 用一个垂直面剖开倾斜结构的剖视图画法

当机件上具有倾斜结构，且倾斜结构中有内部特征需要表达时，可采用垂直于基本投影面且平行于倾斜面的剖切面剖开后，将处在观察者与剖切面之间的部分移去，将其余部分（倾斜结构）向平行于剖切面（垂直面）的投影面投射绘制成剖视图，如图 6-60b 所示的 A—A 剖视图和图 6-60c 所示的 B—B 剖视图。

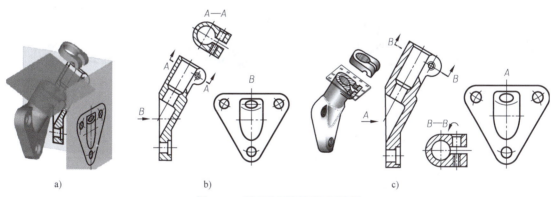

图 6-60 用垂直面剖切的剖视图

如图 6-61a 所示，机件上部的结构是倾斜的，若要表现该部分的内部形状，就用通过两圆柱中心线的正垂面进行剖切，将该倾斜结构向平行于该剖切面的投影面投射所得的全剖视图如图 6-61b 所示。如图 6-62b A—A 视图所示是用一个正垂直面剖切获得的半剖视图；如图 6-63b 所示是用一个铅垂直面剖切获得的局部剖视图。

6.5.1-图 6-60
动画斜剖

画此类剖视图时应注意以下几点：

1) 必须注出剖切符号、投影方向和剖视图名称。

2) 为了看图方便，剖视图最好配置在箭头所指方向上，并与基本视图保持对应的投影关系，如图 6-64b 所示。为了合理利用图纸，也可将图形放置于其他适当的地方或旋转画出，但旋转画出图形必须标注旋转符号，如图 6-64c 所示。

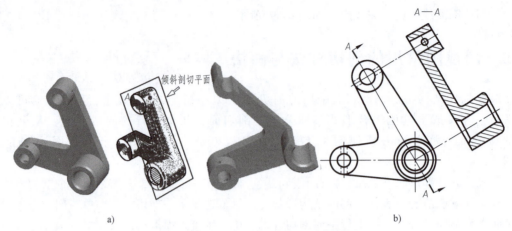

图 6-61 用一个垂直面剖切的全剖视图

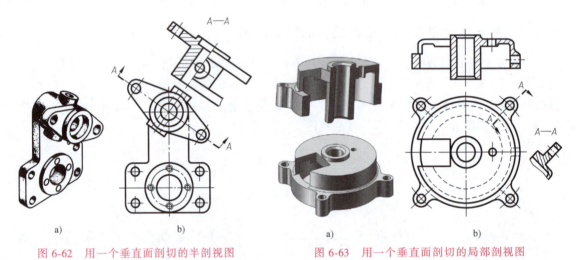

图 6-62 用一个垂直面剖切的半剖视图　　图 6-63 用一个垂直面剖切的局部剖视图

图 6-64 用不平行基本投影面的一个垂直面剖切的剖视图示例

【示例 6-21】 根据如图 6-65a 所示视图,画出 A—A 全剖视图。

作图:形体分成底板、十字板、腰圆板、圆筒四个部分,如图 6-65b 所示;主视图有局部剖视图,表达孔的结构;俯视图是全剖,表达底板形状与中间十字板结构;上部前方腰圆板结构主要形状在主视图上表达;上部后方圆筒结构主要形状在左视图上表达,想象空间形状如图 6-65c 所示;确定 A—A 全剖视图的放置位置,完成标注,绘制中心线如图 6-65d 所示;从主视图与左视图上量取尺寸,绘制轮廓线如图 6-65e 所示;擦去辅助线,绘制剖面线,如图 6-65f 所示。

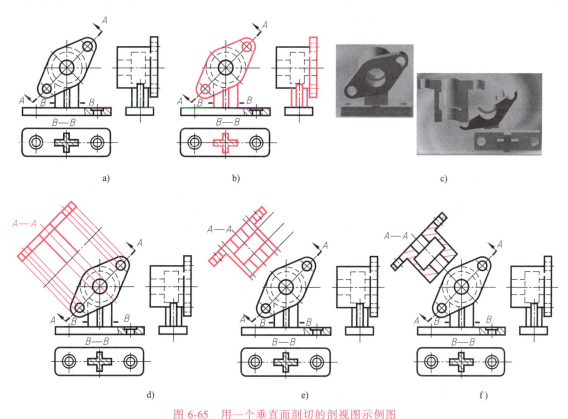

图 6-65 用一个垂直面剖切的剖视图示例图

6.5.2 用一个圆柱面剖开的剖视图画法

根据机件结构特点,必要时可选用圆柱面作为剖切面,采用圆柱面剖切形体时,剖视图应按展开绘制,即将圆柱面及被其剖得的结构展开成平面后再投射,且在图形上方标注时应加注"展开"。如图 6-66 中的 A—A 剖视图是采用单一平面剖开形体所得的全剖主视图,B—B 是用单一的圆柱面剖切形体所得的局部剖视图;如图 6-67 中的主视图是单一的圆柱面剖切形体所得的半剖视图。

6.5.3 用平行剖切平面剖切的剖视图画法

如果零件内部的结构形状较多,而孔轴心线、槽又分布在相互平行的平面上,那么可假想用几个相互平行的剖切平面,将机件不同位置的内部结构剖开后绘制成剖视图。画法说明如下:

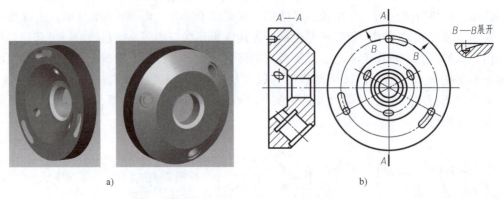

图 6-66 用圆柱面剖切的局部剖视图示例

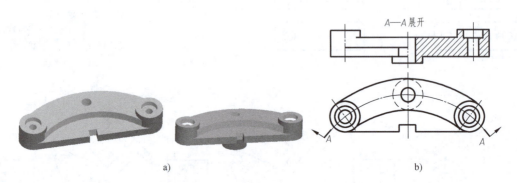

图 6-67 用圆柱面剖切的半剖视图示例

1）可以是三类剖视图中的任意一种。若机件的外形简单，内部结构虽多但分布在相互平行的平面上，可用几个相互平行的剖切平面将机件内部结构全部剖开，绘制成全剖视图，如图 6-68 所示机件的全剖主视图和图 6-69 所示机件的全剖左视图。若机件的外部形状也需要表达，内部的结构也较多且它们分布在相互平行的平面上，可用几个相互平行的剖切平面将机件内部结构局部剖开，绘制成局部剖视图，如图 6-70 所示机件的局部剖的主视图。

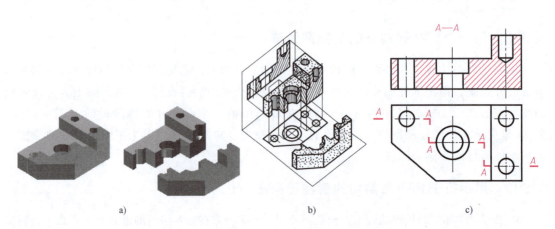

图 6-68 用几个平行剖切平面剖开的全剖主视图

第6章 机件图样图形的绘制与识读

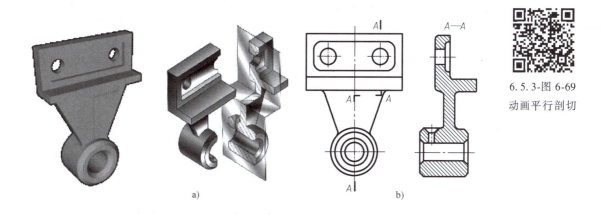

6.5.3-图6-69 动画平行剖切

图6-69 用几个平行剖切平面剖开的全剖左视图

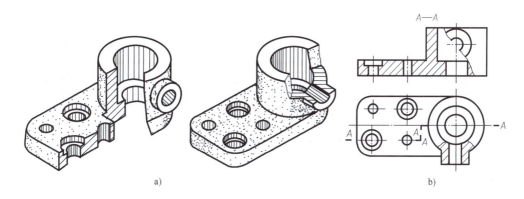

图6-70 用几个平行剖切平面剖开的局部剖主视图

2）虽采用了两个或多个相互平行的剖切平面，但在剖切平面的分界处不要画出分界线，如图6-71所示。

3）此类剖视图必须标注，必须标注出剖切位置，在它的起点、迄点和转折处标注大写字母"×"，在剖切符号两端画出表示剖切后投影方向的箭头，并在剖视图上方用相同的大写字母注明剖视图的名称"×—×"，标注方法如图6-72所示。

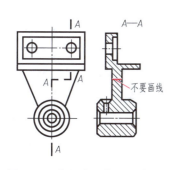

图6-71 分界处不能画出分界线

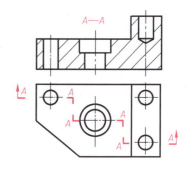

图6-72 标注

【**示例 6-22**】 根据如图 6-73a 所示的视图将主视图画成几个平行平面剖切的全剖视图。

作图：想象空间形状如图 6-73b、c 所示；确定剖切平面并进行标注，如图 6-73d 所示；画出 A—A 视图中的轮廓线，如图 6-73e 所示；画出剖面线，如图 6-73f 所示。

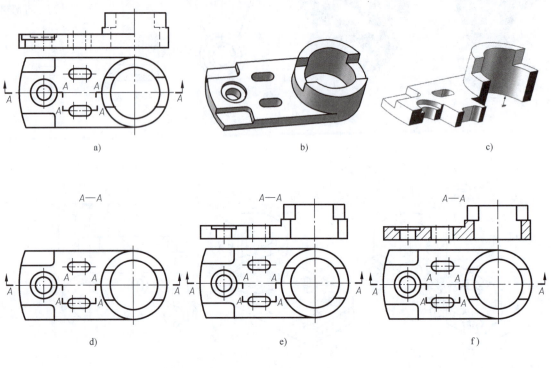

图 6-73　示例 6-22 图

此类剖视图剖切时应注意：剖切平面的转折处应该是直角，且不应与图中的实线或虚线重合，如图 6-74a 所示；一般情况下也不要在孔或槽的中间部分转折，以免孔或槽的结构仅有一部分被剖切，如图 6-74b 所示。只有当两个要素在剖视图中具有公共对称轴线时才能各画一半，如图 6-75 所示。

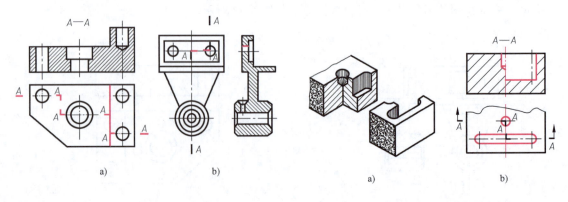

图 6-74　转折处错误选择　　　　　图 6-75　具有公共对称轴线的示例

6.5.4 用两个相交剖切平面剖切的剖视图画法

有些机件的内部结构复杂且不在同一平面或平行平面上，其中部分内部结构与基本投影面倾斜，且有回转轴线，则可用两个交线是基本投影面垂直线的相交剖切平面剖开机件后绘制成剖视图。两个剖切面可以是投影面平行面与垂直面，也可以是两个垂直面。

画法说明如下：

1）绘图时，用垂直面剖开的倾斜部分要绕回转轴线（也是相交剖切面的交线）旋转到与基本投影面平行后再进行投影。例如，绘制如图 6-76a 所示机件的全剖俯视图时，先用两个相交的剖切平面（水平面和正垂面）剖开机件如图 6-76b 所示，将正垂面剖开的倾斜部分绕交线旋转到与基本投影面（水平面）平行位置如图 6-76c 所示，再向水平投影面进行投影，如图 6-76d 所示。主视图中旋转部分的图形与俯视图不再有"长对正"的位置关系，有时剖视图图形形状与视图形状也会变化很大，如图 6-77a 所示的右半部分图形。

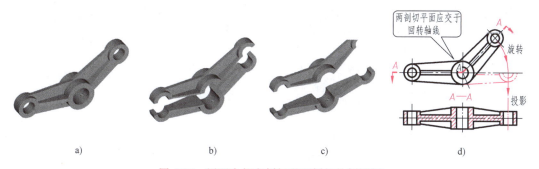

图 6-76 用两个相交剖切平面剖切的剖视图

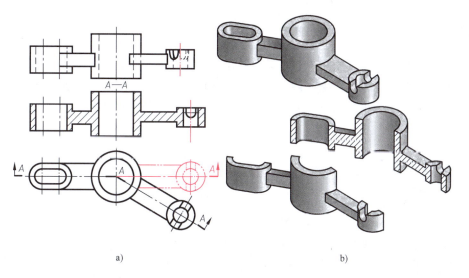

图 6-77 用两个相交剖切平面剖开剖视图的变化

6.5.4-图 6-76
动画相交剖

2）剖视图必须进行标注。必须标注出剖切位置，在它的起点、迄点和转折处标注字母"×"，在剖切符号两端画出表示剖切后的投影方向的箭头，在剖视图上方注明剖视图的名称

"×—×"。如图 6-76d 所示。注意：转折处不是直角。

3）可以是三类剖视图中的任意一种。如图 6-78a 所示机件的全剖主视图，用两个相交的剖切平面（正平面和侧垂面）剖开机件，将侧垂面剖开的倾斜部分绕交线旋转到与基本投影面（正平面）平行后再进行投影的全剖视图，如图 6-78b 所示。如图 6-79 所示的机件主视图是用两个相交剖切平面（正平面和铅垂面）剖开机件，将铅垂面剖开的倾斜部分绕交线旋转到与基本投影面（正平面）平行后再进行投影的局部剖视图，从右部图形可见，旋转后的图形与视图区别较大了。

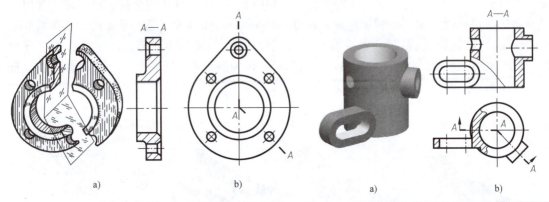

图 6-78 用两个相交剖切平面剖切的全剖主视图　　图 6-79 用两个相交剖切平面剖切的局部剖视图

4）绘制旋转部分的图时，不需要真的先画旋转图再投影，即不需要像如图 6-76d 所示的过程那样，可以直接量取中心线的定位尺寸，绘制中心线，再量取定形尺寸，绘制轮廓线。

【示例 6-23】　根据如图 6-80a 所示，绘制其全剖主视图与俯视图。

作图：用视图的方法绘制俯视图，先绘制中心线，再绘制轮廓线，如图 6-80b 所示；确定剖切平面为一个正平面与一个铅垂面，进行标注；直接用"长对正"位置关系绘制左部用正平面剖切的视图轮廓线，如图 6-80c 所示；在俯视图上量取右部分小孔圆心的位置距离，再在主视图上确定右部小孔中心线的位置，从而画出中心线，如图 6-80d 所示；以中心线为基准，量取半径尺寸，画出轮廓线，如图 6-80e 所示；画出剖面线如图 6-80f 所示。

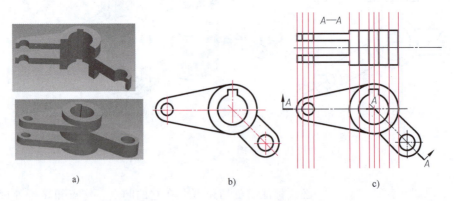

图 6-80 用两个相交剖切平面剖切的剖视图的绘制示例

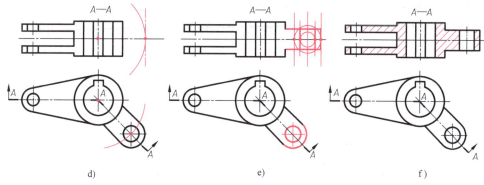

图 6-80 用两个相交剖切平面剖切的剖视图的绘制示例（续）

5）若剖切后机件上会产生不完整情况，此部分应按不剖绘制，如图 6-81a 所示的中臂，正确主视图如图 6-81b 所示，图 6-81c 所示的主视图是错误的。

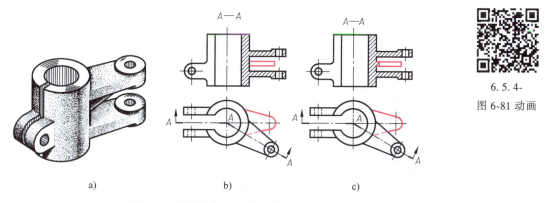

图 6-81 剖视图产生不完整情况处理

6.5.5 用组合剖切面剖切的剖视图画法

当用以上各种剖切方法都不能集中表达机件内部结构时，可用平行面、垂直面和圆柱面组合的剖切面剖开后再进行投影。剖开的各部分仍然按以上相应的剖切方法绘制。用两个正平面与一个铅垂面组合的剖切平面剖开的全剖视图如图 6-82b 所示的主视图，用两个水平面

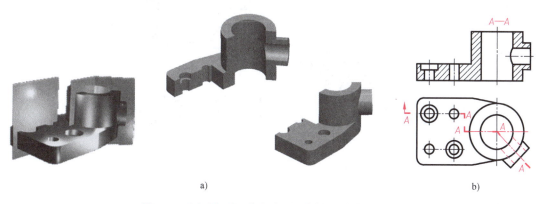

图 6-82 用平行平面与相交平面剖切的全剖主视图

与一个正垂面组合的剖切平面剖开的全剖视图如图 6-83b 所示的俯视图,用两个侧平面与一个正垂面组合的剖切平面剖开的全剖视图如图 6-84b 所示的左视图;用相交平面与圆柱面剖切的全剖视图如图 6-85b 所示的俯视图和图 6-86b 所示的主视图。

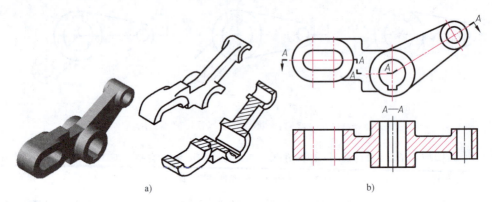

图 6-83 用平行平面与相交平面剖切的全剖俯视图

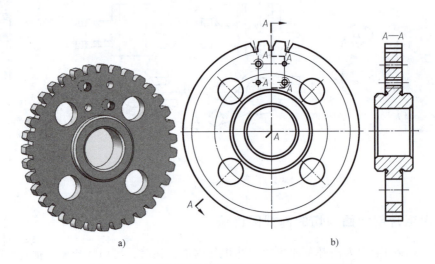

图 6-84 用平行平面与相交平面剖切的全剖左视图

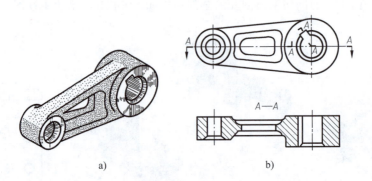

图 6-85 用相交平面与圆柱面剖切的全剖俯视图

【示例 6-24】 根据如图 6-87a 所示的视图绘制全剖俯视图。

第6章 机件图样图形的绘制与识读

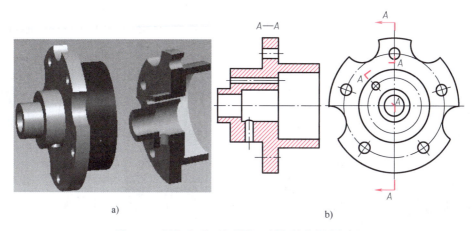

图 6-86 用相交平面与圆柱面剖切的全剖主视图

作图：想象空间形状如图 6-87b 所示。确定剖切平面为过轴线的两个水平面与一个正垂面，如图 6-87c 所示；进行剖视图标注，画出中心线，左部分直接用"长对正"位置关系绘制，以及右部分量取圆心位置距离确定中心线的位置，如图 6-87d 所示；以中心线为基准，量取半径尺寸，画出外部轮廓线如图 6-87e 所示；以中心线为基准，量取半径尺寸，画出内部轮廓线如图 6-87f 所示；画出剖面线如图 6-87g 所示。

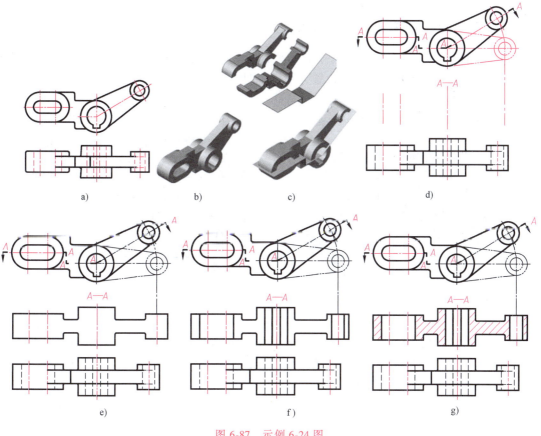

图 6-87 示例 6-24 图

用这种剖切方法画剖视图时,还可以采用展开画法,但必须在剖视图上方标注"×—× 展开"。如图6-88所示零件,因零件的三处倾斜结构都要旋转到与侧平面平行后再画出全剖左视图,故采用展开画法。

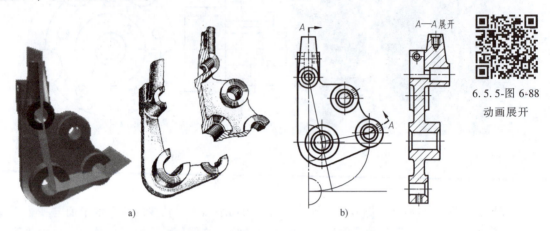

图6-88 几个剖切面组合剖切的剖视图展开画法

6.6 剖视图中的规定画法

6.6.1 剖视图在特殊情况下的标注

1)用几个剖切平面分别剖开机件得到的剖视图为相同的图形时,可按图6-89b的形式标注,即只绘制一个图形,在相应位置分别标注剖切符号和箭头,标注相同的字母。

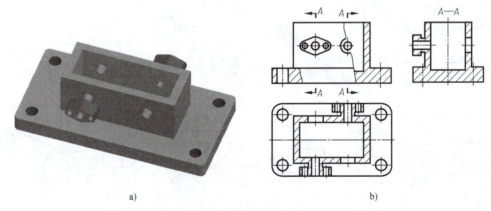

图6-89 剖视图图形相同时的标注

2)用一个公共剖切平面剖开机件,按不同方向投射得到的两个剖视图,可按图6-90b的形式标注,即剖切处只标注一次剖切符号,但分别绘制箭头,标注不同的字母,并在相应位置分别绘制图形,标注相应字母。

3)可将投射方向一致的几个对称图形各取一半(或四分之一)合并成一个图形。此时应标清楚剖切位置、投射方向以及注释字母,并在剖视图附近标出相应的剖视图名称"×—

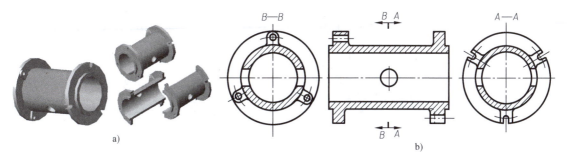

图 6-90　用一个公共剖切平面获得的两个剖视图

×",如图 6-91b 所示。

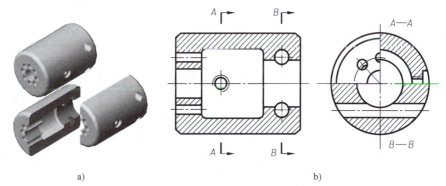

图 6-91　合并图形的剖视图

4) 在剖视图上需要表示位于剖切平面前的结构时,这些结构按假想投影的轮廓线绘制,即用细双点画线绘制,如图 6-92 所示。

5) 当只需要剖切绘制零件的部分结构时,应用细点画线将剖切符号相连,剖切面可位于零件实体之外,如图 6-93 所示。

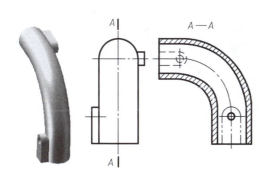

图 6-92　剖切面前结构的表示法

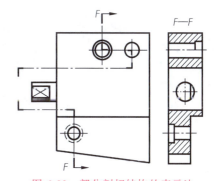

图 6-93　部分剖切结构的表示法

6.6.2　均匀分布的结构要素在剖视图中的画法

当回转体上有成辐射状均匀分布的孔、肋、轮辐等结构,且不处于剖切平面上时,可将这些结构旋转到剖切平面位置画出,如图 6-94b 主视图所示的孔;这些结构若不对称也可绘制成对称的,如图 6-94d 主视图所示的肋板。

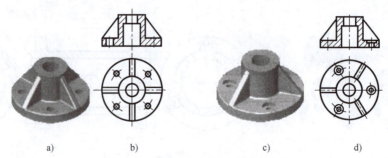

图 6-94 均匀分布的肋板和孔的画法

6.6.3 轮辐、肋在剖视图中的规定画法

当剖切平面通过板状轮辐、肋厚度方向的对称平面或回转体状轮辐的轴线时，这些结构都不画剖面线，而用粗实线将它们与其邻接部分分开，如图 6-95 所示的主视图、图 6-96 所示的左视图。若按其他方向剖切肋、轮辐或薄壁等结构时，在剖视图上应画出剖面线。当剖切平面垂直轮辐和肋的对称平面或轴线（即横向剖切）时，轮辐和肋仍要画上剖面线，如图 6-96 所示的俯视图。

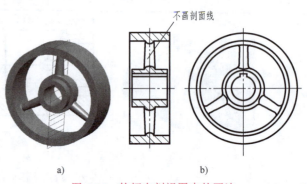

图 6-95 轮辐在剖视图中的画法

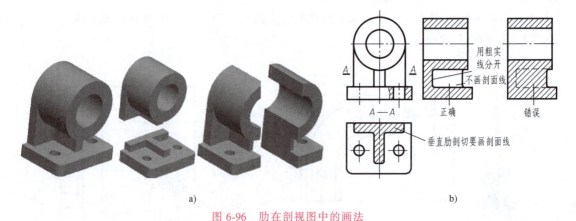

图 6-96 肋在剖视图中的画法

6.7 剖视图的识读与轴测剖视图的绘制

6.7.1 剖视图的识读

看剖视图的方法和看组合体视图的方法基本相同，即把一组视图联系起来看，分清形体

的外部形状和内部结构的图线，进而想象出形体的外部形状和内部结构形状。首先分清各图形的表达方法，图上有剖面线的肯定不是视图方法。看剖视图时，应先分析清楚视图名称、剖切位置、投射方向及各视图之间的投影关系，进而采用"分解、综合"的方法（形体分析法）将图看懂。

【示例 6-25】 读图 6-97a 所示的图样，想象其空间结构。

读图：1）视图分析。这组图包含主视图、俯视图、斜视图，俯视图是用水平面剖开的 A—A 全剖视图；斜视图是用正垂面剖开的 B—B 全剖视图，旋转配置，正垂面剖切位置见主视图中的剖切符号。

2）分部分想象结构。将主视图分成六部分，即此件由六部分组合而成，找出各部分的投影并标注，如图 6-97b 所示。再想象各部分结构：Ⅰ（1′、①）是圆筒；Ⅳ（4、4′、④）是大圆筒；Ⅱ（2、2′、②）是板，相切连接圆筒Ⅰ与圆筒Ⅳ；Ⅲ（3、3′、③）是凸台板，上有一阶梯孔，在Ⅰ、Ⅱ前方；左边Ⅵ（6、6′）是板，左端有一孔，宽度尺寸小于Ⅱ板；中间Ⅴ（5、5′）是长圆形凸台，上有两个不通孔，在Ⅵ前方，宽度尺寸大于Ⅲ板。

3）综合起来想象形体的整体结构形状。立体图如图 6-98 所示。

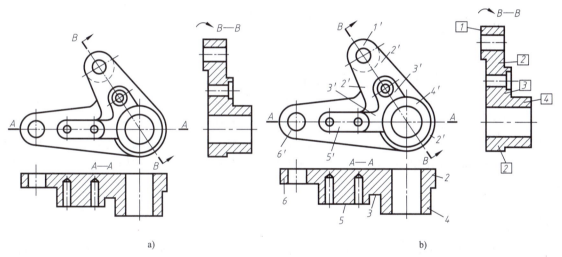

图 6-97 读图示例 6-25 图

【示例 6-26】 读图 6-99a 所示的图样，想象其空间结构。

读图：1）分析视图表达方法及各视图之间的投影关系。由图形位置知此图由主视图、俯视图、左视图组成。俯视图是视图，表达了底板、圆柱内方孔及圆底孔的结构；主视图采用半剖视，再由俯视图中的剖切符号知主视图 A—A 是用两个正平面剖开的；左视图 B—B 是侧平面通过左右对称平面剖切的全剖视图，表达了内部结构。

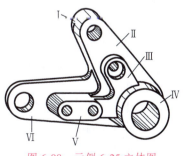

图 6-98 示例 6-25 立体图

2）利用各视图的表达特点，分析清楚形体内、外部结构形状。因为主视图是半剖视图，说明形体左右对称或接近对称，故可根据左半部的外形想象出右半部的外形，根据右半部的内形想象出左半部的内形。运用看组合体视图的方法，该形体可看成由四个部分组成，如图6-99b所示，底板Ⅰ是一个四棱柱，在底部左右中间切割掉一个小四棱柱而形成一个通槽，四周对称地挖了四个圆柱通孔，正中挖一个大圆柱通孔，外部四个竖棱线切成圆弧。Ⅱ是圆柱体，中间切割掉一个长方体孔，底部是穿透底板Ⅰ的圆柱孔，由主、左视图可看出圆柱上部有孔，但前后孔不一样，前部是圆柱孔，后部是该孔中心线与前圆柱孔中心线共线的方孔。Ⅲ、Ⅳ是形状相同的三棱柱肋板。

3）综合起来想象形体的整体结构，立体图如图6-99c所示。

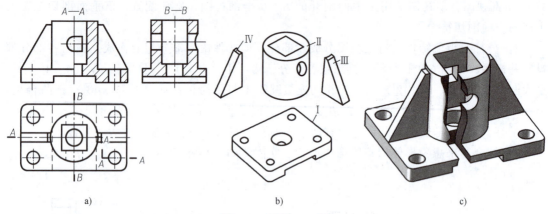

图6-99　示例6-26图

【示例6-27】　读图6-100a所示的图样，想象其空间结构。

读图：1）分析视图表达方法及各视图之间的投影关系。由图形位置可知图形由主视图、俯视图、左视图组成。主视图采用局部剖视图，根据视图名称$A—A$，并由俯视图中的剖切符号可知该局部视图是用两个正平面剖开的，重点表达了底板上圆柱孔和形体中部的内腔。俯视图也采用局部剖视图，表达了底板及底板上面两个叠加在一起的大小不同的四棱柱的形状及两凸台的左右相对位置和形体内腔后下方的圆筒凸台及其穿透内腔后壁的小孔深度。左视图$B—B$是采用了两个侧平面剖开的全剖视图，重点表达了内腔深度及前后壁上的凸台厚度。

2）分析形体内外部结构。运用看组合体视图的方法和"三等关系"，可看出该形体由下部、中部、上部、两个凸台五个部分组成。下部是长方体底板，四周有四个对称小圆柱通孔、中间挖一方孔，外部四个竖棱线切成圆弧；中部是后面与底板后面平齐的长方体，中间挖同底板内部一样的方孔；上部是切掉长方孔的小长方体；前部靠左有一带小圆柱孔的拱形凸台；后腔壁上中间有一带小圆柱孔且中心线与前部拱形凸台等高的圆筒凸台。

3）综合起来想象形体的整体结构，立体图如图6-100b所示。

*6.7.2　轴测剖视图的绘制

画机件的轴测图时，为了表示机件的内部形状，可假想用剖切平面将机件的一部分剖去，画轴测剖视图时，一般不画不可见的轮廓线。具体画法同前面介绍切割体轴测图的画法，只是要在剖切区域加画剖面线。正等轴测剖视图中的剖面线的画法如图6-101a所示。正等轴测剖视图示例如图6-101b、c所示。剖切平面通过机件的肋或薄壁等结构的纵向对称平面时，这些结构的剖视图都不画剖面线，而用粗实线将它与邻接部分分开，如图6-101d所示；

第6章 机件图样图形的绘制与识读

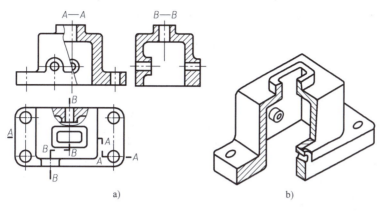

图 6-100 读图示例 6-27 图

在图中表现不够清晰时，也允许在肋或薄壁部分用细点表示被剖切部分，如图 6-101e 所示。

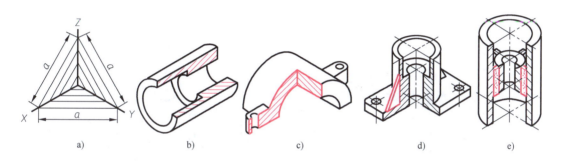

图 6-101 正等轴测剖视图画法

a) 正等轴测剖视图的剖面线　b)、c) 正等轴测剖视图示例　d)、e) 正等轴测剖视图肋的画法

6.8 断面图的画法

6.8.1 断面图的定义

假想用剖切面将机件某处切断，仅画出该剖切面与机件接触部分的图形，称为断面图，简称断面，如图 6-102 所示。国标规定剖面区域内也要画上剖面线，剖面线画法同剖视图上剖面线画法。

断面图常用来表示机件上某一局部的断面形状，例如机件上的键槽和孔的深度、肋板的厚度、轮辐的断面形状以及各种型材的断面形状。如图 6-103 所示轴，用主视图来表达主体结构后，只有油孔和键槽的深度还没有表达清楚，虽然可用视图、剖视图来表达，但没有断面图表达简便。断面图按其配置的位置不同，可分为移出断面和重合断面两种。

6.8.2 断面图的画法与标注

1. 移出断面图的画法　画在视图轮廓外面的断面图称为移出断面图，如图 6-103 所示。移出断面图的轮廓线用粗实线画出；一般绘制在剖切符号（表示剖切面位置的粗短线）延长线或剖切线（表示剖切面位置的细点画线）的延长线上，也可绘制在基本视图配置位置或其他适当的位置。图 6-103 中的断面图 A—A 绘制在基本视图配置位置，另一个绘制在剖切符号延长线上；图6-104中 A—A、B—B 两个断面图是放置在其他的位置。

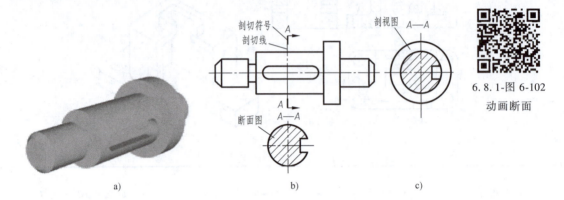

图 6-102　断面图及与剖视图的区别

a）立体图　b）断面图　c）剖视图

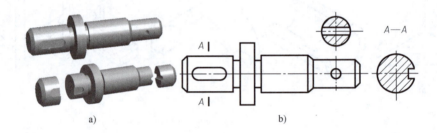

图 6-103　断面图的应用

a）立体图　b）断面图

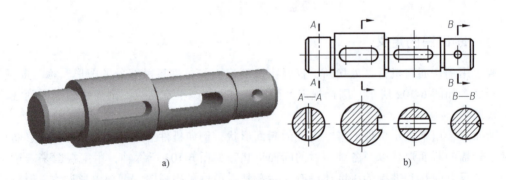

图 6-104　剖切面通过孔或凹坑断面图示例

当剖切面通过回转面形成的孔或凹坑轴线时，此结构按剖视图绘制，如图 6-104 所示的 A—A、B—B 断面图。当剖切面通过非圆孔会导致出现完全分离的两个断面时，此结构按剖视绘制，如图 6-105 所示。由两个或多个相交的剖切平面剖切得出的移出断面图，中间一般应断开，如图 6-106b 所示。

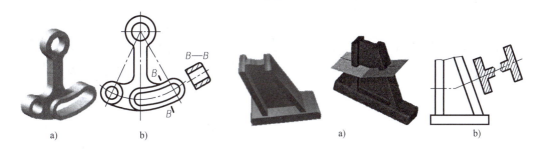

图 6-105　剖切面通过非圆孔断面图特例

图 6-106　移出断面图绘制示例

2. 移出断面图的标注　断面图的完整标注与剖视图的完整标注相同，如图 6-104b 所示的 $B—B$ 断面图。但移出断面图在下述情况时可省略一些标注：移出断面图配置在剖切符号延长线上时可省略字母，如图 6-104b 所示的第二个断面图；移出断面图按基本视图位置配置或移出断面图对称，虽然配置在其他位置时，可省略箭头，如图 6-104b 所示的 $A—A$ 断面图；移出断面图对称且配置在剖切符号延长线或视图的中断处，可省略全部标注，如图 6-104b 所示的第三个断面图。在不致引起误解时，允许将断面图转正绘制，但要加注旋转符号，其标注形式如图 6-107b 所示 $B—B$、$C—C$ 断面图。

6.8.2-图 6-106 动画断面

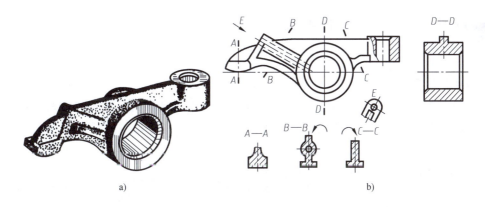

图 6-107　移出断面图转正绘制示例

3. 重合断面的画法和标注　在视图轮廓线内画出的断面图称为重合断面图，如图 6-108 所示。重合断面图只适用于断面形状简单且不影响原图形清晰的情况。重合断面的轮廓线规定用细实线绘制。当视图中的轮廓线与重合断面中的图形重叠时，视图中的轮廓线仍应连续画出，不可断开，如图 6-109 所示。重合断面图一般省略字母；对称的重合断面图一般不标注；不对称的重合断面图才标注箭头。

识读断面图时，关键是要能根据图形位置和标注判断是机件何处的断面。

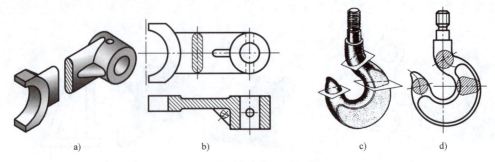

图 6-108 重合断面图示例

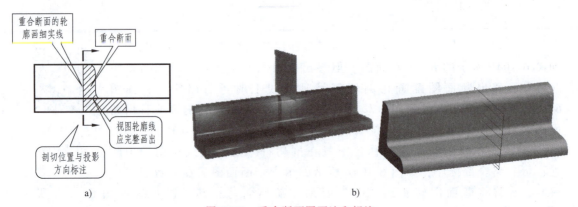

图 6-109 重合断面图画法和标注

6.9 局部放大图与简化画法

6.9.1 局部放大图

将机件的部分结构，用大于原图形所采用的比例绘出的图形，称为局部放大图，如图 6-110 所示。局部放大图应尽量配置在被放大部位的附近，应用细实线圆圈出被放大的部位。当同一机件有几个被放大的部位时，必须用罗马数字依次标明被放大的部位，并在局部放大图的上方标注出相应的罗马数字和所采用的比例。局部放大图的比例为图中图形与其实物相应要素的线性尺寸之比，并非为与原图形之比。局部放大图可以根据需要画成视图、剖视图、断面图，它与被放大的表达方式无关。

当机件上的细小结构在视图中表达不清楚或不便于标注尺寸和技术要求时，可采用局部放大图。必要时可用几个图形来表达同一个被放大部分的结构。

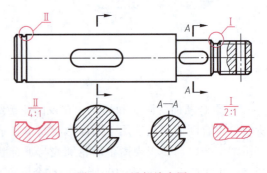

图 6-110 局部放大图

6.9.2 简化画法

(1) 相同结构　当机件具有若干按一定规律分布的相同结构时,如齿、槽等,只需画出几个完整的结构,其余用细实线连接,并注明该结构的总数,如图 6-111 所示。

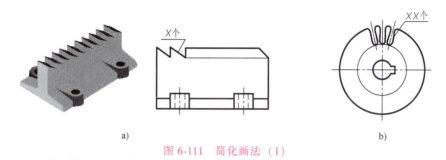

图 6-111　简化画法(1)

若干直径相同且成规律分布的孔,可以仅画出一个或几个,其余用细点画线或"+"表示其中心位置,并注明孔的总数,如图 6-112 所示。

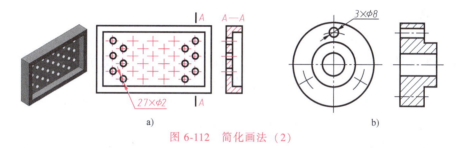

图 6-112　简化画法(2)

(2) 不能充分表达的平面　若图形不能充分表达平面,可用平面符号(相交两细实线)表示,如图 6-113a~c 所示。

图 6-113　平面简化画法

(3) 小截交线或相贯线　某些截交线或相贯线与轮廓线接近,若不致引起误解,交线可用轮廓线代替,如图 6-114 所示。

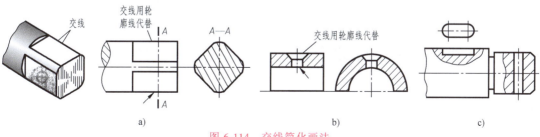

图 6-114　交线简化画法

（4）相同视图　一个零件上有两个或两个以上图形相同的视图，可以只画一个视图，并用箭头、字母和数字表示其投射方向和位置，如图6-115、图6-116所示。

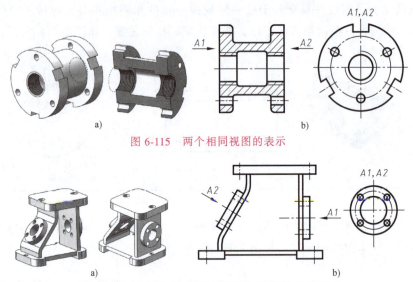

图6-115　两个相同视图的表示

图6-116　两个图形相同的局部视图和斜视图的表示

（5）折断画法　较长的机件（轴、杆、型材、连杆等）沿长度方向的形状一致或按一定规律变化时，可断开后缩短绘制。断开后的尺寸仍应按实际长度标注，如图6-117所示。

（6）倾斜小角度的圆　与投影面倾斜的角度小于或等于30°的圆或圆弧，可用圆或圆弧来代替其在投影面上投影的椭圆、椭圆弧，如图6-118所示。

（7）斜度不大的结构　机件上斜度不大的结构，如在一个图形中已表达清楚，其他图形可只按小端画出，如图6-119所示。

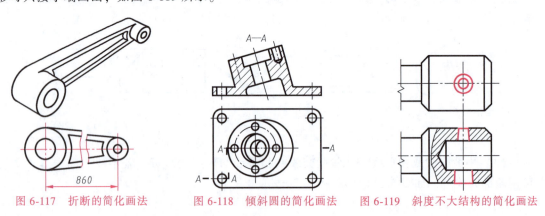

图6-117　折断的简化画法　　图6-118　倾斜圆的简化画法　　图6-119　斜度不大结构的简化画法

6.10　机件表达方法综合应用

6.10.1　机件表达方法小结

机件常用的视图、剖视图、断面图表达方法的适用条件及用途说明见表6-2。

表 6-2 机件的常用表达方法适用条件及用途

类	用途	名称	适用条件	图形特点	说明
视图	用于表达机件的外部结构	基本视图（视图法）	外形复杂、内部简单机件的主体结构需要表达	按规定配置，不加任何标注	视图中无必要的虚线应省略
		向视图	方便图形布局	随意配置	必须标注
		局部视图	机件上还有局部结构外形没表达	以波浪线分界，完整轮廓则封闭	视图中的虚线一般省略
		斜视图（视图法）	机件上有倾斜结构外形需要表达	图形倾斜或图上方注有旋转符号	图形必须标注
剖视图	用于表达机件内部结构	全剖视图	机件外形简单、内形复杂，用于表达整个内部形状	展示整个内腔及其后部看得见的结构形状	用单一剖切面、几个平行的剖切平面、几个相交的剖切面中的任何一种剖切，均可得到全剖视图、半剖视图和局部剖视图 剖视图也可根据需要按视图的配置形式配置（除可省略标注外，含用单一斜剖切面剖切在内的其余剖切方法，都必须标注）
		半剖视图	用于同时表达具有对称平面的机件的外形与内形（沿机件的对称面切开）	组合的图形以对称线分界	
		局部剖视图	用于表达机件的局部内形和保留机件的局部外形，或不宜采用全剖、半剖的机件（多沿机件的对称面、轴线局部地切开）	组合的图形多以波浪线分界。剖切的范围可大可小	
断面图	表达机件断面形状	移出断面图	优先选择	画在图之外，轮廓为粗实线	断面图一般省略了某些标注要素（箭头、字母）
		重合断面图	图形简单或断面形状逐渐变化	画在视图之内，轮廓为细实线	

绘制剖视图时，要根据结构特点灵活选择剖切面与剖切类型，应用示例见表 6-3。

表 6-3 剖视图应用示例

	全剖视图	半剖视图	局部剖视图
单一剖切面			

（续）

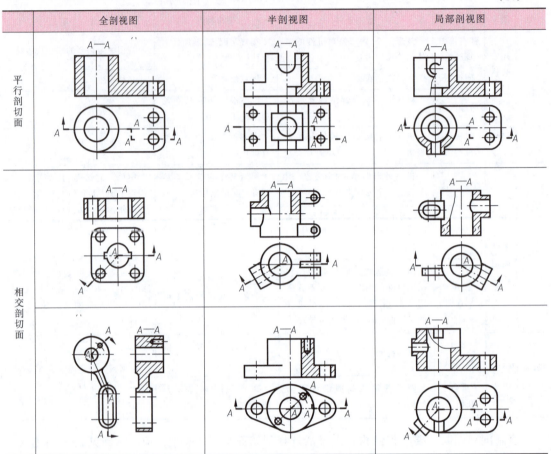

对于复杂的机件，同一个方向可以绘制几个视图表达，这几个图可以选择不同的画法，摆放成不同的方向，如图 6-120b 所示，A—A 是两个侧平面剖开的全剖视图，B—B 是一个

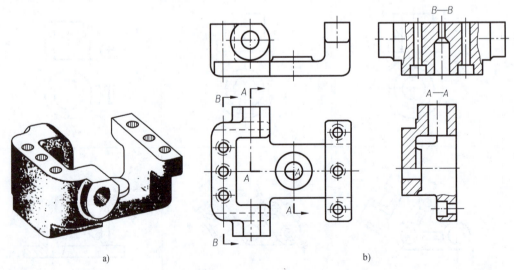

图 6-120 一个方向的几个视图

侧平面剖开的局部剖视图，摆放方向也不同；剖视图中还可以采用局部剖视图，如图6-120b所示 A—A。

6.10.2 根据形体立体图绘制工程图样

前面介绍了各种视图、剖视图、断面图、简化画法等表达方法，在实际应用中，对于具体形体应选择哪些表达方式，则应根据形体的结构形状进行具体分析，原则是使所选择的表达方案能完整、清晰、简明地表示出形体的内外结构形状。选择时，要注意使每个图都具有明确的表达目的，又要注意它们之间的互相联系，同时还要避免细节重复表达，力求简化绘图和方便识图。

选择表达方法时，可以先拟订几个方案，再分析、选定更好的一个方案作为绘图的表达方法。例如根据图 6-121a 所示阀体的立体图，选用合适的表达方法时，可选择多种方案，这里提供了阀体的四种表达方案，如图 6-121b~e 所示，相比四种方案，方案 b 信息过于集中，识图较难，方案 c 主、俯视图与左视图重复表达内孔结构，方案 d 比前两种好，方案 e 更好些。

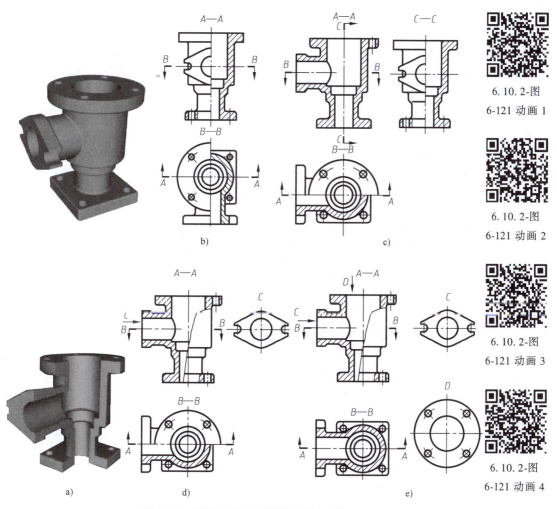

图 6-121 阀体立体图与阀体的表达方案

【示例 6-28】 根据图 6-122 所示泵体的立体图，选用合适的表达方法绘制其图形。

此类任务，要先选择合适的表达方法，再绘制其图形。

分析：分析泵体的形状。泵体的主体是一个带空腔的长圆形柱体（两端是半圆柱，中部是与两端半圆柱相切的长方形体）。这个空腔由三个圆柱孔拼成。主体的前端还有一个凸缘。主体的后面有一 8 字形凸台，凸台上部有同轴圆柱孔，上一孔与主体的空腔相通，空腔的下部有一个不通孔。

图 6-122 泵体的立体图

左右两侧是圆柱，分别有圆柱孔，与主体的空腔相通，底部是一块有凹槽的长方形板，左右有两个圆柱孔。

作图：1）选择适当的表达方法。选用图 6-122 左图右前方为主视图方向。主视图主要用来表达前方外形，且泵体虽是左右对称，但根据这个泵体的形状，将主视图中左右两侧的圆柱和孔画成局部剖视图更好。底板上的两个圆柱孔也可在主视图中用局部剖视表达，只画其中一个就可以了。为进一步表达泵体的宽度尺寸和内部形状，选择左视图，并画成剖视图，用泵体的左右对称面作剖切平面，泵体的许多内部结构的形状都可以显示出来。为了强调左右两侧的圆柱、圆柱孔形状和位置及主体前端凸缘的厚度尺寸，左视图中保留圆柱、圆柱孔的视图而其他采用剖开的局部剖视图。这样泵体的主体及其两侧已表达清楚。另外，后面腰圆形凸台和 8 字形凸台没表示清楚，则选择后视方向的外形视图；底板形状可增加一个仰视方向的局部视图来表达。

2）绘制图形。泵体的图形如图 6-123 所示。

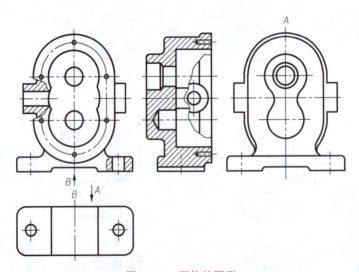

图 6-123 泵体的图形

6.10.3 识图想象形体的空间形状

识读形体的空间形状就是通过识读形体图样想象其空间形状。在识读图形时，首先要分辨每个图形属何种视图,即确定图形的名称。图上没有字母的一般是按基本视图配置位置的图,先确定此类图形的名称,再根据字母和箭头确定其他图的投射方向。其次确定各图形的表达方式,即分辨每个图形是视图、剖视图,还是断面图,属何种剖视、断面,怎样剖开,表达的重点是什么,是否采用了简化画法。分辨方法:没有剖面线的图形一般是视图;若表示投射方向的箭头是斜的,那一定有斜视图,说明机件有倾斜部分。斜视图的图形一般较基本视图要小,多用波浪线或双折线作断裂边界线;如果图形上方有带箭头的弧线,那一定是斜视图。局部视图的图形也较小,但其投射方向的箭头不会是斜的。凡在图中画有剖面线的图形一定是剖视图或断面图,对剖视图或断面图一定要找到它的剖切符号,剖切符号不能在本身图上去找,要到其他图上找。根据剖切符号的形式可辨别剖视图的剖切面形式,依照箭头的方向确定剖视或断面图的投射方向。如果剖视或断面图上方有带箭头的弧线,其投射方向必定倾斜于基本投影面。如果有剖视图而无剖切符号,那必定是符合省略标注的规定,如果有剖切符号而无箭头,那必定符合省略箭头的规定。如果图形中有的地方的画法有异于视图、剖视和断面,那就可能是其他表达法。最后,按部分识读其形状并综合想象整体形状。

【示例 6-29】 读如图 6-124a 所示机件的图样,想象其空间形状。

读图:1)分析图形。这组包含主视图、俯视图、右视图、斜视图。主视图是局部剖视图 A—A,表达左边内部结构和右边前方凸台,其剖切符号画在俯视图中;俯视图中作了两个局部剖视图 D—D、E—E,分别表达两处孔的深度,其剖切符号和箭头分别画在主视图和斜视图 B 中;右视图是全剖视图 C—C,用来表达此处断面结构,其剖切符号和箭头画在主视图中;斜视图 B 是经过转正后画出的,用来表达倾斜结构形状,表示其投射方向的箭头画在俯视图旁。

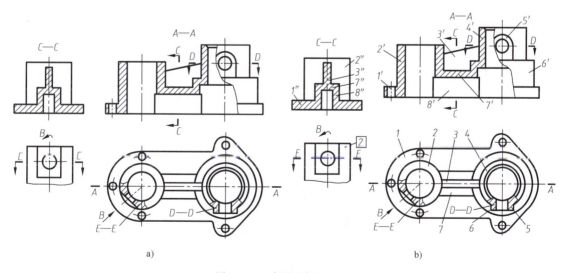

图 6-124 读图示例 6-29 图

2)分析部分结构。主视图可分成八个部分,说明此件由八部分组合,找出各部分的投影,并分别标注,如图 6-124b 所示。想象各部分形状:Ⅰ(1、1′、1″)是长圆形底板,左侧周边有三孔,右边前后各有一突耳,突耳中各有一孔;Ⅱ(2、2′、2″、2)是圆筒,由斜视图 B 和俯视图知其外圆柱左前上部分被加工成平面，平面上有一圆柱通孔；右边 Ⅵ（6、6′）是圆筒，在 Ⅰ 的上方；Ⅳ（4、4′）是圆筒，上方孔口倒角，与圆筒 Ⅵ 共轴线，直径小于圆筒 Ⅵ，在 Ⅵ 的上方；中间 Ⅲ（3、3′、3″）是肋板，在 A—A 图中按不剖处理了，连接圆筒 Ⅱ 与 Ⅳ、Ⅵ；前方 Ⅴ（5、5′）是凸台，中央有一孔，与圆筒 Ⅳ 内孔相通；Ⅶ（7、7′、7″）是平板，连接圆筒 Ⅱ、Ⅵ；Ⅷ（8′、8″）是前后两块平板，在 Ⅶ 的下方，连接圆筒 Ⅱ、Ⅵ，主视图上不画剖面线，是因此处为空。

3) 综合整体结构。平板 Ⅶ、Ⅷ 三块连成一体，中间是空洞，左与圆筒 Ⅱ 相通，右与圆筒 Ⅵ 相通。圆筒 Ⅱ 中的小圆柱孔、Ⅷ 中间空洞、圆筒 Ⅵ 中的小圆柱孔均挖至最底部，因此底板 Ⅰ 中间也为空心。立体图如图 6-125 所示。

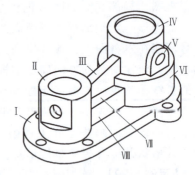

图 6-125　示例 6-29 立体图

【示例 6-30】　识读如图 6-126 所示四通阀的图样，想象其空间形状。

读图：1) 了解图形的数量和各图形的名称（或者观察方向）。四通阀共用了五个图形，根据图形上的字母、位置和图形总体尺寸，可判定视图 B—B 和 A—A 是主要视图，另外三个是辅助视图。先确定主要视图的名称，视图 B—B 是主视图，视图 A—A 是俯视图；再根据标注（字母和箭头）确定辅助视图的名称，视图 C—C 是右视图，视图 D 是俯视图，视图 E—E 为斜视图。

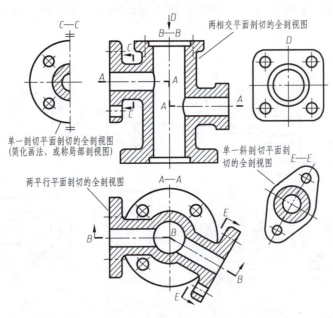

图 6-126　四通阀图形

2) 了解各图形的表达方法。根据标注（剖切符号、字母和箭头）分析各图形详细的剖切平面和剖切位置。视图 B—B 主视图是用两个相交的剖切平面（正平面和铅垂面）剖切的全剖视图；视图 A—A 俯视图是用两个平行的剖切平面（水平面）剖切的全剖视图；视图

$C—C$ 右视图是用一个剖切平面（侧平面）剖切的全剖视图，用了对称表示方法；视图 D 俯视图是局部视图，仅表达最上方形状；"$E—E$" 斜视图是用一个剖切平面（铅垂面）剖切的全剖视图。

3) 分析图形，想象各部分的形状。应用形体分析法，将机件分解成几个部分，先看主要部分，后看次要部分，想象出各部分的形状。根据视图 $B—B$ 主视图可分成上、中、下、左、右五个部分，中间为四通管体，管内有圆柱孔连通，上、下、左、右四个端部各有一个平板（即法兰盘），四个法兰盘形状不同，上端部是方体板（见 D 视图），下端部是圆柱盘（见 $A—A$ 视图），左端部是圆柱盘（见 $C—C$ 视图），右端部是腰圆柱盘（见 $E—E$ 视图），四个法兰盘均有多个小通孔。左右两端部通过圆筒与中间四通管体连接，上、下端部各有止口（即阶梯孔）。

4) 综合归纳，想象整体。整体结构如图 6-127 所示。

图 6-127　四通阀立体图

大国工匠——管延安

管延安，曾担任中交港珠澳大桥岛隧工程Ⅴ工区航修队钳工，参与港珠澳大桥岛隧工程建设，负责沉管二次舾装、管内电气管线、压载水系统等设备的拆装维护以及船机设备的维修保养等工作。18岁起，管延安就开始跟着师傅学习钳工，"干一行、爱一行、钻一行"是他对自己的要求，以主人翁精神去解决每一个问题。通过二十多年的勤学苦练和对工作的专注，一个个细小突破的集成，一件件普通工作的累积，使他精通了錾、削、钻、铰、攻、套、铆、磨、矫正、弯形等各门钳工工艺，因其精湛的操作技艺被誉为中国"深海钳工"第一人，成就了"大国工匠"的传奇，先后荣获全国五一劳动奖章、全国技术能手、全国职业道德建设标兵、全国最美职工、中国质量工匠、齐鲁大工匠等称号。

第 7 章

零件图的绘制与识读

【本章能力目标】 具备一般零件的零件图绘制能力；具备齿轮、弹簧零件图与螺纹规定画法图的绘制能力；具备零件的尺寸与技术要求的标注能力；具备零件图的识读能力。

7.1 零件图的作用与内容

7.1.1 零件图的作用

机器是由零件组成的，零件是机器制造的单元。零件根据是否有国标规定分为标准件、常用件和一般零件，全部参数由国标规定的零件称为标准件，部分参数由国标规定的零件称为常用件。全部参数可根据设计需求自行设计的零件称为一般零件。如图 7-1 所示，构成齿轮泵的零件中，螺栓、螺钉、螺母、垫圈、键、销、滚动轴承为标准件，齿轮、弹簧为常用件，泵体、泵盖、垫片为一般零件。一般零件根据其形状结构特点又可分为轴套类零件、轮盘类零件、叉架类零件和箱体类零件，各类零件的特征后续再介绍。

表达零件的图样称为零件工作图，简称零件图。零件图是生产部门的重要技术文件，它反映了设计者的意图，表达了机器或部件对该零件的要求，同时也考虑了零件的结构与制造的可能性与合理性，是指导零件制造与检验的依据。

7.1.1-图 7-1

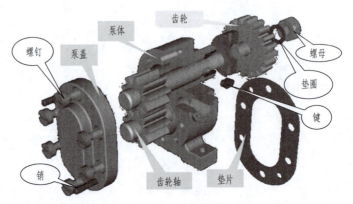

图 7-1 零件分类

7.1.2 零件图的内容

零件图是生产中指导制造和检验该零件的主要图样。它不仅要把零件的内、外结构和大小表达清楚，还需要对零件的材料、加工、检验、测量提出必要的技术要求，因此零件图必须包含制造和检验零件的全部技术资料，故一张零件图一般应包括以下内容，如图 7-2b 所示。

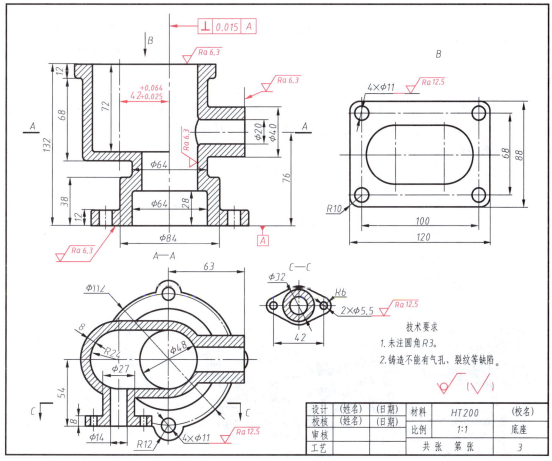

图 7-2 底座立体图与零件图

1. **一组图形** 用于正确、完整、清晰和简便地表达出零件内外形状的图形,其中包括机件的各种表达方法,如视图、剖视图、断面图、局部放大图和简化画法等。

2. **完整的尺寸** 零件图中应正确、完整、清晰、合理地标注出制造零件所需的全部尺寸。

3. **技术要求** 用一些规定的代(符)号、数字、字母和文字注解说明零件制造和检验时在技术指标上应达到的要求。如尺寸公差、表面粗糙度、形状和位置公差、材料和热处理、检验方法以及其他特殊要求等。

4. **标题栏** 标题栏应配置在图框的右下角。填写的内容主要有零件的名称、材料、数量、比例、图样代号以及设计、审核、批准者的姓名、日期等。

7.2 零件表达方案的选择

零件的形状多种多样,其表达方案各不相同,应根据零件的结构特点、加工方法和在机器中的位置,选用适当的表达方案,以最少数量的视图,正确、完整、清晰地表达零件的全部结构形状。此外,还应当考虑读图和绘图简便。一个较好的表达方案,包括零件主视图的选择和视图数量、表达方法的选择。

7.2.1 主视图的选择原则

主视图是表达零件形状最重要的视图,其选择是否合理将直接影响其他视图的选择和看图是否方便,甚至影响到画图时图幅的合理利用。一般来说,零件主视图的选择应满足以下三个原则。

1. **加工位置原则** 加工位置是零件在加工时所处的位置。主视图应尽量表示零件在机床上加工时所处的位置,这样在加工时可以直接进行图物对照,既便于看图和测量尺寸,又可减少差错。如轴套类零件的加工,大部分工序是在车床或磨床上进行,因此通常要按加工位置(即轴线水平放置)画其主视图,如图7-3所示。

2. **工作位置原则** 工作位置是零件在装配体中所处的位置。零件主视图的放置,应尽量与零件在机器或部件中的工作位置一致。这样便于根据装配关系来考虑零件的形状及有关尺寸,便于校对。如图7-4所示的吊钩零件的主视图就是按工作位置选择的。对于工作位置歪斜放置的零件,因为不便于绘图,应将零件放正。

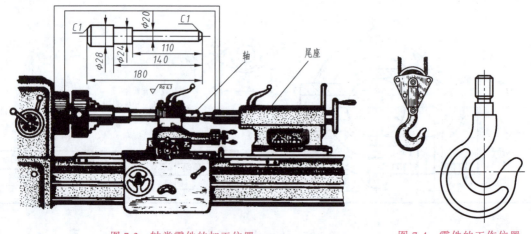

图7-3 轴类零件的加工位置　　　　图7-4 零件的工作位置

3. 形状特征原则　形状特征原则就是将最能反映零件形状特征的方向作为主视图的投影方向，即主视图要较多地反映零件各部分的形状及它们之间的相对位置，以满足表达零件清晰的要求。图 7-5 所示是确定轴承盖主视图投射方向的比较。由图可知，图 7-5b 的表达效果显然比图 7-5c 的表达效果好得多。

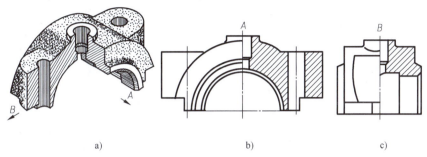

a)　　　　　　　　b)　　　　　　　　c)

图 7-5　确定主视图投射方向的比较

7.2.2　其他视图的选择

一般来讲，仅用一个主视图是不能完全反映零件的结构形状的，必须选择其他视图，因此在主视图确定后，对其表达未尽的部分，再选择其他视图予以完善表达。剖视图、断面图、局部放大图和简化画法等各种表达方法均可选用。具体选用时，应注意以下几点：

1）根据零件的复杂程度及内、外结构形状，全面地考虑还需要的其他视图，使每个所选视图应具有独立存在的意义与明确的表达重点，注意避免不必要的细节重复，在明确表达零件的前提下，使视图数量为最少。

2）优先考虑采用基本视图，当有内部结构时应尽量在基本视图上作剖视；对尚未表达清楚的局部结构和倾斜部分结构，可增加必要的局部视图、局部剖视图和局部放大图；有关的视图应尽量保持直接投影关系，配置在相关视图附近。

3）按照表达零件形状要正确、完整、清晰、简便的要求，进一步综合、比较、调整、完善，选出最佳的表达方案。

7.2.3　典型零件的表达方案

零件种类繁多，按照其结构形状分类，大致可以分为四种类型，即轴套类、轮盘类、叉架类和箱体类。

1. 轴套类零件　轴套类零件即轴类和套类零件，包括各种轴、销、套、筒等圆杆类、圆柱类及圆筒类零件。轴套类零件的主要结构特征是轴向尺寸大于径向尺寸，通常由大小不同的同轴回转体组成，如圆柱体、圆锥体等。轴类零件内部结构主要是实心，如图 7-6a 所示，套类零件内部结构是空心，如图 7-7a 所示。

轴套类零件的加工主要在车床和磨床上进行，其主视图一般按加工位置确定，即主视图为轴线水平横放，同时这也基本符合轴套类零件的工作位置，且能够反映轴套类零件的结构特征。套类零件、空心轴、轴的局部内部结构可采用全剖、半剖或局部剖视的方法表达；对于键槽及其他需补充表达的结构，可用断面图、局部放大图来进一步表达清楚。轴端中心孔也可以用规定的符号和标准代号表示，较长轴可采用折断画法。图 7-6b 所示为轴类零件图，图 7-7b 所示为套类零件图。

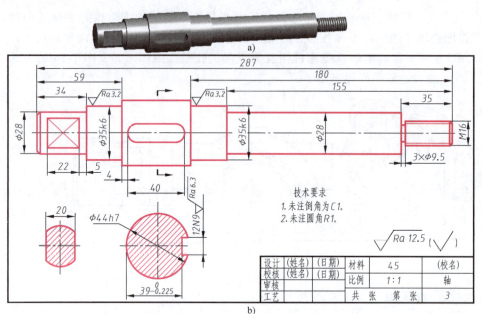

图 7-6 轴类零件立体图与零件图

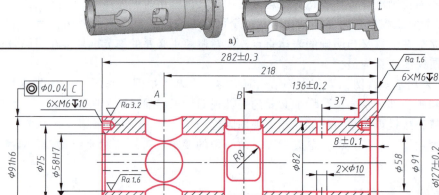

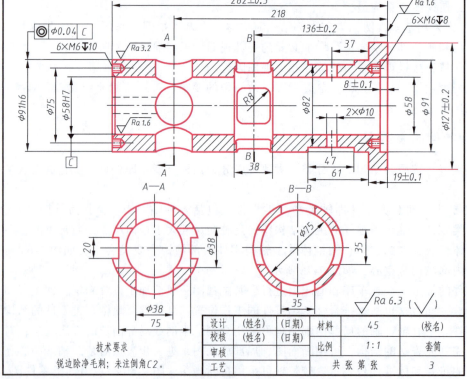

图 7-7 套类零件立体图与零件图

2. 轮盘类零件 轮盘类零件即轮类、盘类和盖类零件，包括齿轮、带轮、手轮、端盖等。轮盘类零件主要结构特征是：轴向尺寸一般小于径向尺寸，其主体结构形状通常由大小不同的同轴回转体组成，在圆周上或配有带轮的槽、或配有齿轮的齿，也有外形或局部外形为矩形的；在径向通常分布有螺孔、光孔、销孔、轮辐等结构；在轴孔中一般有键槽。

轮盘类零件通常用两个视图表达，其主视图一般为轴向剖视图，表达轴向剖面的结构，其左视图反映径向结构，表达外形特征。对于轮齿形状、带槽形状、轮辐断面等及其他需补充表达的结构，可配以断面图、局部视图进一步表达清楚。图7-8所示为端盖图，图7-9所示为右端盖图。

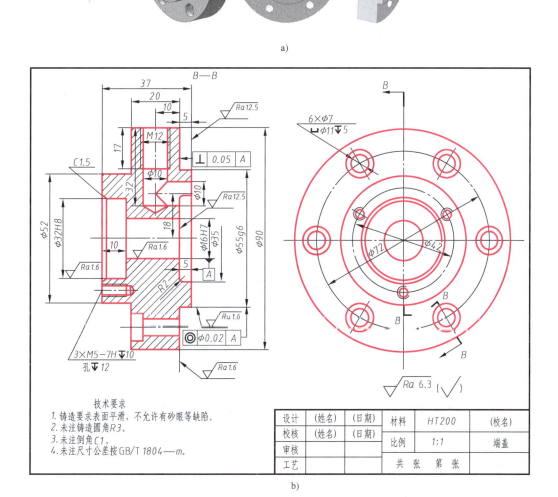

图 7-8 端盖立体图与零件图

7.2.3-图7-9a

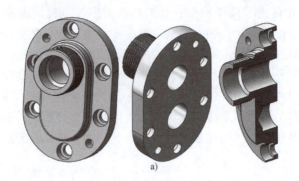

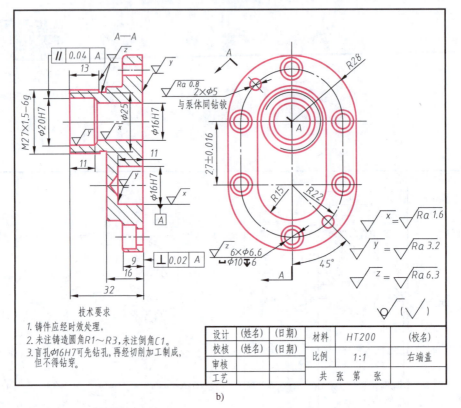

图7-9 右端盖立体图与零件图

3. 叉架类零件 叉架类零件即叉类、架类、连接杆类、拐类等零件。叉架类零件的形状差别较大，结构不规则，外形比较复杂。

叉架类零件的加工工序较多，其主视图一般按工作位置和形状特征原则来确定，当工作位置是倾斜的或不固定时，可将其摆正后画主视图。根据零件的复杂程度来配置其他基本视图，且通常采用局部剖视来表达零件的外形和内形，可配以斜视图、垂直面剖切剖视图和局部剖视图进一步表达。图7-10所示为吊架图，图7-11所示为拨叉图。

4. 箱体类零件 箱体类零件通常是机器或部件中的主要零件，主要对其他零件起包容、支承及定位的作用，结构形状比较复杂，尤其是内部结构复杂。箱体类零件一般包括箱体、箱盖等。箱体类零件通常以底板底面为自身的固定安装面，因此在底板上设置有带有凸台或凹坑的安装孔；在侧板上一般设置有轴承孔，其端面设置有安装轴承端盖的螺栓孔，还有观察孔、加油孔、放油孔、肋板等。

7.2.3-图7-10a

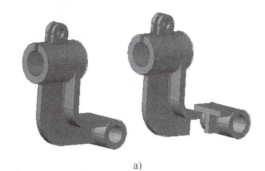

a)

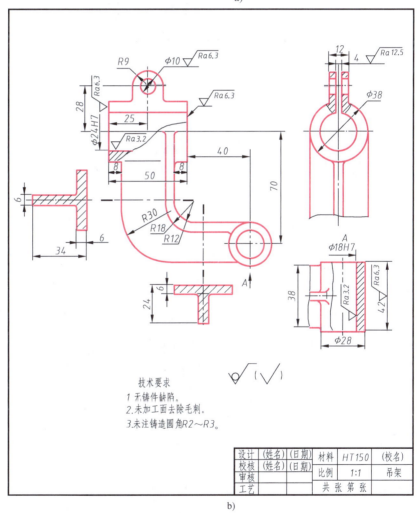

b)

图 7-10 吊架立体图与零件图

箱体类零件加工部位多，其主视图多按形状特征和工作位置确定。其他基本视图配置也较多，且多用各种剖视及不同的剖切方法来表达内外结构，并配局部视图、局部剖视图等进一步表达。如图 7-12 和图 7-13 所示。

7.2.3-图 7-11a

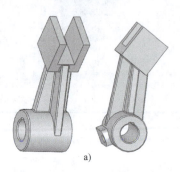

a)

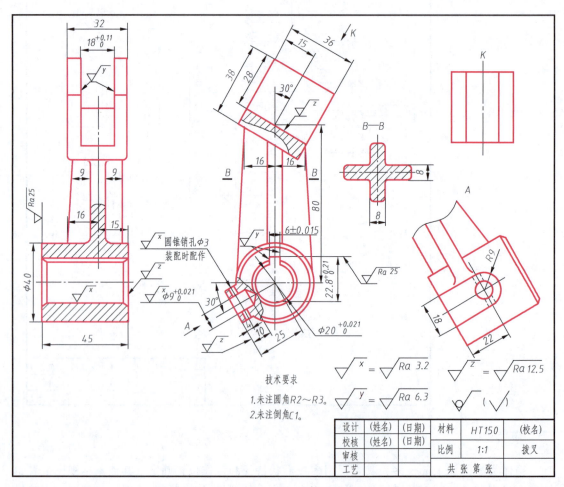

b)

图 7-11 拨叉立体图与零件图

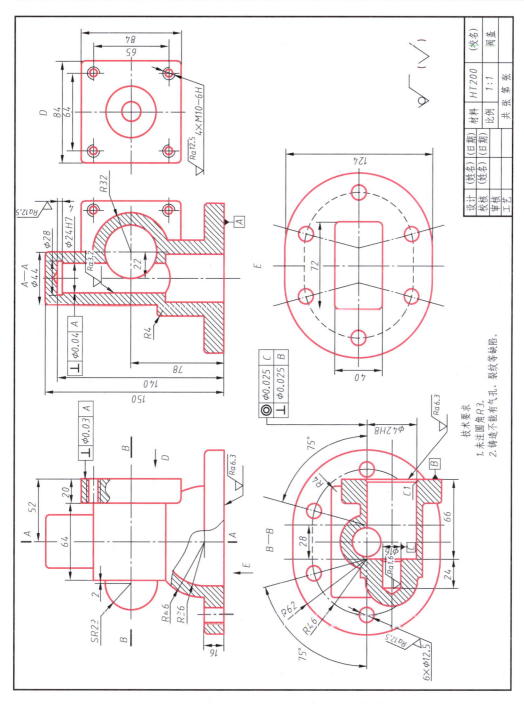

图 7-12 阀盖立体图与零件图

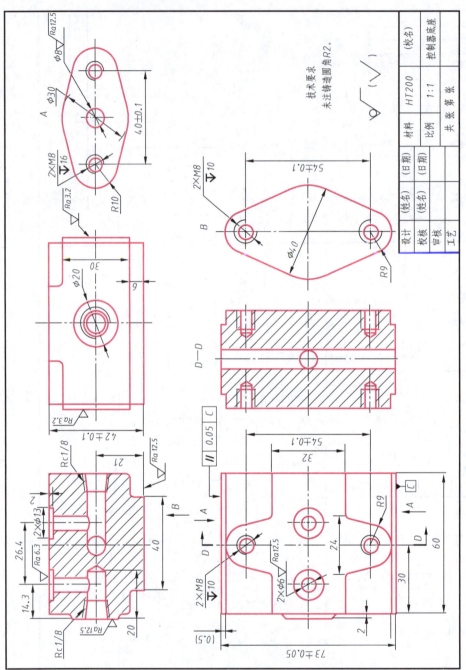

图 7-13 控制器底座立体图与零件图

7.3 零件图中尺寸的合理标注

前述章节已经介绍了标注尺寸的基本规定和标注尺寸的正确性、完整性和清晰性。本节将重点介绍标注尺寸的合理性。所谓尺寸的合理性，就是要求所标注的尺寸既能满足设计要求，又能符合生产实际，便于加工制造及检验，但要做到标注尺寸的合理性要求，需要有相关专业知识和丰富的生产实践经验，本节只简要介绍零件标注合理性的基本知识。

7.3.1 尺寸基准的选择

尺寸基准是标注、测量尺寸的起点，是指零件装配到机器上或在加工测量时，用以确定其位置的一些面、线或点。它可以是零件上对称平面、安装底平面、端面、零件的结合面、主要孔或轴的轴线等。

1. **尺寸基准的分类** 根据基准作用不同，一般将基准分为设计基准和工艺基准。

(1) 设计基准 根据零件结构特点和设计要求而选定的基准，称为设计基准。零件有长、宽、高三个方向，每个方向都要有一个设计基准，该基准又称为主要基准，如图 7-14a 所示。对于轴套类和轮盘类零件，实际设计中经常采用的是轴向基准和径向基准，而不用长、宽、高基准，如图 7-14b 所示。

(2) 工艺基准 在零件加工过程中，为满足加工和测量要求而确定的基准，称为工艺基准。零件同一方向有多个尺寸基准时，主要基准只有一个，其余均为辅助基准，辅助基准必有一个尺寸与主要基准相联系。如图 7-14a 中的 40mm、11mm、30mm，图 7-14b 中的 30mm、90mm。

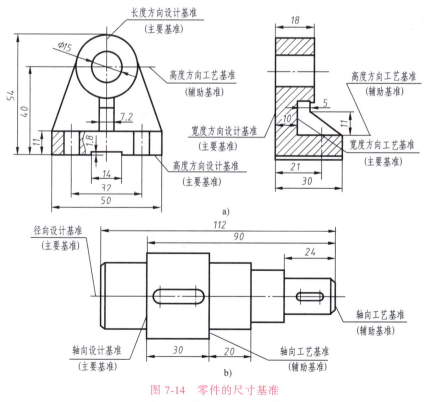

图 7-14 零件的尺寸基准
a) 叉架类零件 b) 轴类零件

2. 选择基准的原则　尽可能使设计基准与工艺基准一致，以减少两个基准不重合而引起的尺寸误差。当设计基准与工艺基准不一致时，应以保证设计要求为主，将主要尺寸从设计基准注出，次要尺寸从工艺基准注出，以便加工和测量。

7.3.2 尺寸标注的注意事项

1. 零件的主要尺寸应直接注出　主要尺寸是指影响零件在机器中的使用性能和安装精度的尺寸。一般为零件的规格尺寸、确定该零件与其他零件相互位置的尺寸、有配合要求的尺寸、连接尺寸和安装尺寸等。主要尺寸通常注有公差，应当直接标出。如图 7-15 所示，尺寸 a 是影响中间滑轮与支架装配的尺寸，所以 a 为主要尺寸，应当直接标注。

2. 避免出现封闭的尺寸链　封闭的尺寸链是指一个零件同一方向上的尺寸像车链一样，一环扣一环首尾相连，成为封闭形状的情况。如图 7-16a 所示，各分段尺寸与总体尺寸间形成封闭的尺寸链，在机器生产中这是不允许的，因为各段尺寸加工不可能绝对准确，总有一定尺寸误差，而各段尺寸误差的和不可能正好等于总体尺寸的误差。为此，在标注尺寸时，应将次要的尺寸空出不注（称为开口环），如图 7-16b 所示。这样，其他各段加工的误差都积累至这个不要求检验的尺寸上，而全长及主要轴段的尺寸则因此得到保证。如需标注开口环的尺寸时，可将其注成参考尺寸。

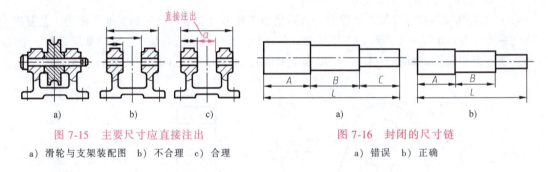

图 7-15　主要尺寸应直接注出
a) 滑轮与支架装配图　b) 不合理　c) 合理

图 7-16　封闭的尺寸链
a) 错误　b) 正确

3. 考虑加工、测量方便　不同加工方法所用尺寸分开标注，便于看图加工，如图 7-17 所示，把车削与铣削所需要的尺寸分开标注。

尺寸标注有多种方案，但要注意所注尺寸是否便于测量，如图 7-18 所示结构，两种不同标注方案中，不便于测量的标注方案是不合理的。

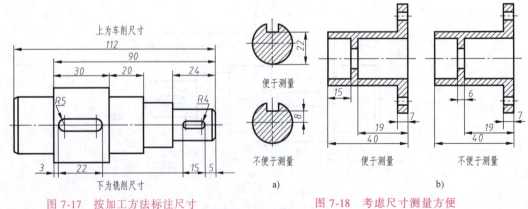

图 7-17　按加工方法标注尺寸

图 7-18　考虑尺寸测量方便
a)　b)

7.4 零件的技术要求

零件图的技术要求有两种表达方式,一种是在图形上标注,如尺寸公差、表面结构要求、几何公差等;另一种是用文字直接在图面上注写出来,如金属材料的热处理和表面处理等。本节简单介绍有关内容。

7.4.1 尺寸公差

由于制造加工的误差、测量的误差,要加工出绝对精确的零件是不可能的。误差就是零件加工出的实际测量尺寸与设计给定尺寸的偏差,所以,加工时,允许零件实际尺寸误差的范围就是尺寸公差。

1. 有关术语及定义

(1) 公称尺寸与极限尺寸　公称尺寸是设计给定的尺寸。极限尺寸是允许尺寸变化的界限值。

(2) 尺寸偏差(简称偏差)　尺寸偏差是某一尺寸(实际尺寸、极限尺寸等)减其公称尺寸所得的代数差,上极限尺寸与公称尺寸的偏差称为上极限偏差;下极限尺寸与公称尺寸的偏差称为下极限偏差。

(3) 尺寸公差(简称公差)　允许尺寸的变动量。公差数值等于上极限尺寸与下极限尺寸的代数差的绝对值。公差越小,零件的尺寸精度越高,实际尺寸允许的变动量也越小;反之,公差越大,尺寸精度越低。

(4) 标准公差　国家标准规定的用于确定公差带大小的尺寸的公差。公差等级是确定尺寸精确程度的等级,国际标准规定标准公差分为20个等级,即IT01、IT0、IT1、…、IT18,IT01公差等级及尺寸精度最高,IT18公差等级及尺寸精度最低。

(5) 公差带图、零线与基本偏差　公差带图是用于表达公差与配合的示意图形;在公差带图中确定偏差位置的一条基准直线称为零线偏差,简称零线。基本偏差是国家标准规定的用于确定公差带相对于零线位置的极限偏差,其系列如图7-19所示,用字母表示。

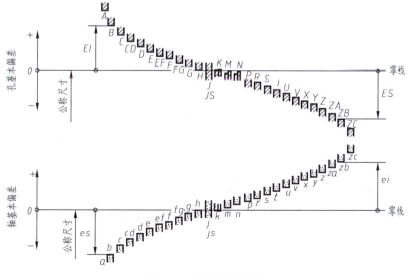

图 7-19　基本偏差系列

（6）公差带代号 由基本偏差代号的字母和公差等级的数字组成，例如基本偏差为 H、公差等级为 8、公称尺寸为 60mm 的孔的公差表示为 φ60H8。

2. 尺寸公差的标注 在零件图上，尺寸公差标注在公称尺寸之后，尺寸公差的标注方法有三种形式：一是只标注公差带代号；二是只标注极限偏差数值；三是既标注公差带代号，又标注极限偏差数值。标注极限偏差数值的字比公称尺寸的字小一号字。三种标注方法与对称公差注法如图 7-20 所示。

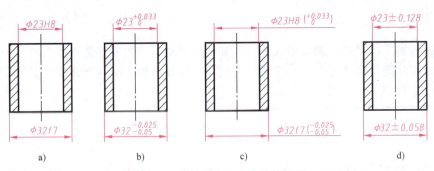

图 7-20 零件图中尺寸公差的标注

a）标注公差带代号 b）标注极限偏差数值 c）综合注法 d）对称公差注法

7.4.2 表面粗糙度

表面结构是指零件表面的几何形貌。但由于篇幅所限，本节只介绍其中的粗糙度。

1. 表面粗糙度的图形符号 如图 7-21a~c 所示，三个符号分别用于"允许任何工艺""去除材料""不去除材料"方法获得的表面的标注。图形符号的画法（含代号的注写）如图 7-21d 所示。图形符号和附加标注的尺寸见表 7-1。

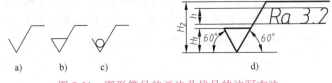

图 7-21 图形符号的画法及代号的注写方法

表 7-1 图形符号与附加标注的尺寸 （单位：mm）

数字和字母高度 h	2.5	3.5	5	7	10	14	20
符号线宽、字母线宽	0.25	0.35	0.5	0.7	1	1.4	2
高度 H_1	3.5	5	7	10	14	20	28
高度 H_2（最小值）[①]	7.5	10.5	15	21	30	42	60

① H_2 取决于标注内容

2. 表面粗糙度的标注 表面粗糙度对每一表面一般只标注一次，并尽可能注在相应的尺寸及其公差的同一视图上。除非另有说明，所标注的表面粗糙度是对完工零件的要求。

（1）表面粗糙度符号、代号的标注位置与方向 总的原则是使表面粗糙度的注写和读取方向与尺寸的注写和读取方向相一致，如图 7-22a 所示。

1）表面粗糙度可标注在轮廓线上，其符号应从材料外指向并接触表面。必要时，表面粗糙度符号也可以用带箭头的指引线引出标注，如图7-22b、c所示，或用带黑点的指引线引出标注，如图7-22d所示。

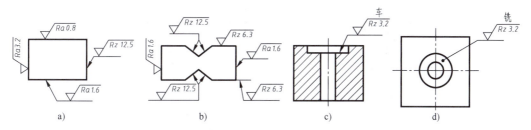

图 7-22　表面粗糙度的注写方向与引出标注

a）注写方向　b）、c）带箭头指引线引出标注　d）带黑点指引线引出标注

2）在不致引起误解时，表面粗糙度可以标注在给出的尺寸线上，如图7-23所示。

3）表面粗糙度可标注在几何公差框格的上方，如图7-24a、b所示。

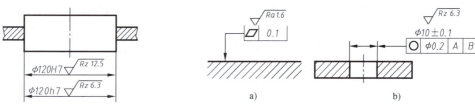

图 7-23　表面粗糙度标注在尺寸线上　　图 7-24　表面粗糙度标注在形位公差框格的上方

4）表面粗糙度可直接标注在轮廓线延长线上或尺寸线延长线上，也可用带箭头的指引线从延长线上引出标注，如图7-25所示。

5）圆柱和棱柱表面的表面粗糙度只标注一次，如图7-25所示 $Rz6.3$。如果每个圆柱和棱柱表面有不同的表面粗糙度，则应分别单独标注，如图7-26所示 $Ra6.3$、$Ra3.2$。

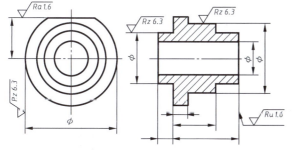 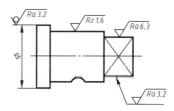

图 7-25　表面粗糙度标注在圆柱特征的延长线上　　图 7-26　圆柱和棱柱表面粗糙度的注法

（2）表面粗糙度的简化注法

1）有相同表面粗糙度的简化注法。如果工件的全部表面粗糙度要求都相同，可将粗糙度要求统一标注在图样标题栏附近。如果在工件的多数表面有相同的表面粗糙度时，可将不同的表面粗糙度直接标注在图形中，如图7-27所示，而将相同的表面粗糙度标注在图样的标题栏附近，并在符号右边绘制圆括号，且在圆括号内给出无任何其他标注的基本符号，如图7-27a所示，或在圆括号内给出已标注了的不同表面粗糙度，如图7-27b所示。

2）多个表面有共同要求的注法。当多个表面具有相同的表面粗糙度或空间有限时可以

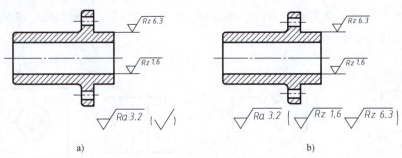

图 7-27 大多数表面有相同表面粗糙度的简化注法

采用简化注法。可用带字母的完整符号，以等式的形式在图形或标题栏附近对有相同表面粗糙度的表面进行标注，如图 7-28 所示。可用基本符号、扩展符号以等式的形式给出共同的表面粗糙度，图 7-29a 所示是未指定工艺方法的标注，图 7-29b 所示是要求去除材料的标注，图 7-29c 所示是不允许去除材料的标注。

3）多种工艺获得同一表面的注法。由两种或多种不同工艺方法获得的同一表面，当需要明确每一种工艺方法的表面粗糙度时，可按如图 7-30 所示进行标注。

4）零件上连续表面及重复要素（孔、槽、齿……）的表面，其表面粗糙度符号只标注一次，如图 7-31 所示。用细实线连接不连续的同一表面，其表面粗糙度符号只标注一次，如图 7-32 所示。

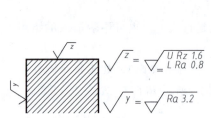

图 7-28 带字母符号的简化注法

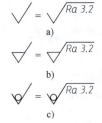

图 7-29 只用表面符号的简化注法

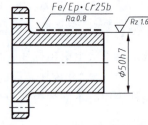

图 7-30 给出镀覆要求的注法

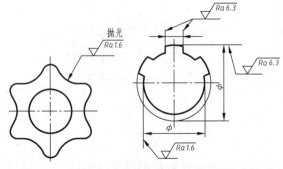

图 7-31 连续表面与重复要素的表面粗糙度的注法

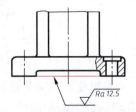

图 7-32 不连续同一表面的注法

7.4.3 几何公差

1. 几何公差概述

（1）基本概念　在生产实际中，经过加工的零件不但会产生尺寸误差，而且会产生形状和位置误差。如果零件存在严重的形状和位置误差，将造成其装配困难，影响机器的质量，因此，对于精度要求较高的零件，除给出尺寸公差外，还应根据设计要求，合理地确定出形状和位置误差的最大允许值。为此，国家标准规定了一项保证零件加工质量的技术指标——几何公差（形状公差和位置公差）。

（2）几何公差的项目及符号　国家标准规定了几何公差，其项目名称与符号见表7-2。

表 7-2　几何公差项目名称与符号

类型	几何特征	符号	有无基准	类型	几何特征	符号	有无基准
形状公差	直线度	—	无	位置公差	线轮廓度	⌒	有
形状公差	平面度	▱	无	位置公差	面轮廓度	⌒	有
形状公差	圆度	○	无	方向公差	平行度	∥	有
形状公差	圆柱度	⌯	无	方向公差	垂直度	⊥	有
形状公差	线轮廓度	⌒	无	方向公差	倾斜度	∠	有
形状公差	面轮廓度	⌒	无	方向公差	线轮廓度	⌒	有
位置公差	位置度	⊕	有或无	方向公差	面轮廓度	⌒	有
位置公差	同轴度	◎	有	跳动公差	圆跳动	↗	有
位置公差	同心度	◎	有	跳动公差	全跳动	⌮	有
位置公差	对称度	═	有				

2. 几何公差的标注

（1）公差框格　在图样中，几何公差应以框格的形式进行标注，其标注内容及框格等的绘制规定如图 7-33 所示（框格、符号的线条粗细与联用字体的笔画宽度相同）。

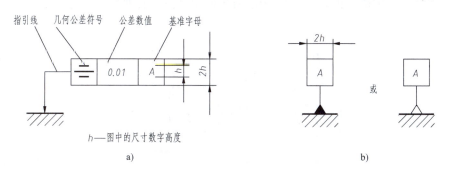

图 7-33　几何公差代号与基准符号
a）几何公差代号　b）基准符号（GB/T 1182—2018）

（2）被测要素　用带箭头的指引线将框格与被测要素相连。当被测要素为轮廓线时，将箭头置于轮廓线或轮廓线的延长线上，但必须与尺寸线明显地分开，如图 7-34 所示；当被测要素为面时,箭头可置于带点的参考线上,该点指向面上,如图 7-35 所示;当被测要素为轴线、中心平面时,则带箭头的指引线应与尺寸线的延长线重合,图 7-36 所示。

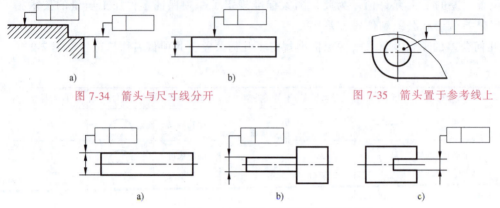

图 7-34　箭头与尺寸线分开　　　　　　图 7-35　箭头置于参考线上

图 7-36　箭头与尺寸线的延长线重合

（3）基准　当基准要素是轮廓线时,基准符号线应置放在要素的外轮廓线上或它的延长线上,但应与尺寸线明显地错开,如图 7-37a 所示;当基准要素是面时,基准符号置于用圆点指向实际面的参考线上,如图 7-37b 所示;当基准要素是轴线或中心平面时,基准符号中的线与尺寸线对齐,如图 7-37c～e 所示。

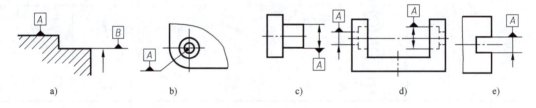

图 7-37　基准符号的标注位置

a）基准符号线与尺寸线错开　b）基准符号置于参考线上　c）、d）、e）基准符号线与尺寸线对齐

3. 几何公差的识读　识读图 7-38 所示的各项几何公差的被测要素与公差项目。

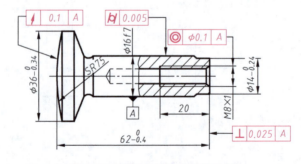

图 7-38　几何公差综合标注示例

读图：⌭ 0.005 表示 $\phi16f7$ 圆柱面的圆柱度公差（形状公差）。

◎ $\phi0.1$ A 表示 M8×1 的轴线对基准 A 的同轴度公差（位置公差）。

基准 A 是 φ16f7 圆柱的轴线。

⊥ 0.025 A 表示右端面对基准 A 的垂直度公差（位置公差）。

↗ 0.1 A 表示左端面对基准 A 的斜向圆跳动公差（位置公差）。

7.4.4 热处理要求

当零件表面有各种热处理要求时，一般可按下述原则标注。

（1）零件表面全部进行某种热处理时，可在技术要求中用文字统一加以说明。

（2）零件表面需局部进行热处理时，可在技术要求中用文字统一加以说明，也可在零件图上标注。需要将零件局部进行热处理或局部镀（涂）覆时应用粗点画线画出其范围并标注相应的尺寸，也可将其要求注在表面粗糙度符号长边的横线上。

7.5 螺纹的画法与标注

7.5.1 螺纹分类与螺纹要素

1. **螺纹分类** 螺纹按所在位置可分外螺纹和内螺纹两种，加工在圆柱或圆锥外表面上的螺纹称外螺纹，加工在圆柱或圆锥内表面上的螺纹称内螺纹，在机床上加工螺纹的方法如图 7-39 所示。螺纹按用途可分联接螺纹和传动螺纹两种，外螺纹和内螺纹成对使用时，将两个零件联接为一个整体的螺纹为联接螺纹；外螺纹和内螺纹成对使用时，在两个零件之间传递螺旋运动的螺纹为传动螺纹。

7.5.1-图 7-39a 车床加工外螺纹

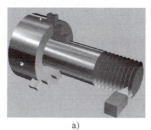

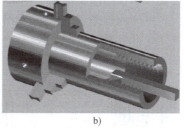

7.5.1-图 7-39b 车床加工内螺纹

图 7-39 在机床上加工螺纹

a）加工外螺纹　b）加工内螺纹

2. **螺纹要素** 螺纹的要素有牙型、直径、线数、螺距和旋向等。在通过螺纹轴线的断面上，螺纹的轮廓形状称为牙型，常见的有三角形、梯形和锯齿形等，如图 7-40 所示。直径有大径（d、D）、中径（d_2、D_2）和小径（d_1、D_1）之分，如图 7-41 所示。公称直径是代表螺纹尺寸的直径，一般是指螺纹大径的尺寸。根据螺纹大径可查阅国家标准找到其中径和小径。螺纹有单线与多线之分。工件表面上沿一条螺旋线所形成的螺纹称单线螺纹；沿两条或两条以上在轴向等距分布的螺旋线所形成的螺纹称多线螺纹，如图 7-42 所示。螺距是指相邻两牙在中径线上对应两点间的轴向距离，导程是指同一条螺旋线上的相邻两牙在中径线上对应两点间的轴向距离，如图 7-42 所示。螺距（P）、导程（Ph）、线数（n）的关系是：$Ph = nP$。螺纹有右旋和左旋两种，如图 7-43 所示，常用螺纹为右旋螺纹。

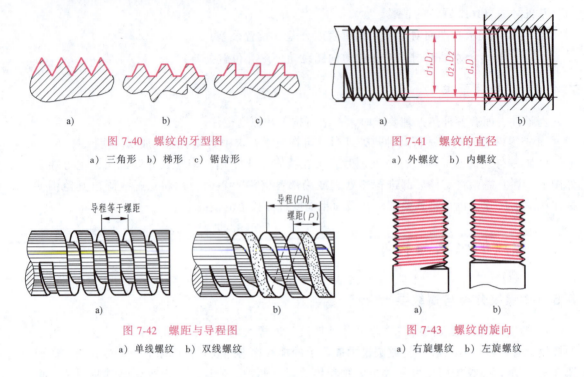

图 7-40　螺纹的牙型图

a) 三角形　b) 梯形　c) 锯齿形

图 7-41　螺纹的直径

a) 外螺纹　b) 内螺纹

图 7-42　螺距与导程图

a) 单线螺纹　b) 双线螺纹

图 7-43　螺纹的旋向

a) 右旋螺纹　b) 左旋螺纹

7.5.2　螺纹画法

1. 外螺纹的画法　在与轴线平行的视图上，外螺纹的大径和螺纹终止线用粗实线表示，小径用细实线表示，表示小径的细实线画进倒角。在与轴线垂直的视图上，表示小径的细实线圆画大约 3/4 圈，且螺纹的倒角省略不画，如图 7-44a 所示。实心外螺纹的主视图画成视图，如图 7-44b 所示，空心外螺纹的主视图画成局部剖视图，如图 7-44c 所示。

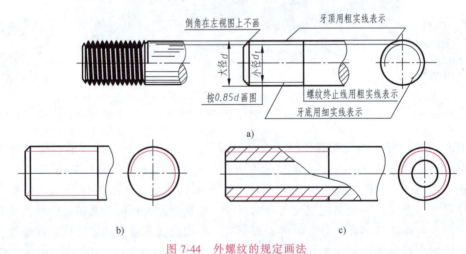

图 7-44　外螺纹的规定画法

2. 内螺纹的画法　内螺纹在与轴线平行的视图上常采用剖视图，小径和螺纹终止线用粗实线表示，大径用细实线表示，剖面线必须画到粗实线。在与轴线垂直的视图上，小径用粗实线圆表示，大径的细实线圆画大约 3/4 圈，且孔口倒角省略不画。如图 7-45a 所示。绘

第7章 零件图的绘制与识读

制不通孔的内螺纹，应将钻孔的深度和螺纹深度分别画出，孔底由钻头钻成的120°的锥面要画出，如图7-45b所示。若螺纹采用不剖画法，大径、小径与螺纹终止线都用细虚线表示，如图7-45c所示。内螺纹相贯画法，如图7-45d所示。

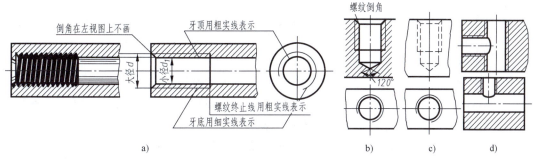

图7-45 内螺纹的规定画法

a) 内螺纹的画法 b) 盲孔的内螺纹画法 c) 螺纹采用不剖的画法 d) 内螺纹相贯画法

3. 圆锥螺纹的规定画法和非标准螺纹的画法　圆锥螺纹的规定画法如图7-46所示。非标准螺纹的画法如图7-47所示。

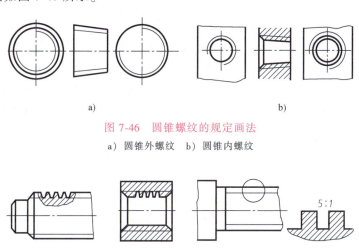

图7-46 圆锥螺纹的规定画法

a) 圆锥外螺纹 b) 圆锥内螺纹

图7-47 非标准螺纹的画法

a) 外螺纹牙型表示法 b) 内螺纹牙型表示法 c) 局部放大图表达牙型

7.5.3 螺纹代号和标记

由于螺纹规定画法不能表示螺纹种类和螺纹要素，因此绘制螺纹图样时，必须按国家标准所规定的格式和相应代号进行标注。

1. 普通螺纹标记　普通螺纹的完整标记规定格式如下。

螺纹特征代号 公称直径×螺距−中径公差带代号 顶径公差带代号−旋合长度代号−旋向代号

表示普通螺纹特征的字母为M，粗牙普通螺纹不标注螺距。LH代表左旋螺纹，右旋螺纹不标注旋向。若属于中等旋合长度，则不标注旋合长度代号。例如，普通细牙内螺纹，大

213

径为16mm，螺距为1mm，左旋，中、顶径公差带为6H，短旋合长度，则表示为M16×1-6H-S-LH。识读时要注意，当没有相应项目时，则为指定项，并非任意选择的含义，例如M16-5g6g表示普通粗牙外螺纹，大径为16mm，右旋，中径公差带为5g，顶径公差带为6g，中等旋合长度。

2. 管螺纹标记　管螺纹分密封的管螺纹和非密封的管螺纹。

密封的管螺纹规定格式：螺纹特征代号 尺寸代号 旋向代号

非密封的管螺纹规定格式：螺纹特征代号 尺寸代号 公差等级代号-旋向代号

（1）螺纹特征代号　55°密封的管螺纹中，圆锥内螺纹用Rc表示、圆柱内螺纹用Rp表示、与圆柱内螺纹相配合的圆锥外螺纹用R_1表示、与圆锥内螺纹相配合的圆锥外螺纹用R_2表示。55°非密封管螺纹的螺纹特征代号用G表示。

（2）尺寸代号　管螺纹的尺寸代号并非螺纹的大径。管螺纹的大径、中径、小径及螺距等具体尺寸，可查阅相关国家标准。

（3）公差等级代号　对非密封的管螺纹，其外螺纹的中径公差等级分A、B两级标记。其余管螺纹公差等级只有一种，故不注此项。

例如：Rp¾表示尺寸代号为¾、右旋、圆柱内螺纹的密封管螺纹；G1½B表示尺寸代号为½，公差等级为B，右旋，圆柱外螺纹的非密封管螺纹。

3. 梯形和锯齿形螺纹标记

格式为：螺纹牙型代号 公称直径×导程（P 螺距）旋向代号-中径公差带-旋合长度代号

梯形螺纹特征代号用Tr表示，锯齿形螺纹特征代号用B表示。例如：Tr36×12（P6）-7H表示公称直径36mm、导程12mm、螺距6mm、双线右旋、中径公差带为7H、中等旋合长度的梯形螺纹。B70×10LH-7e表示公称直径70mm、螺距10mm、单线左旋、中径公差带为7e、中等旋合长度的锯齿形螺纹。

7.5.4　螺纹标注

螺纹标注方法类似直径尺寸标注，尺寸界线必须从大径线上引出，尺寸数值处填写螺纹标记代替直径数值，管螺纹的标记一律标注在尺寸引线上，尺寸引线必须指向大径。螺纹标注示例如图7-48所示，图7-48a所示为普通螺纹标注，图7-48b所示为管螺纹标注，图7-48c所示为梯形螺纹标注，图7-48d所示为锯齿形螺纹标注。

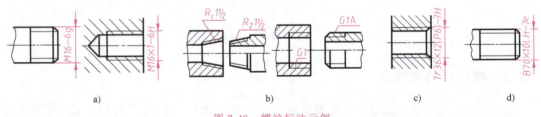

图7-48　螺纹标注示例

a）普通螺纹标注　b）管螺纹标注　c）梯形螺纹标注　d）锯齿形螺纹标注

7.5.5　螺纹表面粗糙度标注

螺纹的工作表面没有画出牙形时，其表面粗糙度代号可按图7-49所示的形式标注。

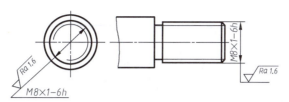

图 7-49　螺纹工作表面粗糙度的注法

7.6　标准件型号与标记

机器上除一般零件外，还会用到螺栓、螺钉、螺母、键、销、齿轮、弹簧等标准件和常用件。由于这些零件用途广、用量大，为了便于批量生产和提高绘图效率，绘图时不必按其真实投影画出，而是根据相应的国家标准所规定的画法、代号和标记进行绘图和标注。

7.6.1　螺纹紧固件的型号及标记

螺纹紧固件种类很多，常用的螺纹紧固件有：螺栓、双头螺柱、螺钉以及螺母、垫圈等。如图 7-50 所示。螺纹紧固件都是标准件，国家标准对它们的机构形式和尺寸大小都做了规定，并制定了不同的标记方法。因此只要知道规定标记，就可以从有关标准中查出它们的结构形式、全部尺寸和技术要求。常用螺纹紧固件的标记见表 7-3。

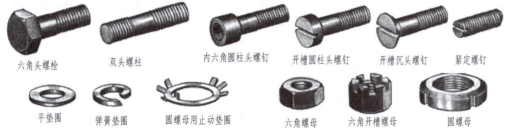

图 7-50　螺纹紧固件

表 7-3　常用螺纹紧固件的标记

名称与国标号	图例	标注示例
六角头螺栓　GB/T 5782—2016		螺栓　GB/T 5782　M12×50
双头螺柱　GB 899—1988		螺柱　GB 899　M12×50
开槽沉头螺钉　GB/T 68—2016		螺钉　GB/T 68　M10×45

（续）

名称与国标号	图例	标注示例
六角螺母 GB/T 6170—2015		螺母 GB/T 6170 M16
平垫圈 GB/T 97.1—2002		垫圈 GB/T 97.1 16

7.6.2 常用键的型号及标记

常用的键有普通平键、半圆键、钩头型楔键、花键等。平键应用最广，有 A 型、B 型和 C 型三种形式，如图 7-51 所示。表 7-4 列出了几种常用键的标准代号、型式和规定标记。

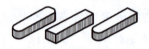

图 7-51 普通平键

表 7-4 常用键及其标记

名称	图例	标记示例
普通平键		$b=8mm$、$h=7mm$、$L=25mm$ 的普通平键（A 型）： GB/T 1096 键 8×7×25
半圆键		$b=6mm$、$h=10mm$、$d_1=25mm$ 的半圆键： GB/T 1099.1 键 6×10×25
钩头型楔键		$b=18mm$、$h=11mm$、$L=100mm$ 的钩头型楔键： GB/T 1565 键 18×100

7.6.3 销的型号及标记

销是标准件，主要用于零件间的联接与定位。常用的销有：圆柱销、圆锥销、开口销等。销的有关标准参看表。表 7-5 为销的种类、型式、标记。

表 7-5 销的种类、型式、标记

名称与标准号	主要尺寸	标记示例
 圆柱销 GB/T 119.1—2000	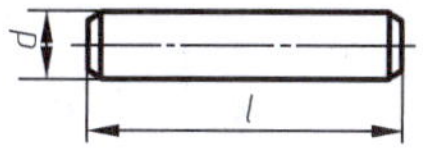	销 GB/T 119.1 $d×l$
 圆锥销 GB/T 117—2000	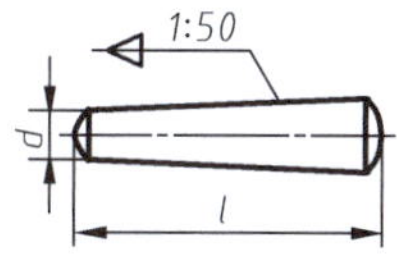	销 GB/T 117 $d×l$
 开口销 GB/T 91—2000	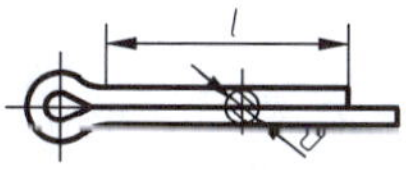	销 GB/T 91 $d×l$

7.6.4 滚动轴承的型号及标记

滚动轴承是标准部件，类型很多，但其结构大体相同，一般由外圈、内圈、滚动体和保持架等零件组成，如图 7-52 所示。滚动轴承广泛运用在各类机器中，用来支承轴。

滚动轴承用代号表示其结构、尺寸、公差等级、技术性能等特征的产品符号，其代号的含义应查阅国家标准。例轴承标记：轴承 6209 GB/T 276—2013 中：6 为类型代号，深沟球轴承；2 为尺寸系列代号；09 为内径代号，$d=45$mm。

7.7 齿轮零件图的绘制

1. **名称和分类** 齿轮是广泛应用于各种机械传动的一种常用件，用来传递动力，改变转速和旋转方向。圆柱齿轮的轮齿有直齿、斜齿、人字齿等，如图 7-53 所示。圆柱齿轮轮齿的各部分名称及代号如下。

齿顶圆：通过轮齿顶端的圆。
齿根圆：通过轮齿根部的圆。
分度圆：齿顶圆与齿根圆之间的定圆，是齿轮尺寸计算的基准。
齿宽：沿齿轮轴线方向测量的轮齿宽度。
模数：模数以 m 表示，是设计、制造齿轮的一个重要参数。不同模数的齿轮要用不同模数的刀具来加工制造。为了便于设计和加工，国家标准规定了齿轮模数的标准数值。

2. **圆柱齿轮的画法** 非轮齿部分按投影画出，轮齿部分按规定画法画出，如图 7-54 所示。在端面视图中，齿顶圆用粗实线，齿根圆用细实线或省略不画，分度圆用点画线画出。另一视图一般是画成全剖视图，而轮齿规定按不剖处理，用粗实线表示齿顶和齿根线，点画线表示分度线；若不画成剖视图，则齿根线可省略不画。

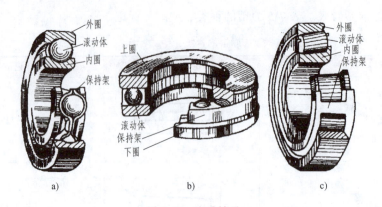

图 7-52 滚动轴承

a) 深沟球轴承 b) 推力球轴承 c) 圆锥滚子轴承

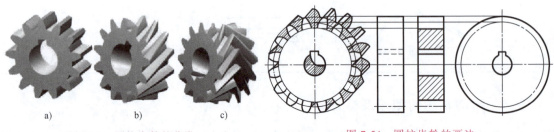

图 7-53 圆柱齿轮的分类

a) 直齿 b) 斜齿 c) 人字齿

图 7-54 圆柱齿轮的画法

当需要表示轮齿为斜齿、人字齿的齿线形状时,主视图一般不取全剖视图,而用局部剖视图,在外形视图上画出三条与齿线方向一致的细实线表示,如图 7-55 所示。图 7-55a 所示为斜齿圆柱齿轮;图 7-55b 所示为人字齿圆柱齿轮。

3. 齿轮表面粗糙度的注法　粗糙度符号标注在分度圆线上,标注如图 7-56 所示。

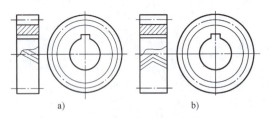

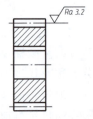

图 7-55 斜齿、人字齿圆柱齿轮的画法

图 7-56 齿轮表面粗糙度的注法

《机械制图》国家标准规定了各种齿轮的图样格式。图 7-57 是按照渐开线圆柱齿轮图样示例绘制的直齿圆柱齿轮零件图。

4. 锥齿轮画法　由于锥齿轮的轮齿分布在圆锥面上,如图 7-58 所示,所以,轮齿的厚度、高度都沿着齿宽的方向逐渐地变化,即其模数是变化的。为了计算和制造方便,规定锥齿轮的大端端面模数 (m_e) 为标准模数,根据大端端面模数来计算其他各部分尺寸。

直齿锥齿轮零件图的规定画法:主视图取剖视,轮齿仍按不剖处理。端面视图规定用粗实线画出大端和小端的顶圆,用点画线画出大端的分度圆。大、小端根圆及小端分度圆均不

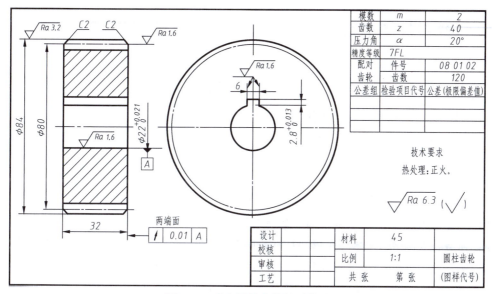

图 7-57 直齿圆柱齿轮的零件图

画出。除轮齿按上述规定画法外，齿轮其余各部分均按实际结构的投影绘制。锥齿轮的画图步骤如图 7-59 所示。

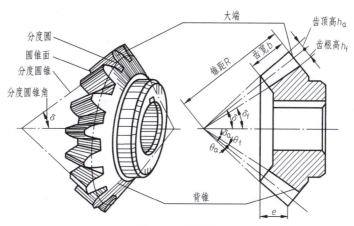

图 7-58 锥齿轮

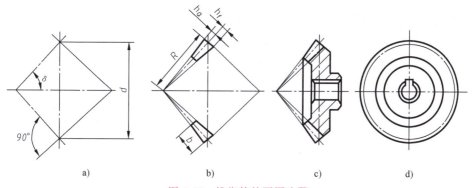

图 7-59 锥齿轮的画图步骤

7.8 弹簧零件图的绘制

1. 弹簧各部分名称　弹簧是一种在机械中广泛地用来减振、夹紧、储存能量和测力的零件，如图7-60所示。弹簧的种类很多，本节仅介绍圆柱螺旋压缩弹簧的各部分名称、尺寸关系及其画法。圆柱螺旋压缩弹簧各部分名称如下。

（1）线径 d　制造弹簧用的型材直径。

（2）弹簧直径　弹簧外径 D_2（最大直径）、弹簧内径 D_1（最小直径）、弹簧中径 D。

（3）节距 t　相邻两有效圈轴向的距离。

（4）弹簧圈数

1）弹簧支承圈数 n_2。弹簧两端并紧磨平的各圈起支承作用，称支承圈。

2）弹簧有效圈数 n。参与变形并具有相同节距的圈数。

3）弹簧总圈数 n_1。支承圈数与有效圈数之和。

（5）弹簧的自由高度 H_0　弹簧不受外力时的高度，$H_0 = nt + (n_2 - 0.5)d$。

2. 圆柱螺旋压缩弹簧的规定画法　圆柱螺旋压缩弹簧的规定画法如图7-61所示，作图步骤如图7-62所示。

图7-60　圆柱螺旋压缩弹簧

a) 压缩弹簧　b) 拉伸弹簧　c) 扭转弹簧

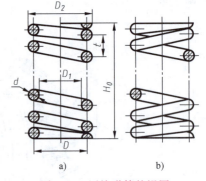

图7-61　压缩弹簧的视图

a) 剖视图　b) 视图

画图时，应注意以下几点：可画成视图、剖视图或示意图。

1）圆柱在平行于轴线的投影面上的图形，其各圈的外形轮廓应画成直线。

2）螺旋弹簧均可画成右旋，对必须保证的旋向要求应在"技术要求"中注明。

3）如要求螺旋压缩弹簧两端并紧且磨平时，不论支撑圈圈数多少和末端贴紧情况，均按图7-61（有效圈是整数，支撑圈为2.5圈）的形式绘制，必要时也可按支撑圈实际结构绘制。

4）有效圈数在4圈以上的螺旋弹簧，允许每端只画2圈（不包括支承圈），中间各圈可省略不画，只画通过簧丝剖面中心的两条点画线。当中间部分省略后可适当地缩短图形的长度。

国家标准规定弹簧的参数应直接标注在图形上，当直接标注有困难时可在"技术要求"中说明；一般用图解方式表示弹簧的特性。圆柱螺旋压缩（拉伸）弹簧的机械性能曲线均画成直线,标注在主视图上方。图 7-63 为圆柱螺旋压缩弹簧的一种图样格式。

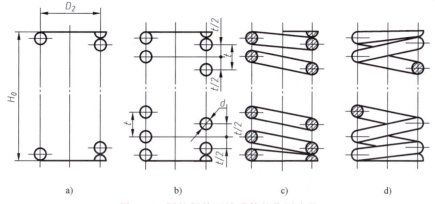

图 7-62　圆柱螺旋压缩弹簧的作图步骤

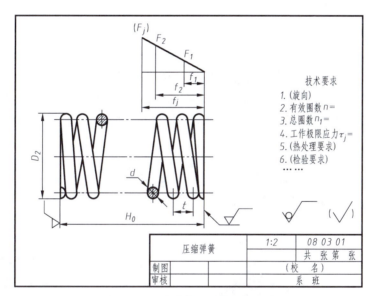

图 7-63　压缩弹簧的零件图样格式

7.9　零件的工艺结构与过渡线

零件所拥有的基本特征就是它的结构形状,零件的基本几何形状是根据对零件的使用要求设计确定的,而要使零件能够被制作出来,其结构形状还必须满足加工、测量、装配等一系列工艺要求,应使零件具有合理的工艺结构。零件上为满足工艺需要而设计的结构形状称为零件的工艺结构。

7.9.1　零件上的铸造工艺结构

1. 起模斜度　在铸造零件毛坯时,先要在砂箱中用木模型制作出空腔砂型,然后将金属熔化后浇注进砂型中的空腔,待冷却后形成零件的毛坯。在制造木模型时,为了便于在制作砂型时能够将木模型顺利地从砂型中取出，木模型的内外壁上沿起模方向通常做成一定的角度，因而在零件毛坯浇铸成形后，就会形成有一定斜度的内外表面。这样形成的表面的斜度就是起模斜度，如图7-64a~c所示。起模斜度通常为1:20，铸件的起模斜度在图中可不画出、不标注，如图7-64d所示，必要时可在技术要求或图形中注出。

2. 铸造圆角　为了便于制作砂型时木模起模，也为了防止金属液冲坏转角处，造成砂眼、夹砂等缺陷，同时防止冷却时产生缩孔和裂缝，将铸件毛坯的转角处制成圆角。此种圆角称为铸造圆角。如图7-64b~e所示。画零件图时，毛坯面的转角处都应画成圆角。铸造圆角一般不予标注，通常注写在技术要求中。

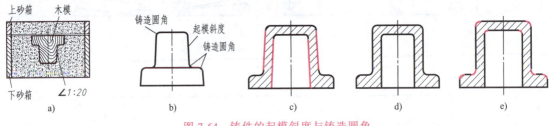

图7-64　铸件的起模斜度与铸造圆角

3. 过渡线　由于铸件毛坯转角处制成圆角，其面与面的交线变得不清晰、不明显，为了便于看图，原交线仍要画出，但交线两端空出不与轮廓线圆角相交，这种交线称为过渡线。过渡线用细实线画出。常见过渡线的画法如图7-65所示。

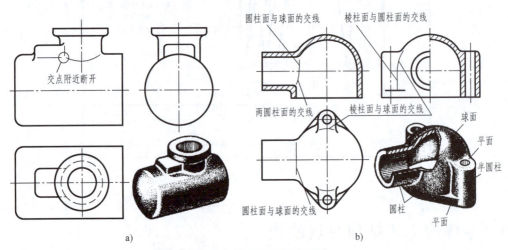

图7-65　常见过渡线的画法

7.9.2　零件上的机械加工工艺结构

1. 倒角和圆角　为了安全、便于装配、保护零件表面不受损伤，常在轴或孔端部等处加工成圆角或倒角；为了避免应力集中产生裂纹，在轴肩处往往加工成圆角。45°倒角一般按"C倒角宽度"标出，特殊情况下30°或60°倒角分别标注宽度和角度，如图7-66所示。

2. 退刀槽和砂轮越程槽　为了在车削螺纹、磨削表面时能够容易地退出刀具，常在零件表面预先加工出退刀槽或砂轮越程槽，如图7-67a所示；退刀槽或砂轮越程槽尺寸标注方

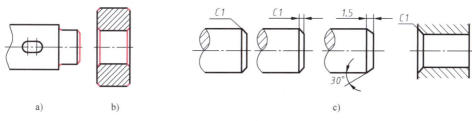

图 7-66　倒角与圆角

a）轴的倒角和圆角　b）孔的倒角　c）标注示例

法如图 7-67b、c 所示，一般按"槽宽×直径"或"槽宽×槽深"标注。

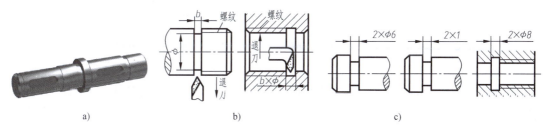

图 7-67　退刀槽与砂轮越程槽

a）立体图　b）退刀槽　c）标注示例

3. 钻孔　钻削盲孔时，加工孔的钻头将会在孔的底部留下 120°的锥角，钻孔深度尺寸不包括锥角。钻削阶梯孔时，在大小孔过渡处钻头留有 120°锥角的圆台，其钻孔深度尺寸不包括该圆台，如图 7-68 所示。

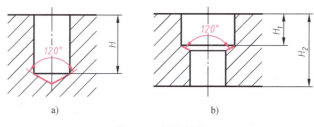

图 7-68　钻孔结构

7.10　零件图中的简化画法与简化尺寸标注法

7.10.1　零件图中的简化画法

1. 滚花或网状结构　机件上的滚花或网状结构，可在轮廓线附近用粗实线示意画出或不画，并在零件图或技术要求中注明这些结构的具体要求，如图 7-69 所示。

2. 均匀分布结构　均匀分布的结构可以仅画出一

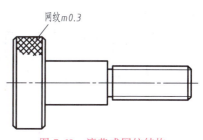

图 7-69　滚花或网纹结构

个或几个，其余用细点画线或"+"表示其中心位置，并注明孔的数量与"EQS"，如图 7-70b 所示（简化前如图 7-70a 所示）。

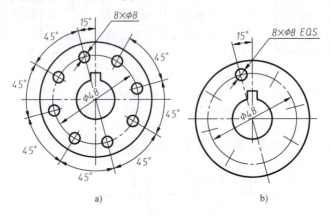

图 7-70　均匀分布的结构

3. 法兰盘　圆柱形法兰盘及与其类似的机件上均匀分布的孔，可按图 7-71c 所示的方法绘制。

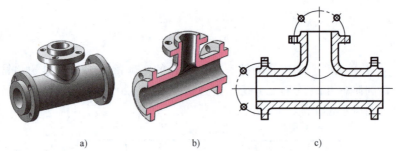

图 7-71　圆柱形法兰上孔的简化画法

7.10.2　零件图中的简化尺寸标注法

1）尺寸数字前面的符号用于区分不同类型的尺寸，可能使用的符号和缩写词见表 7-6。

表 7-6　标注尺寸的符号及缩写词

名称	45°倒角	深度	厚度	埋头孔	沉孔或锪平
符号	C	↓	t	∨	⊔

2）尺寸相同的重复要素可仅在一个要素上注出数量和尺寸，如图 7-72 所示。

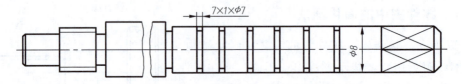

图 7-72　尺寸相同的重复要素

说明：图中 7 是尺寸相同的槽的数量，1 是槽宽，φ7 是槽的底径。

3）可采用带箭头的指引线，见表 7-7 第 1 组；也可采用不带箭头的指引线，见表 7-7 第 2 组；一组同心圆、圆弧可用共同的尺寸线和箭头表示，见表 7-7 所示后 3 组。

表 7-7　简化标注法

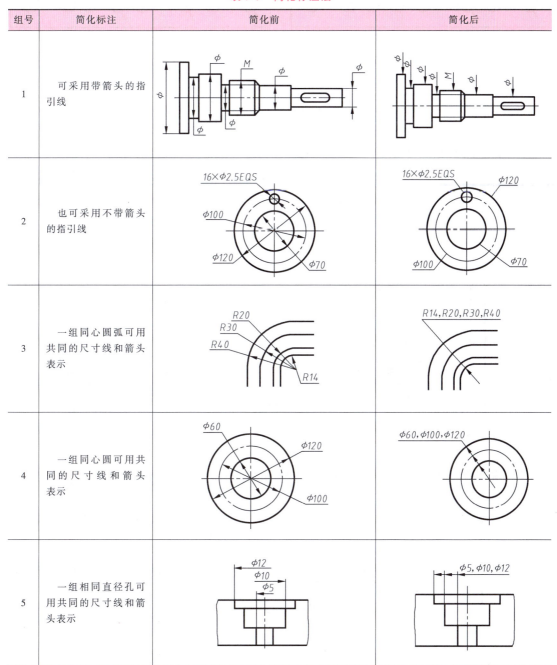

4）当有几个尺寸数值相近又重复的要素时可用标记来区分，如图 7-73 所示。两个形状相同但尺寸不同的要素可共用一张图，但应将另一个要素的名称与尺寸列入括号中，如图 7-74 所示。同类型的要素可采用表格绘制，如图 7-75 所示。

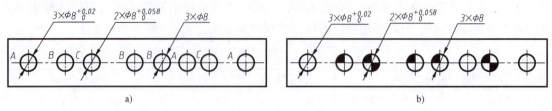

图 7-73 重复的要素

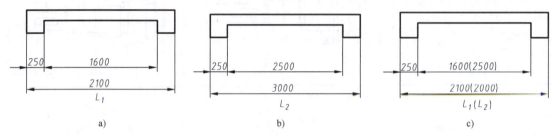

图 7-74 两个形状相同但尺寸不同的要素

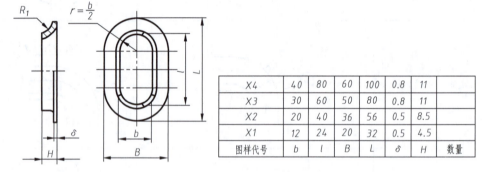

图样代号	b	l	B	L	δ	H	数量
X1	12	24	20	32	0.5	4.5	
X2	20	40	36	56	0.5	8.5	
X3	30	60	50	80	0.8	11	
X4	40	80	60	100	0.8	11	

图 7-75 同类型的要素

5) 常见结构要素的尺寸注法。零件上常见结构要素的尺寸注法见表 7-8。

表 7-8 常见结构要素的尺寸注法

类型		标注方法	标注内容
光孔	一般孔		4 个直径为 5mm、深度为 10mm 的光孔。孔深尺寸可与孔径连注,也可以分开注出
	精加工孔		4 个光孔,直径为 5mm,深度为 12mm,钻孔后需精加工至 $\phi 5^{+0.012}_{0}$,深度为 10mm

（续）

类型		标注方法	标注内容
光孔	锥销孔		装配圆锥销的锥销孔，其圆锥销的小头直径为5mm。安装圆锥销的目的是为两个相邻零件进行定位，相邻两零件的同位锥销孔应一起加工，因而注出"配作"
螺孔	通孔		3个公称直径为6mm的普通螺纹的螺纹孔，其中径与顶径公差的代号都为6H
	不通孔		3个公称直径为6mm的普通螺纹的螺纹孔，螺孔的深度为10mm，深度可与直径连注，也可分开注出
	一般孔		3个公称直径为6mm的普通螺纹的螺纹孔，需要注出钻孔深度时，应明确标注孔深尺寸
沉孔	锥形沉孔		6个直径为7mm的光孔，锥形沉孔的直径为13mm，锥角为90°。"∨"为埋头孔符号。沉孔尺寸可以旁注，也可以直接注出
	柱形沉孔		4个直径为6.6mm的光孔，柱形沉孔的直径为11mm，深度为6.8mm。"⌴"为沉孔和锪孔符号
锪孔	锪平面		4个直径为7mm的光孔，一般用于安装螺栓等，孔顶部的端面应锪平。锪孔直径为16，深度无需标注

7.11 零件图的识读

7.11.1 识读零件图的目的

识读零件图的主要目的是：对零件有一个概括的了解，如名称、材料等；根据给出的视图，想象出零件的形状；明确零件的作用及各部分的功能；识读零件图的尺寸，分析出各方向尺寸的主要基准；明确制造零件的主要技术要求，如表面粗糙度、尺寸公差、几何公差、热处理及表面处理等。

7.11.2 识读零件图的方法和步骤

识读零件图的方法没有一个固定不变的程序。对于较简单的零件图，泛泛地识读，就能想象出物体的形状及明确其精度要求。对于较复杂的零件，则需要通过深入分析，由整体到局部，再由局部到整体反复推敲，最后才能搞清其结构和精度要求。一般而言应按下述步骤去识读一张零件图。

1. 看标题栏 看一张图，首先从标题栏入手，标题栏内列出了零件的名称、材料、比例等信息，从标题栏可以得到一些有关零件的概括信息。

2. 明确视图关系 所谓视图关系，即视图表达方法和各视图之间的投影联系。

3. 分析视图，想象零件结构形状 从学习识读机械图来说，分析视图、想象零件的结构形状是最关键的一步。看图时，仍采用前述组合体的看图方法，对零件进行形体分析、线面分析。由组成零件的基本形体入手，由大到小，从整体到局部，逐步想象出物体结构形状。想象出基本形体之后，再深入到细部，这一点一定要引起高度重视。初学者往往被某些不易看懂的细节所困扰，这是抓不住整体造成的后果。

4. 看尺寸，分析尺寸基准 分析零件图上尺寸的目的，是识别和判断哪些尺寸是主要尺寸，各方向的主要尺寸基准是什么，明确零件各组成部分的定形、定位尺寸。

5. 看技术要求 技术要求主要有表面粗糙度、尺寸公差、几何公差及文字说明的加工、制造、检验等要求。这些是制定加工工艺、组织生产的重要依据，要深入分析理解。

7.11.3 识读零件图示例

【示例7-1】 识读如图7-76所示零件图。

读图：(1) 读标题栏 该零件名称是支架，材料为HT200，比例为2∶1。

(2) 分析视图 图中共有五个图形：三个基本视图、一个局部视图 D 和一个移出断面图。主视图是表达前方外形的视图；俯视图 C—C 是用水平面剖切的全剖视图；左视图 A—A 是用两个平行的侧平面剖切的全剖视图；局部视图 D 是按向视图配置的局部俯视图，表达最上部分的局部结构；移出断面图画在剖切线的延长线上，表示肋板的剖面形状与厚度。先根据主视图将支架分成五个部分，从上到下依次为上部凸台、圆筒、中部支承板、肋板和下部底板，从主视图上可以看出它们的主要结构形状与各部分之间的相对位置；从俯视图可以看出底板（含槽）的形状与支承板间的相对位置；局部视图 D 表达出带有螺孔的凸台形状；全剖左视图表达了肋板形状与相对位置、各部分的宽度尺寸与孔的深度，凸台的螺

第7章 零件图的绘制与识读

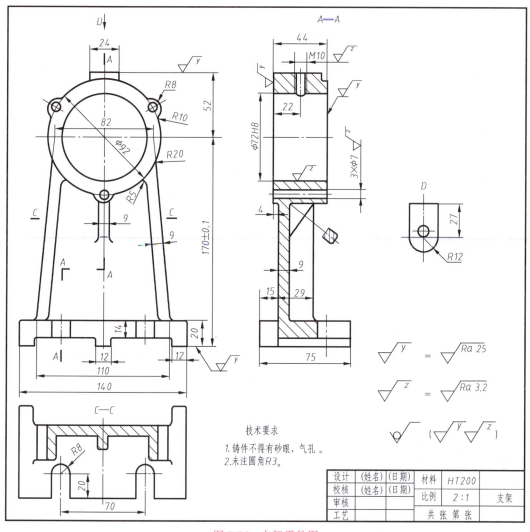

图 7-76 支架零件图

孔为通孔，圆筒及其周围分布的三个小孔都为通孔。综上所述，则整个支架的立体图如图 7-77 所示。

（3）分析尺寸 其长度方向尺寸以左右对称面为主要基准，标注出总长尺寸 140mm，槽的定位尺寸 70mm，还有尺寸 110mm、12mm、9mm、82mm、24mm 等；宽度方向尺寸以圆筒后端面为主要基准，标注出圆筒宽度 44mm，支承板定位尺寸 4mm，螺纹孔定位尺寸 22mm 等；高度方向尺寸以底板的底面为主要基准，标注出支架的中心高（170±0.1）mm，底板高 20mm 等，其他各组成部分的定位尺寸、定形尺寸读者可自行分析。

（4）分析技术要求 圆筒内孔直径 ϕ72mm 的中

7.11.3-图 7-77

图 7-77 支架的立体图

心高（170±0.1）mm、圆筒内孔直径 φ72H8 注出了公差带代号，它们都是支架的主要尺寸，高（170±0.1）mm 是影响工作性能的定位尺寸，圆筒孔径 φ72H8 是配合尺寸。φ72H8 孔表面属于配合面，表面精度要求较高，表面粗糙度 Ra 值为 3.2μm，其他各表面表面粗糙度可自行分析。铸件不得有砂眼、气孔。

【示例 7-2】 读如图 7-78 所示零件图，想象出空间结构，并回答下列问题。

1）该零件的名称是什么？零件的材料是什么？主视图采用了什么表达方法？

2）零件的尺寸基准是什么？零件的总高度是多少？零件底部凹坑的深度是多少？直径是多少？

3）左端面有几个螺纹孔？公称直径是多少？其高度方向的定位尺寸是多少？

4）主要尺寸有哪些？零件底面的表面粗糙度值是多少？表面精度要求最高的面是哪一个面？

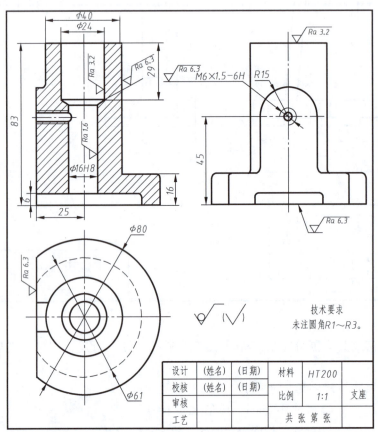

图 7-78　支座零件图

读图：1）读标题栏可知该零件的名称是**支座**，零件的材料是 **HT200**。读视图，图中共有主视图、俯视图、左视图三个基本视图，主视图是用正平面从前后对称面剖切的**全剖视图**，俯视图与左视图是表达外形的视图。主视图表达了主要结构与高度尺寸，上部分外部为

图 7-79　支座立体图

7.11.3-图 7-79

圆柱，内部结构有圆柱孔，左端有螺纹孔；俯视图主要表达底部外部为圆柱、内部凹坑为圆柱孔；左视图表达左部结构形状。由三个视图可想象空间结构如图 7-79 所示。

2）读尺寸，从主、左视图上可知零件的高度方向基准为 底部水平面，长度方向基准为 圆柱轴心线，宽度方向基准为 前后对称面。零件的总高度为 83mm。从主视图上可知零件底部凹坑的深度为 6mm，从俯视图上可知凹坑的直径为 φ61mm。

3）在左视图上识读螺纹图形与标记 M6 可知零件左端面有 1 个螺纹孔，公称直径是 6mm，其高度方向的定位尺寸为 45mm。

4）读技术要求知除螺纹标记外有公差代号的尺寸还有一个，故主要尺寸有 φ16H8；零件底面的表面粗糙度值标注在左视图上，是 $Ra6.3\mu m$；表面粗糙度值最小的是 $Ra1.6\mu m$，故表面精度要求最高的面是 φ16H8 的圆柱面。

【示例 7-3】 读如图 7-80 所示零件图，想象出空间结构，并回答下列问题。

1）零件最上面的形状是什么？零件最前面的形状是什么？零件最左面的形状是什么？（从后面项选择：平面/圆柱面/圆锥面/球面）。

2）零件上共有几个孔？其中通孔有几个？有没有轴心线为铅垂线的圆柱孔？

3）左视图上有一组同心圆，其中小圆的直径尺寸是多少？

4）主要尺寸有哪些？最前表面的表面粗糙度值是多少？最上表面需要机械加工吗？

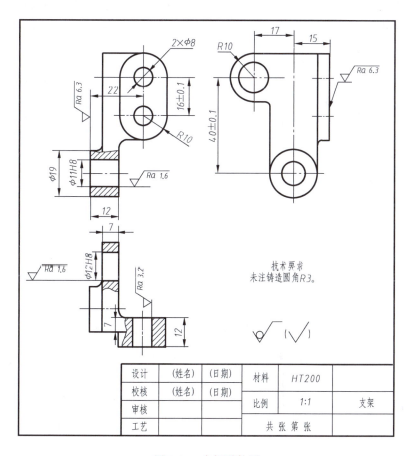

图 7-80 支架零件图

读图：1）读视图，图中共有主视图、俯视图、左视图三个基本视图，主视图是用正平面剖切的局部剖视图，剖视图部分表达孔为通孔；俯视图是两处分别用水平面剖切的局部剖视图，剖视图部分表达孔为通孔；左视图是表达外形的视图。由左视图可将零件分成主板、前上部凸台、左下部凸台三个部分，主板结构形状特征由左视图表达，前上部凸台形状特征由主视图表达，左下部凸台是圆筒，想象空间结构如图7-81所示。由此可知，零件最上面的形状是平面，零件最前面的形状是平面，零件最左面的形状是平面。

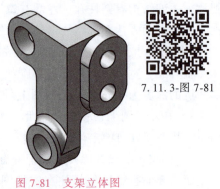

图7-81 支架立体图

零件上共有 4 个孔，其中通孔有 4 个，没有轴线为铅垂线的圆柱孔。

2）读尺寸，左视图上同心圆的直径尺寸标注在主视图上，小圆的直径尺寸是 $\phi 11H8$。

3）读技术要求知除螺纹标记外有公差代号的尺寸有四个，故主要尺寸有 $\phi 11H8$、$\phi 12H8$、(16 ± 0.1)mm、(40 ± 0.1)mm；由左视图可知最前表面的表面粗糙度值是 $Ra 6.3 \mu m$；最上表面的表面粗糙度值在图上没有标注，则属于标题栏上方标注的其余项，其余为不需要机械加工面，故最上表面不需要机械加工。

【示例7-4】 读如图7-82所示零件图，想象出空间结构，并回答下列问题。

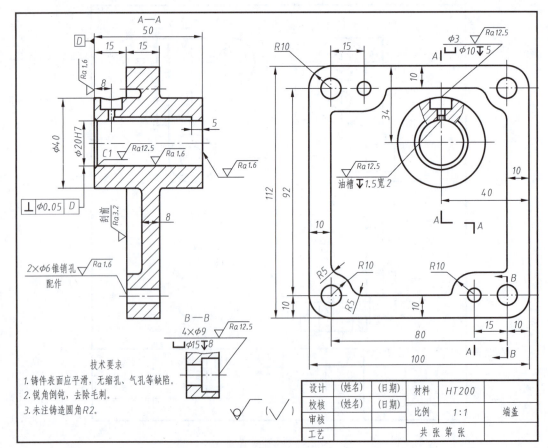

图7-82 端盖零件图

1）共几个图形？分别是什么视图？A—A 是几个平面剖切的全剖视图？

2）零件外围形状是什么？中间左边凸台形状是什么？（选择：圆柱/长方体/球）

3）零件总长尺寸是多少？总高尺寸是多少？左视图中间那个大圆的直径是多少？

4）左视图周围四个相同圆的直径是多少？孔深度为多少？上下有两个相同的小圆，直径是多少？这两个小孔应该什么时间加工？

5）⊥ ⌀0.05 D 的被测要素是什么？基准 D 是指什么要素？

读图：1）读视图，图中共有主视图、左视图、B—B 局部视图三个图形。主视图是用两个正平面剖切的全剖视图；左视图是局部剖视图，表达油槽的宽度；局部视图是全剖视图，表达周边四个孔的结构与深度。可根据左视图将零件分成外围结构、中间凸台两个部分，通过主、左视图可知外围结构基本体是长方体，左端中间去掉一个近长方体，周边有两类圆柱孔；从主视图可知两个销孔为通孔，从 B—B 局部视图可知周边四个孔为阶梯孔。从主视图可知中间为相同形状的左、右凸台，通过主、左视图可知左右凸台基本体是圆筒，内上壁有长方体方槽，左上方有阶梯孔。想象空间结构如图 7-83 所示。因此，共 3 个图形，分别是主视图、左视图、局部视图，A—A 是 2 个平面剖切的全剖视图；零件外围形状是长方体，中间左边凸台形状是圆柱。

2）读尺寸，可知零件总长尺寸标注在主视图上，是 50mm；总高尺寸标注在左视图上，是 112mm。左视图中间那个大圆的直径尺寸标注在主视图上，直径是 ⌀40mm。左视图周围四个相同圆的直径标注在局部视图上，直径是 ⌀9mm，⌀9mm 孔深度尺寸是长方体厚度 15mm 与 ⌀15mm 的孔深度 8mm 之差，故是 7mm；上下两个相同的小圆直径标注在主视图上，故直径是 ⌀6mm，这两个小孔标注有"配作"，故应该在装配时加工。

7.11.3-图 7-83

图 7-83 端盖立体图

3）读技术要求，⊥ ⌀0.05 D 的箭头指向即是被测要素，故是 ⌀40 的轴心线，基准符号接触的线即是所指要素，故基准 D 是指零件左端面。

【示例 7-5】 读如图 7-84 所示零件图，想象出空间结构，并回答下列问题。

1）零件毛坯是铸件吗？A—A 图是用几个平面剖开的？

2）零件的最上表面是什么面？最前表面什么面？（选择：平面/曲面）。

3）从 B 向视图可知，外圆柱切掉了部分，切去的是哪部分？（回答格式如：前面部分），B 向视图上最大圆的直径是多少？

4）左边图形的上方有两个相同的小圆，此孔是什么类的孔？图上还有四个直径稍大些的同心圆，这四个孔是什么类的孔？（选择：盲孔/通孔）。

5）A—A 图上方有一个圆，其直径是多少（完整尺寸）？图上方标注 2×M12 的孔是什么类的孔？（选择：光孔/螺纹孔），其中心距是多少？圆左边有个阶梯孔的图形，其小孔直径是多少？

6）零件最后方表面的表面粗糙度值是多少？其他没标注表面粗糙度的表面是什么面？（选择：加工表面/非加工表面）。对毛坯除机械加工外，还需要进行其他工艺处理吗？

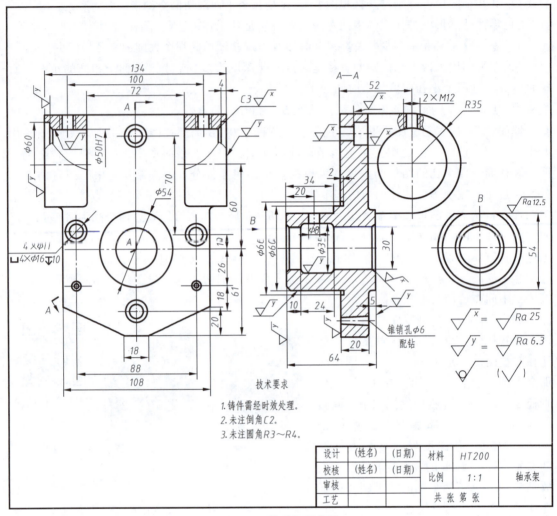

图7-84 轴承架零件图

读图：1）读标题栏可知材料为HT200，技术要求里写明铸件需处理，所以零件毛坯是铸件。

2）读视图，图中共有主视图、左视图、局部视图三个视图，主视图是用正平面剖切的局部剖视图，剖视图部分表达孔为通孔；左视图A—A是用一个侧平面与一个正垂面剖切的全剖视图，视图部分又用一个侧平面剖切生成了局部剖视图；B向视图是局部视图，表达后面凸台外形的后视图。因此A—A图是用2个平面剖开的。

3）想象结构，由左视图可将零件分成中间板、前部凸台、后部凸台三个部分，中间板结构形状特征由主视图表达，中间有大圆柱孔，周围有两类孔，从左视图可知这些孔都为通孔；前上部凸台形状特征由左视图表达，从主视图上可知是左、右两个形状相同、方向相反的结构，且知内部圆柱孔、上部螺纹孔都是通孔；从B向视图可知后部凸台是圆柱的上部用水平面切割了，从左视图可知，内部有圆柱阶梯孔，上方有圆柱通孔。想象空间结构如图7-85所示。由此可知，零件的最上表面是平面，最前表面是曲面。从B向视图上可知外圆柱切去的是上面部分，B向视图上最大圆的直径是60mm。左边图形为主视图，两个相同小圆为销孔，四个直径稍大些的同心圆是阶梯孔，从左视图可知这些孔都是通孔。

4）读尺寸，A—A 图上方那个圆的直径标注在主视图上，其直径是 $\phi50H7$mm；图上方标注 2×M12 的孔是螺纹孔，其中心距标注在主视图上，是 100mm，圆左边那个阶梯孔尺寸标注在主视图上，共有 4 个，其小孔直径是 $\phi11$mm，大孔直径是 $\phi16$mm。

5）读技术要求，由左视图可知最后表面的表面粗糙度符号是 γ，由标题栏处可知符号 γ 对应的值是 $Ra6.3\mu m$，故最后表面的表面粗糙度值是 $Ra6.3\mu m$；其他没标注表面属于标题栏上方标注的其余项，其余为不需要加工面，故其他没标注表面是非加工表面。对毛坯除机械加工外，还需要进行时效处理。

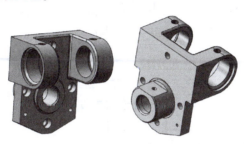

7.11.3-图 7-85

图 7-85　轴承架立体图

【示例 7-6】　读如图 7-86 所示零件图。

读图：1）读标题栏。该零件名称是外壳，材料为 HT200，比例为 2∶1。

2）读视图。图中共有主视图、俯视图、左视图、右视图、B 局部视图等五个视图，主视图是用一个正平面与一个侧垂面剖切的全剖视图，表示内部各孔的相对位置与孔的深度；俯视图是外形视图，表示外部各部分相对位置及左部凸台形状、上方螺纹孔的位置；左视图是用侧平面剖切的局部剖视图，视图表示外部结构形状，剖视图部分表示内部两个相同孔的位置，且为通孔；右视图是外形视图，表示外部形状与各孔位置；B 向视图是局部视图，表达前方左部外形的主视图。

3）想象结构。从主、左、右三个视图可知，右部中间结构近似为圆筒，外围是长方体，左部为圆柱；圆筒右部内上、下壁有圆弧柱凸台，其上各有螺纹孔，左部有一个螺纹通孔；长方体周边有四个阶梯孔，上方前后的中间有螺纹孔，尺寸标注是 2×M4，说明是两个，即下方也有螺纹孔；左部圆柱内有圆柱孔；从俯视图可知上方左部凸台形状，内部有螺纹孔；从 B 局部视图可知前方左部凸台形状，内部有螺纹孔，与上方左部一样的结构。综上所述，则整个外壳的形状如图 7-87 所示。

4）分析尺寸。其长度方向尺寸以右端侧平面为主要基准，标注总长 37mm，有尺寸 28.5mm、7mm、34mm、23mm、3.5mm 等；宽度方向尺寸以过圆筒轴心线的正平面为主要基准，标注出 50mm、38mm；高度方向尺寸以过圆筒轴心线的水平面为主要基准，标注出 38mm、36mm、直径等，各组成部分的定位尺寸、定形尺寸读者可自行分析。

5）分析技术要求。圆筒外径 $\phi43f8$ 注出了公差带代号，是配合尺寸；此表面与长方体右端面表面精度要求最高，Ra 值为 $3.2\mu m$。

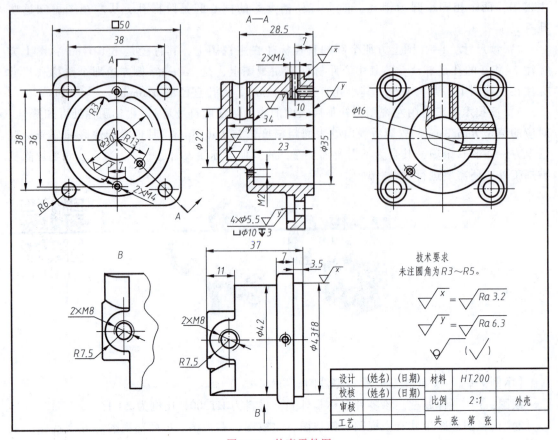

图 7-86　外壳零件图

7.11.3-图 7-87

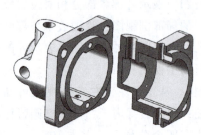

图 7-87　外壳立体图

第 8 章

装配图的绘制与识读

【本章能力目标】 具有装配图的绘制能力；具有螺纹连接和齿轮啮合图的绘制能力；具有装配图的识读能力。

8.1 装配图的作用、内容与绘制方法

任何一台机器都是由若干部件和零件组装而成的，而部件也是由若干零件按一定的装配关系和技术要求装配而成的。图 8-1 所示为球阀立体图；图 8-2 所示为球阀装配图，由图可知，球阀是由 13 种零件装配而成的。这种用来表达装配体（包含机器或部件）的图样，称为装配图。

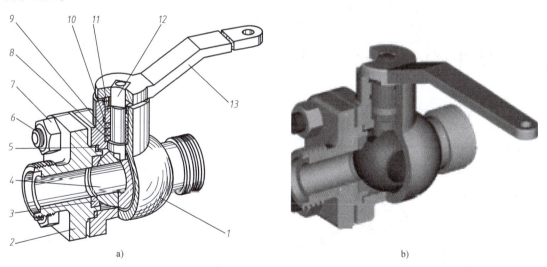

图 8-1 球阀立体图
1—阀体 2—阀盖 3—密封圈 4—阀芯 5—调整垫 6—螺栓 7—螺母 8—填料垫
9—中填料 10—上填料 11—填料压紧套 12—阀杆 13—扳手

8.1.1 装配图的作用

装配图主要表达机器或部件的工作原理、性能要求、各零件间的连接及装配关系和主要

零件的结构形状,以及在装配、检验、安装时所需的尺寸数据和技术要求。在产品制造中,装配图是制订装配工艺规程,进行装配、检验的主要技术文件。在机器使用及维修时,它是安装、调试、操作、检修机器或部件的重要依据。

8.1.2 装配图的内容

由图8-2所示的球阀装配图可以看出,一张完整的装配图应具有以下几方面的内容。

8.1.2-图8-1 动画球阀

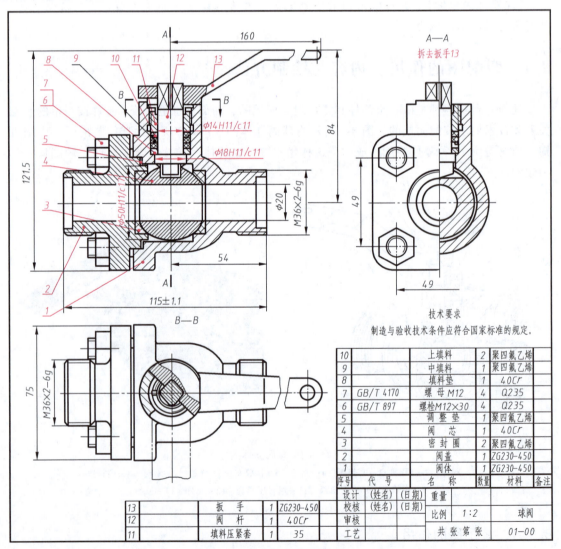

图8-2 球阀装配图

1. 一组视图　用一组视图（一般或特殊表达法）完整、清晰、准确地表达装配体（机器或部件）的工作原理和结构特点、各零件的相互位置及装配关系、重要零件的主要结构形状。

2. 必要的尺寸　在装配图上必须标出表示装配体的性能、规格以及在装配、检验、安装、运输时所需的尺寸。

3. 技术要求　用文字或代号说明装配体的性能和在装配、检验、安装、调试及使用与维护等方面所需达到的技术条件和要求。

4. 零件（或部件）序号、明细栏和标题栏　为了便于迅速、准确地在装配图中查找每一个零件，应对每个不同的零件（或组件）编写序号，并在明细栏中依次填写对应零件（或组件）的相关信息。

8.1.3　绘制装配图的方法与步骤

装配体是由若干零件装配而成的。根据零件图及其相关资料，可以了解各零件的结构形状，分析装配体的用途、工作原理、传动路线及零件间的连接、装配关系，然后按各零件图拼画成装配图。装配图要表达出装配体的工作原理、装配关系和主要零件的结构形状。画装配图的方法如下。

1. 选择表达方案　确定装配体的表达方案时，可以多设计几套方案，每套方案一般都有优缺点，通过分析再选择比较理想的表达方案。确定方案包括以下内容。

（1）主视图的选择　选装配图的主视图时，一般应将装配体按工作位置或习惯位置放置，并选择最能反映装配体主要装配关系、传动路线和外形特征的那个视图作为主视图。

（2）其他视图的选择　主视图选定以后，对其他视图的选择考虑以下几点。

1）分析还有哪些装配关系、工作原理及零件的主要结构形状还没有表达清楚，从而选择适当的视图以及相应的表达方法。

2）尽量用基本视图和在基本视图上作剖视（包括拆卸画法、沿零件结合面剖切的画法等）来表达有关内容。

2. 绘图准备工作　表达方案确定以后，准备绘图工具，根据装配体的大小、复杂程度及视图数量确定图纸幅面和绘图比例。布图时，应同时考虑尺寸标注、技术要求、零件序号、明细栏及标题栏等所需要的位置，要注意合理地布置视图位置，使图形清晰、布局匀称，以方便看图。

3. 装配图的画图步骤

1）绘制各视图的主要基准线。主要基准线一般是指主要的轴线（装配干线）、对称中心线、主要零件的基面或端面等。

2）绘制主体结构和与之相关的重要零件。不同的装配体，其主体结构不尽相同，但在绘图时都应首先绘制出主体结构的轮廓。与主体结构相接的重要零件要相继画出。

3）依次画出其他次要零件和细部结构，要保证各零件之间的正确装配关系、连接关系。对于机械上的连接方式，用螺纹连接是很普遍的，每种螺纹连接及其所在的装配体中的部位一定要表达清楚。对不同种类的螺纹连接以及键连接、销连接、齿轮啮合等都应作局部剖视，以便清楚表达装配体上的各种连接形式。这些表达将有助于看装配图和对装配体进行拆卸、维修。画剖视图时，要尽量从主要轴线围绕装配干线逐个零件按由里向外画。这种画法，可避免将遮住的不可见零件的轮廓线画上去。

4) 检查核对底稿无误后，加深图线，画剖面线。

5) 最后标注尺寸，注写技术要求，对零件进行编号、填写明细栏与标题栏，完成全图。

4. 装配图绘制步骤示例　滑动轴承的立体图与立体分解图如图 8-3 所示。

8.1.3-图 8-3 动画轴承拆

8.1.3-图 8-3 动画轴承装

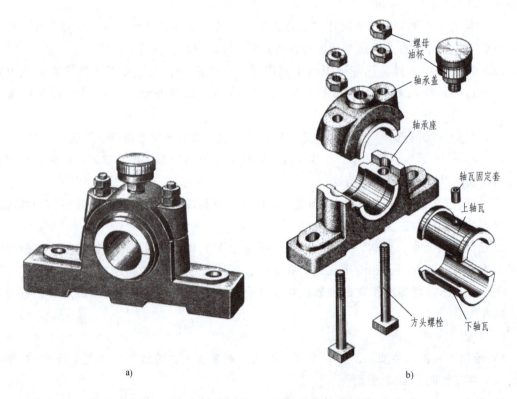

a)　　　　　　　　　　　　　　b)

图 8-3　滑动轴承的立体图与立体分解图

a) 立体图　b) 立体分解图

滑动轴承装配图可选择图 8-4g 所示装配图的表达方案,其绘制步骤如图 8-4 所示。

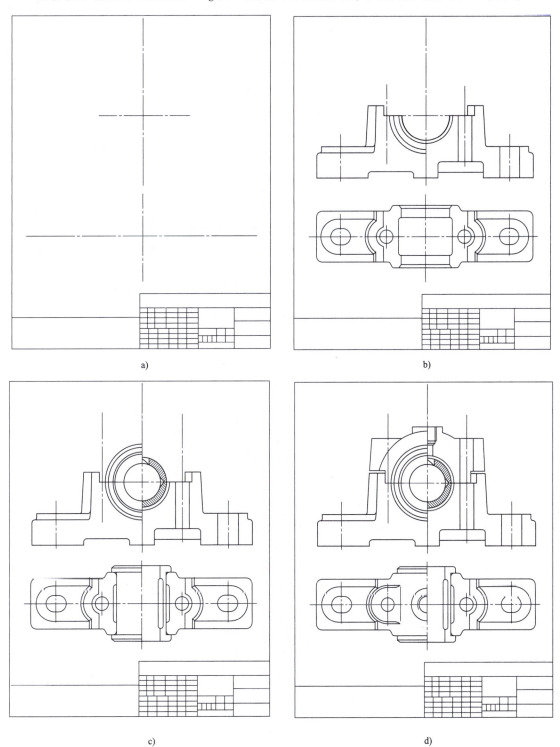

图 8-4 滑动轴承装配图绘制步骤
a) 布图 b) 画轴承座 c) 画轴瓦 d) 画轴承盖

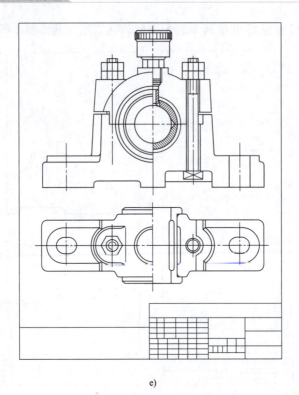

e)

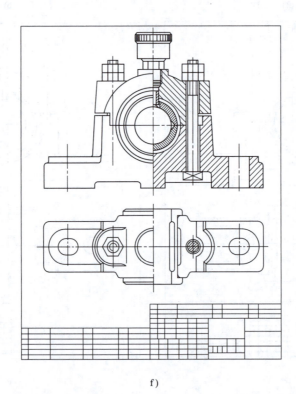

f)

图 8-4 滑动轴承装

e）画轴瓦固定套、螺栓连接件、油杯　f）画剖面线、加深

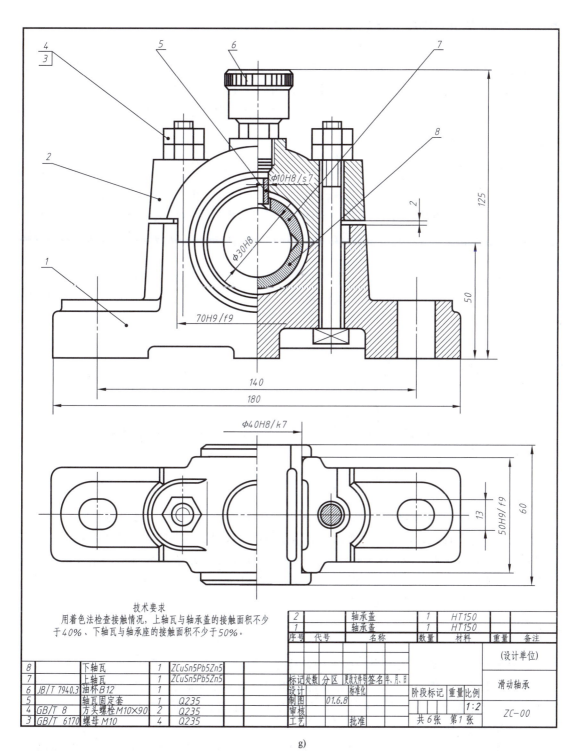

g)

配图绘制过程

g）标注、完成滑动轴承装配图

8.2 装配体的表达方法

前面介绍的机件各种表达方法，如视图、剖视图、断面图、局部放大图等，同样适用于装配图。但由于装配图的重点是表达机器或部件的工作原理、性能要求、各零件间的连接及装配关系和主要零件的结构形状，因此，还有一些规定画法、特殊画法和简化画法。

8.2.1 规定画法

1. **相邻表面的画法规定**　相邻两零件的接触表面和配合表面只画一条公用的轮廓线；两零件的不接触表面和非配合表面画两条轮廓线（画出两表面各自的轮廓线），若间隙过小时，可采用夸大画法。如图8-5所示键的左右侧面和前后侧面与轴的键槽侧面为配合面，所以只画一条线；键的底面与轴的键槽底面为接触面，只画一条线，键的上面与孔键槽的底面为不接触面，所以应画两条线。

2. **剖面符号的画法规定**　在剖视图或断面图中，两个及以上的金属零件相互邻接时，剖面线的倾斜方向应相反，或方向相同但间隔不同，以区分不同零件；同一零件在各视图上的剖面线方向和间隔必须一致，如图8-6所示。

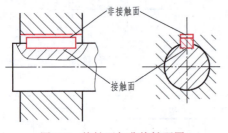

图8-5　接触面与非接触面图

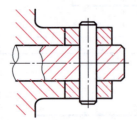

图8-6　4个相邻零件剖面线的画法

3. **实心零件的画法规定**　对于螺钉、螺母、垫圈、键、销等标准件及手柄、球等实心零件，若按纵向剖切，且剖切平面通过其对称平面或轴线时，这些零件均按不剖绘制，即不画剖面线，如图8-5所示键和图8-6所示销的画法。如需要特别表明零件的凹槽、键槽、销孔等局部结构时，可采用局部剖视图表示，如图8-7b所示件34主动轴的画法。当剖切平面垂直于其轴线剖切时，则按剖视绘制。

8.2.2 特殊画法

1. **拆卸画法**　在装配图中当某些零件遮住了其后面需要表达的零件时，或在某一视图上不需要画出某些零件时，可假想将这些零件拆去，只画出所需表达部分的视图。用拆卸画法画图时，应在视图上方标注"拆去件××"等字样，如图8-7b所示左视图。

2. **假想画法**

1) 在机器（或部件）中，有些零件做往复运动、转动或摆动。为了表示运动零件的极限位置或运动范围，常把它画在一个极限位置上，再用细双点画线画出其余位置的假想投影（只画出其轮廓），以表示零件的另一极限位置，并注上尺寸，如图8-8所示主视图上的手柄。

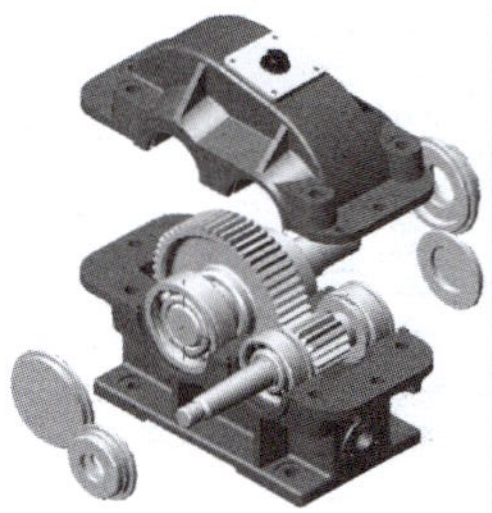

a)

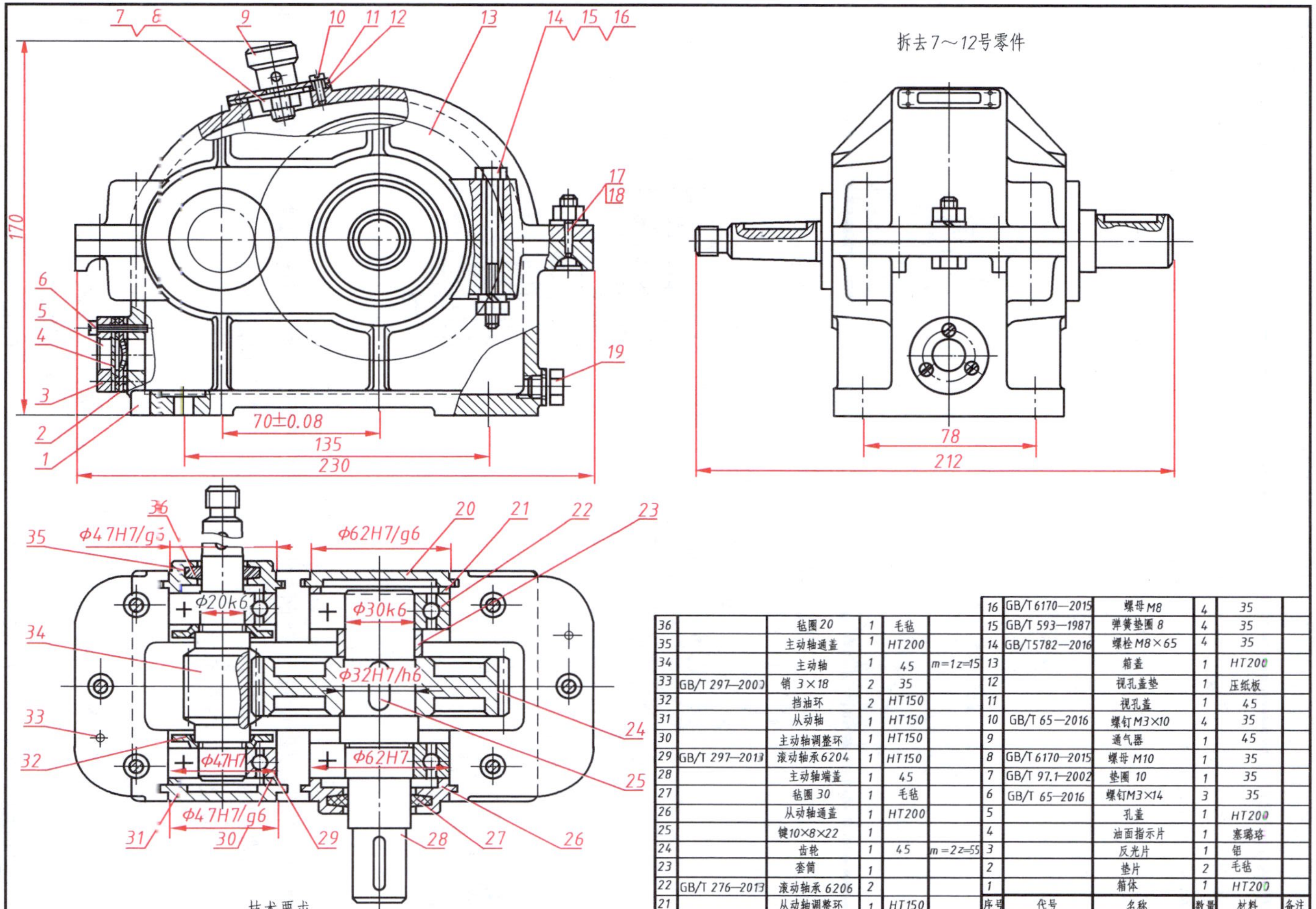

技术要求

1. 各零件装配前需去毛刺，并用煤油清洗干净。
2. 装配好后箱内注入工业用润滑油，使大齿轮的二倍齿高浸入油中。
3. 减速器外表涂浅绿色漆，伸出轴涂黄油

序号	代号	名称	数量	材料	备注
36		毡圈20	1	毛毡	
35		主动轴通盖	1	HT200	
34		主动轴	1	45	m=1 z=15
33	GB/T 297—2003	销 3×18	2	35	
32		挡油环	2	HT150	
31		从动轴	1	HT150	
30		主动轴调整环	1	HT150	
29	GB/T 297—2013	滚动轴承6204	1	HT150	
28		主动轴端盖	1	45	
27		毡圈30	1	毛毡	
26		从动轴通盖	1	HT200	
25		键10×8×22	1		
24		齿轮	1	45	m=2 z=55
23		套筒	1		
22	GB/T 276—2013	滚动轴承 6206	2		
21		从动轴调整环	1	HT150	
20		从动轴端盖	1	HT150	
19		螺塞	1	45	
18	GB/T 5786—2016	螺栓 M8×30	2	35	
17	GB/T 97.1—1987	垫圈 8	4	35	

序号	代号	名称	数量	材料	备注
16	GB/T 6170—2015	螺母M8	4	35	
15	GB/T 593—1987	弹簧垫圈 8	4	35	
14	GB/T5782—2016	螺栓 M8×65	4	35	
13		箱盖	1	HT200	
12		视孔盖垫	1	压纸板	
11		视孔盖	1	45	
10	GB/T 65—2016	螺钉M3×10	4	35	
9		通气器	1	45	
8	GB/T 6170—2015	螺母 M10	1	35	
7	GB/T 97.1—2002	垫圈 10	1	35	
6	GB/T 65—2016	螺钉M3×14	3	35	
5		孔盖	1	HT200	
4		油面指示片	1	塞璐珞	
3		反光片	1	铝	
2		垫片	2	毛毡	
1		箱体	1	HT200	

设计	(姓名)	(日期)	重量		
校核	(姓名)	(日期)	比例	1:2	减速器
审核					
工艺			共 张 第 张		01—00

b)

图 8-7 减速器立体图与其装配图

2）为了表示装配体与其他零（部）件的安装或装配关系，常把该装配体相邻而又不属于该装配体的有关零（部）件的轮廓线用细双点画线画出，如图8-8所示左视图上的主轴箱。

3. 展开画法　为了表达传动系统的传动关系及各轴的装配关系，假想将各轴按传动顺序，沿它们的轴线剖开，并展开在同一平面上。这种展开画法在表达机床的主轴箱、进给箱、汽车的变速箱等装置时经常运用，展开图必须进行标注，如图8-8所示的左视图。

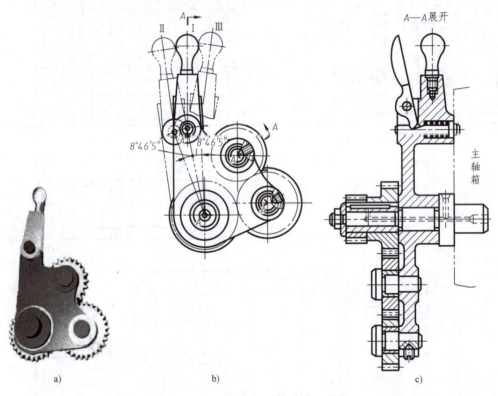

图8-8　三星轮系展开画法

4. 夸大画法　在装配图中非配合面的微小间隙、薄片零件、细丝弹簧等，若按其实际尺寸很难画出或难以明显表示时，均可不按比例而采用夸大画出。如图8-5所示键与齿轮上键槽之间的间隙，就采用了夸大画法。

8.2.3　简化画法

1. 相同零件组　对于装配图中若干相同的零件组（如螺栓连接），可详细地画出一组或几组，其余只需用细点画线表示装配位置，如图8-9a所示螺钉的画法。

2. 零件工艺结构　在装配图中零件的某些工艺结构，如倒角、圆角、退刀槽等允许不画；螺栓头部和螺母也允许按简化画法画出；滚动轴承可采用特征画法或规定画法，在同一图样中，一般只允许采用同一种画法，如图8-9a所示。

3. 薄零件剖面符号　在剖视图或断面图中，如果零件的厚度在2mm以下，允许用涂黑代替剖面符号，如图8-9a中的垫片和图8-9b所示圆筒。当相邻两零件均涂黑时，中间要留出不小于0.7mm的间隙，如图8-9c所示。

4. **大面积剖面** 在装配图中，装配关系已清楚表达时，较大面积的剖面可沿周边画出等长剖面线表示，如图 8-9d 所示。如仅需绘制剖视图中的一部分图形，其边界又不画波浪线时，则应该将剖面线绘制整齐，如图 8-9e 所示。

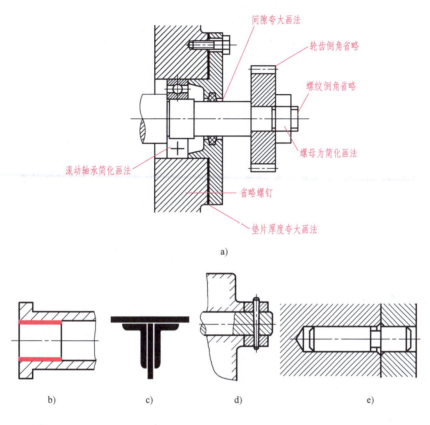

图 8-9 简化画法

8.3 常用结构在装配图上的画法

8.3.1 螺纹连接的画法

螺纹连接是指外螺纹和内螺纹成对使用，形成螺纹副，起连接作用或者传动作用。只有大径、牙型、螺距、线数和旋向等要素都相同的内、外螺纹才能旋合在一起形成螺纹副（螺纹副中内、外螺纹的小径也是相同的）。

螺纹连接通常采用剖视图。在剖视图中，内、外螺纹旋合部分应按外螺纹的规定画法绘制，其余部分仍按各自的规定画法画出。即：没有旋合的内螺纹仍按内螺纹的规定画法，其余按外螺纹的规定画法绘制，如图 8-10 所示。

画图时必须注意：表示内、外螺纹大径的细实线和粗实线，以及表示内、外螺纹小径的粗实线和细实线应分别对齐，表示内、外螺纹具有相同的大径和小径。在剖切平面通过螺纹轴线的剖视图中，实心螺杆按不剖绘制。

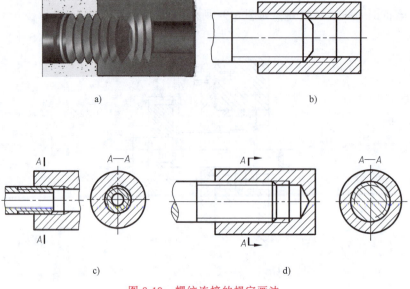

图8-10 螺纹连接的规定画法

8.3.2 齿轮啮合图的画法

齿轮是传动零件，它能将一根轴的动力及旋转运动传递给另一根轴，用以改变转速和旋转方向，所以通常齿轮是成对使用的。如图8-11所示，一对标准齿轮互相啮合时，两齿轮的分度圆应相切。

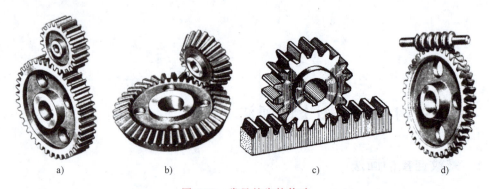

图8-11 常见的齿轮传动
a）圆柱齿轮传动 b）锥齿轮传动 c）齿轮齿条传动 d）蜗轮蜗杆传动

1. 圆柱齿轮啮合的画法　非啮合区投影按单个齿轮的画法绘制，啮合区的投影按下面规定画法绘制。

1）在通过轴线的剖视图中，分度圆的投影用细点画线画出，两齿轮的分度圆线重合为一条。将一个齿轮（主动齿轮）的齿顶线画成粗实线，另一个齿轮（从动齿轮）的齿顶线画成虚线，也可省略不画（一般不省略）；两齿轮的齿根线必须用粗实线画出，并且齿顶线和齿根线之间应有间隙，如图8-12所示。两齿轮的中心线距离为中心距，是两齿轮分度圆半径之和。

2）如图 8-13b 所示，在表示齿轮端面的视图中（投影为圆的视图中），齿顶圆用粗实线绘制，啮合区内的齿顶圆也可以省略不画（一般省略不画），如图 8-13c 所示；相切的两个节圆（分度圆）用细点画线绘制；齿根圆省略不画。表示啮合圆柱齿轮时，一般选择图 8-13a、c 所示的视图。

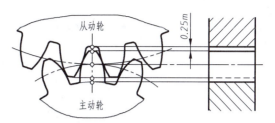

图 8-12　轮齿啮合区在剖视图上的画法

3）外形视图上，啮合区内的齿顶线不画，只用一条粗实线表示分度线，如图 8-13d 所示。

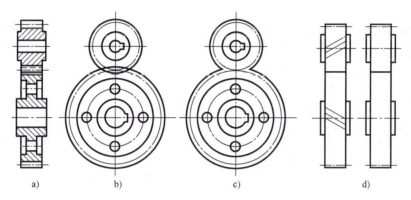

图 8-13　圆柱齿轮啮合的规定画法

2. 齿轮与齿条的啮合画法　如图 8-14 所示为齿轮、齿条的啮合画法，齿条可以看成是直径无穷大的齿轮，这时的齿顶圆、分度圆、齿根圆和齿廓都是直线。

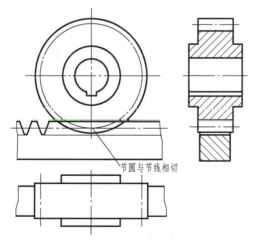

图 8-14　齿轮与齿条啮合的规定画法

3. 锥齿轮的啮合画法　锥齿轮啮合的画法与圆柱齿轮相同，应注意在反映大齿轮为圆的视图上，大齿轮大端分度圆和小齿轮大端分度圆相切，如图 8-15 所示。

4. 蜗杆与蜗轮的啮合画法　蜗杆与蜗轮的啮合画法如图 8-16 所示。

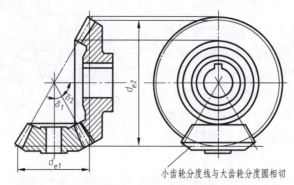

图 8-15　锥齿轮的啮合画法

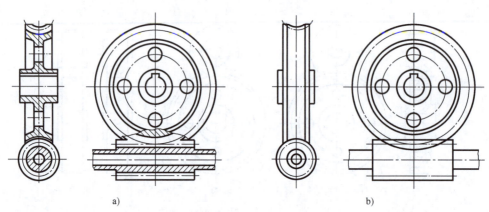

图 8-16　蜗杆与蜗轮的啮合画法
a）剖视画法　b）外形画法

8.3.3　弹簧在装配图上的画法

1. 规定画法　装配图中弹簧被看作是实心物体，当中间采用省略画法后，弹簧后面被遮挡结构按不可见处理，可见轮廓线只画到弹簧钢丝的断面轮廓或中心线上，如图 8-17a 所示。

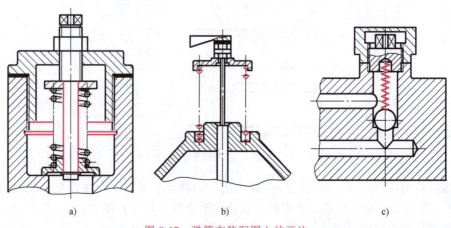

图 8-17　弹簧在装配图上的画法

2. 简化画法 簧丝直径≤2mm 的断面可用涂黑表示，如图 8-17b 所示；当簧丝直径在图上小于或等于 2mm 时，可采用示意画法，如图 8-17c 所示。

8.4 标准件在装配图上的画法

8.4.1 螺纹连接件在装配图上的画法

螺纹连接件的连接形式通常有螺栓连接、螺柱连接和螺钉连接三类。

1. 螺栓连接 螺栓连接适用于被连接件不太厚并且允许钻成通孔的情况。螺栓连接的连接件有螺栓、螺母和垫圈，如图 8-18a 所示。

螺栓连接时，先将螺栓的杆身穿过两个被连接件中间的通孔，再装上垫圈，最后用螺母拧紧。装配图中螺栓连接常用比例画法和简化画法，即螺纹紧固件各部分的尺寸都按螺纹大径 d（或 D）的比例画法画图，如图 8-18b 所示。公称长度 L 是从螺栓标准长度系列中选取与 L' 相近的数值（螺栓的参考长度 $L'-\delta_1+\delta_2+h+m+u$）。简化画法如图 8-18c 所示。

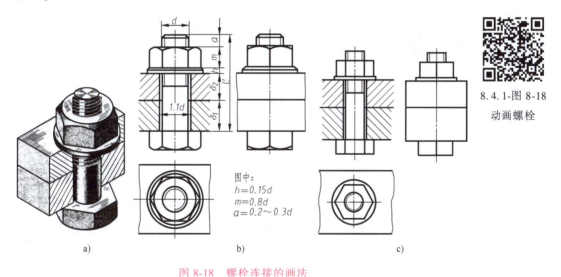

8.4.1-图 8-18
动画螺栓

图中：
$h=0.15d$
$m=0.8d$
$a=0.2\sim0.3d$

图 8-18 螺栓连接的画法
a）螺栓连接轴测图 b）螺栓连接比例画法 c）螺栓连接简化画法

2. 双头螺柱连接 双头螺柱的连接件有双头螺柱、螺母和垫圈。双头螺柱连接用于被连接件之一较厚或不允许钻成通孔的情况。通常将较薄的零件制成通孔（孔径≈$1.1d$），较厚零件制成不通的螺孔。双头螺柱的两端都有螺纹，用来旋入被连接件螺孔的一端称为旋入端，其长度用 b_m 表示；另一端称为紧固端。装配时，先将螺纹较短的一端（旋入端）旋入较厚零件的螺孔，再将通孔零件穿过螺纹的另一端（紧固端），套上垫圈，用螺母拧紧，将两个零件连接起来，如图 8-19a 所示。

装配图中，双头螺柱连接常用比例画法和简化画法，旋入端的长度 b_m 与零件的材料有关，查国家标准可计算尺寸。螺柱公称长度 L 是根据双头螺柱的参考长度 L' 查双头螺柱标准得到（双头螺柱参考长度 L' 的计算方法同螺栓参考长度 L' 的计算方法）。

双头螺柱连接装配图的画法如图 8-19b、c 所示。画双头螺柱连接图时要特别注意以下几点。

1）螺柱旋入端的螺纹终止线要与两零件的结合面平齐，表示旋入端全部拧入，完全拧紧。

2）结合面以上部位的画法与螺栓连接相同。

3）螺柱连接时常会用弹簧垫圈，以防松动，画弹簧垫圈时，应画两条与水平线成 120° 的平行线（或一条加粗线），如图 8-19c 所示。

装配图中，螺栓连接和螺柱连接提倡采用简化画法，将螺母和螺栓头部因倒角而产生的交线省略不画，如图 8-18c 及图 8-19d 所示。

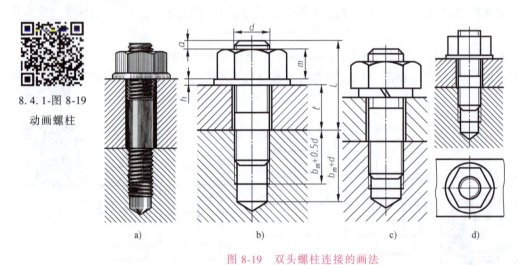

8.4.1-图 8-19
动画螺柱

图 8-19 双头螺柱连接的画法

a）螺柱连接示意图　b）双头螺柱连接近似画法（平垫圈）　c）近似画法（弹簧垫圈）　d）简化画法

3. 螺钉连接　螺钉连接按其用途可分为连接螺钉连接和紧定螺钉连接。

（1）连接螺钉　连接螺钉的被连接件一般为已加工出螺孔的较厚零件和已加工出通孔（通孔直径稍大于螺钉杆的直径）的较薄零件。连接时直接将螺钉穿过通孔拧入螺孔中，常用在受力不大和不需要经常拆卸的场合，如图 8-20a 所示。

连接螺钉在装配图上的画法是拧入螺孔端与螺柱连接相似，穿过通孔端与螺栓连接相似，如图 8-20b 所示。画螺钉连接图时要注意以下几点。

1）螺纹终止线应高于两零件的结合面，表示螺钉有拧紧余地，以保证连接紧固。

2）内六角圆柱头螺钉头部与被连接零件柱孔有间隙、薄零件通孔与螺钉杆部有间隙，分别要画两条轮廓线。

3）螺钉头部的端面视图中，螺钉头部开槽的投影一般画成与水平线成 45°，孔口倒角可以省略不画，如图 8-20c 所示。当槽的宽度不大于 2mm 时，可用涂黑表示。

（2）紧定螺钉　紧定螺钉常用来防止两个相配零件产生相对运动，按其前端的形状可分为锥端、平端和长圆柱端紧定螺钉。图 8-20d 所示为用开槽锥端紧定螺钉限定轮与轴的相对位置，使它们不能产生轴向相对移动的图例。

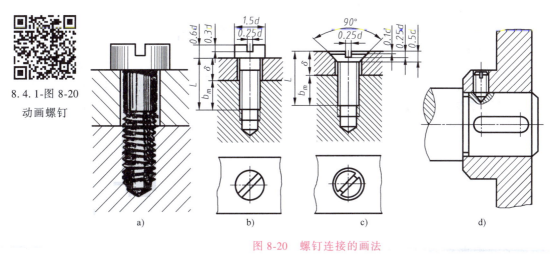

图 8-20 螺钉连接的画法

a）螺钉连接示意图　b）开槽盘头螺钉连接　c）开槽沉头螺钉连接　d）紧定螺钉连接

8.4.2　键连接

在机器中，为了使齿轮、带轮等零件和轴一起转动，通常在轮孔和轴上分别加工出键槽，用键将轴与轮连接起来进行运动传递，这种连接称为键连接，如图 8-21a 所示。用于传动的零件轮孔与轴的直径公称尺寸相同，此处孔与轴为接触面。

1. 平键连接　平键的两侧面是工作面，键的侧面、底面与键槽的侧面及轴的键槽底面接触，只画一条粗实线；而键的顶面与轮毂上键槽的底面有间隙，要画两条粗实线，如图 8-21b 所示。剖切平面通过轴线和键的对称平面作纵向剖切的，键按不剖绘制，轴为实心零件，画成局部剖视图。

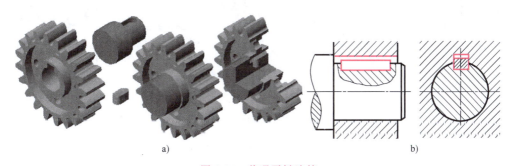

图 8-21　普通平键连接

a）键连接立体图　b）键连接画法

2. 半圆键连接　半圆键连接常用于载荷不大的传动轴上，其工作原理和画法与普通平键相似，键的侧面、底面与键槽的侧面及轴的键槽底面接触，只画一条粗实线；而键的顶面与轮毂上键槽的底面有间隙，要画两条粗实线，如图 8-22a 所示。

3. 钩头型楔键连接　钩头型楔键是将键嵌入键槽内，靠键的上、下面将轴与轮连接在一起，键的侧面为非工作面（间隙配合），绘图时顶面、侧面均不留间隙，其连接如图 8-22b 所示。

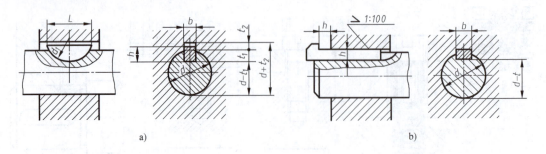

图 8-22 半圆键连接与钩头型楔键连接
a) 半圆键连接 b) 钩头型楔键连接

8.4.3 销连接

圆柱销的圆柱面与孔面是接触面、圆锥销的圆锥面与孔面是接触面，要画成一条粗实线，圆柱销、圆锥销是实心件，按不剖处理。开口销用在螺纹连接的锁紧装置中，以防止螺母松动。销连接的画法，如图 8-23 所示。圆柱销、圆锥销的装配要求较高，两零件上的销孔一般是在零件装配时一起配钻的，以保证相互位置的准确性；用圆柱销、圆锥销连接或定位的两个零件，在零件图上除了注明锥销孔的尺寸外，还要注明其加工情况。如图 8-24 所示，以圆柱销孔为例，注出了销孔的加工过程和销孔尺寸的标注方法（"与件×同钻铰"，通常注写为"配作"）。

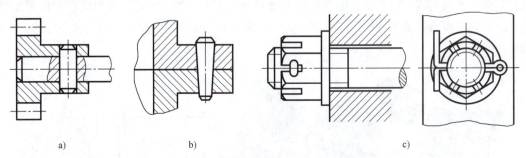

图 8-23 销连接的画法
a) 圆柱销连接的画法 b) 圆锥销连接的画法 c) 开口销连接的画法

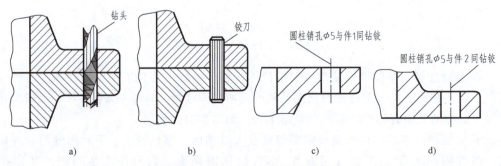

图 8-24 销孔的加工及尺寸标注方法
a) 钻孔 b) 铰孔 c) 件 2 的尺寸标注 d) 件 1 的尺寸标注

8.4.4 连接件在装配图上应用示例

联轴器装配体立体图如图 8-25 所示，装配图图形如图 8-26 所示。

8.4.5 滚动轴承的画法

滚动轴承是标准部件，只要根据其型号从图标中查出外径 D、内径 d 和宽度 B 等几个主要尺寸，在装配图上按比例采用简化画法和规定画法即可，而同一图样中一般只采用其中的一种画法。

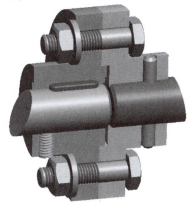

8.4.4-图 8-25 动画

图 8-25 联轴器立体图

1. 简化画法　分通用画法和特征画法两种。

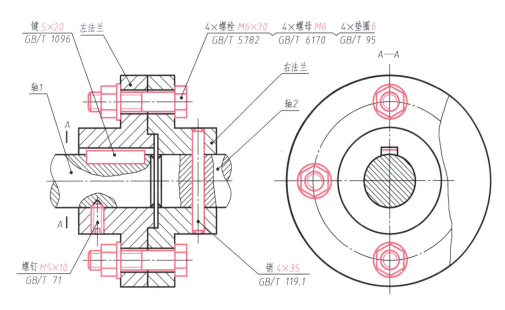

图 8-26 联轴器装配图

1）通用画法。在剖视图中，当不需要确切地表示滚动轴承的外形轮廓、载荷特性和结构特征时，可用通用画法绘制。通用画法是用矩形线框及位于线框中央的符号表示，矩形线框和符号均用粗实线绘制，符号不应与矩形线框接触，如图 8-27 所示。

2）特征画法。在剖视图中，如需形象地表示滚动轴承的结构特征时，可采用特征画法。特征画法是在矩形线框内画出其结构要素符号的方法，结构要素符号由长粗线和短粗线组成，长粗线表示滚动体的滚动轴线，短粗线表示滚动体的列数和位置，长、短粗线相交成 90°并通过滚动体的中心，见表 8-1。

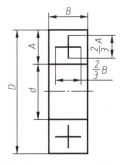

图 8-27 滚动轴承的通用画法

2. 规定画法　在滚动轴承的产品图样、产品样本和产品标准中可采用规定画法绘制。采用规定画法绘制滚动轴承的剖视图时，轴承的滚动体不画剖面线，内、外圈应画上方向和间隔相同的剖面线，保持架和倒角可省略不画。规定画法一般绘制在轴的一侧，另一侧按通用画法绘制，见表8-1。

表 8-1　常用滚动轴承的表示法

名称和标准号	查表主要依据	画法		
		规定画法	特征画法	装配画法
深沟球轴承 GB/T 276—2013	D d B	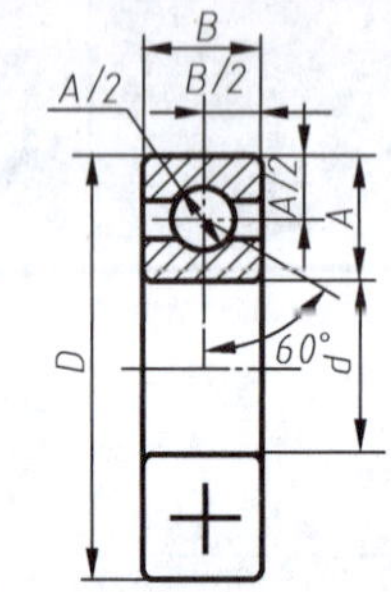	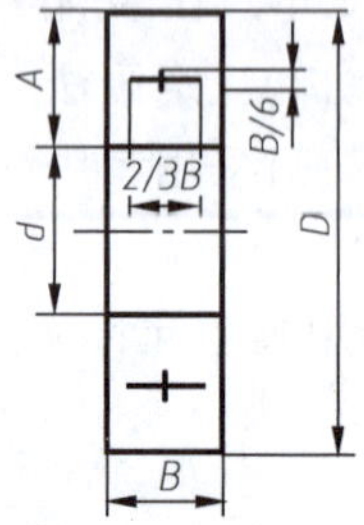	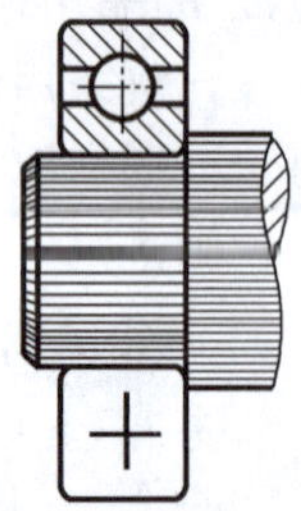
圆锥滚子轴承 GB/T 297—2015	D d B T C	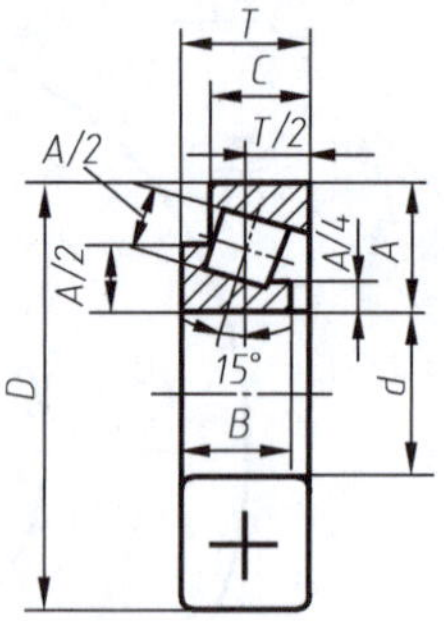	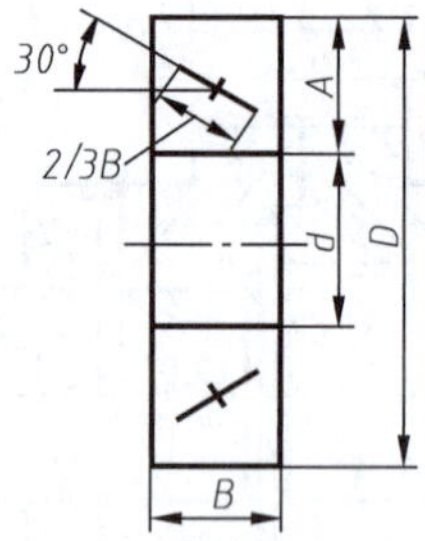	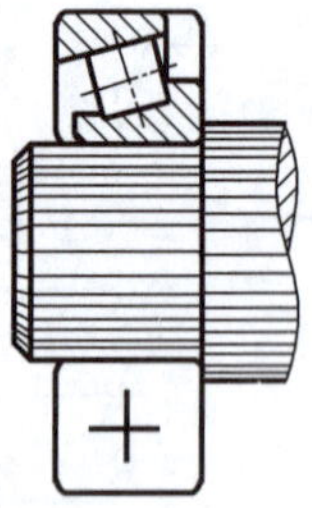
推力球轴承 GB/T 301—2015	D d T	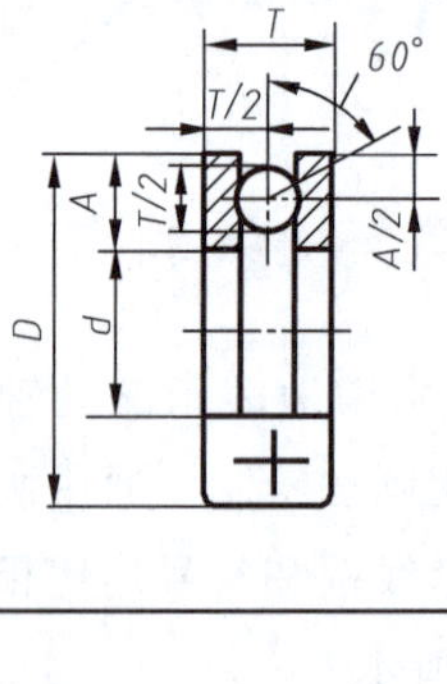	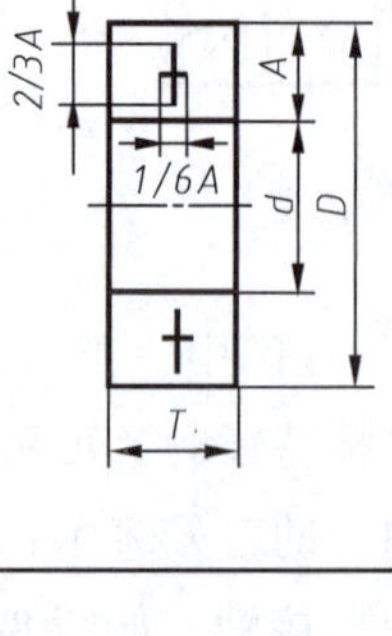	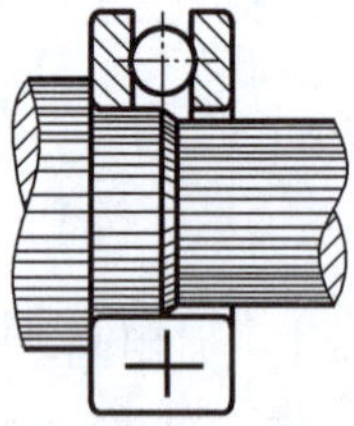

8.5　装配图的尺寸、技术要求与序号

8.5.1　装配图的尺寸标注

装配图的作用与零件图不同，所以在装配图中不必把制造零件所需的尺寸都标出来，只

要求标注出与装配体性能、装配、安装、检验、运输等有关的尺寸。

1. 装配图尺寸的分类

(1) 性能（或规格）尺寸　性能（或规格）尺寸是表示装配体的性能或规格的尺寸。这类尺寸是该装配体设计画图前就已确定的，是设计或使用机器的依据。例如：图 8-4 所示滑动轴承的孔径 $\phi30H8$，图 8-42 所示铣刀头的中心高 115mm 及铣刀直径 $\phi120mm$。

(2) 装配尺寸　装配尺寸是表示装配体各零件之间装配关系的尺寸，通常包含配合尺寸和相对位置尺寸。

1) 配合尺寸。配合尺寸是表示两个零件之间配合性质的尺寸，一般用配合代号注出。例如：图 8-4 所示的 70H9/f9、50H9/f9，图 8-42 所示的轴承内、外圈上所注的尺寸 $\phi80K7$、$\phi35K6$ 等。详细标注方法后面再作介绍。

2) 相对位置尺寸。相对位置尺寸是零件装配时相关联的零件或部件之间较重要的相对位置尺寸。例如：图 8-7 所示两齿轮中心距 70±0.08mm。

(3) 安装尺寸　安装尺寸是将装配体安装到地基或其他设备上所需要的尺寸。例如：图 8-4 所示的 140mm、13mm，图 8-42 所示的 155mm、150mm、$4\times\phi11mm$ 等。

(4) 外形尺寸　外形尺寸是装配体在长、宽、高三个方向上的最大尺寸，它们提供了装配体在包装、运输和安装过程中所占的空间大小。例如：图 8-4 所示的 180mm、60mm、125mm，图 8-42 所示的 418mm、190mm 等。

(5) 其他重要尺寸　其他重要尺寸是指在设计中经过计算或根据某种需要而确定的，但又不属于上述几类尺寸的一些重要尺寸，如运动零件的极限尺寸、主要零件的重要尺寸等。例如：图 8-4 所示的尺寸 2mm。

上述五类尺寸，彼此间往往有某种关联，即有的尺寸往往同时具有几种不同的含义，如图 8-4 所示主视图上的 180mm，既是总体尺寸，又是零件的主要尺寸。此外，在一张装配图中也不一定都要标全这五类尺寸，在标注时应根据装配体的构造情况，具体分析而定。

2. 配合尺寸的有关术语与标注

(1) 配合的有关术语　公称尺寸相同的、相互结合的孔和轴公差带之间的关系称为配合。配合是指一般孔、轴的装配关系，而不是指单个孔、轴的装配关系。根据孔和轴公差带之间的关系不同，配合分为间隙配合、过盈配合和过渡配合 3 类，间隙配合是孔的最小极限尺寸大于或等于轴的最大极限尺寸的配合，过盈配合是孔的最大极限尺寸大于或等于轴的最小极限尺寸的配合，过渡配合是可能具有间隙或过盈的配合。

(2) 配合制度　为了便于选择配合，减少零件加工时的刀具和量具的种类，国标对配合规定了 2 种配合基准制。基孔制配合是基本偏差为一定的孔的公差带，与不同基本偏差的轴的公差带形成各种配合的一种制度。基轴制配合是基本偏差为一定的轴的公差带，与不同基本偏差的孔的公差带形成各种配合的一种制度。

(3) 在装配图中的标注方法

1) 光孔与轴配合。格式为：公称尺寸、孔的公差带代号/轴的公差带代号。如图 8-28a、b 所示。零件与标准件或外购件配合时只标注相配零件的公差代号，如图 8-28c 所示。

2) 螺纹副的标注。由内、外螺纹相互旋合而形成的连接称为螺纹副，只有牙型、大径、螺距、线数和旋向等要素都相同的内、外螺纹才能旋合在一起（小径也是相同的）。普通螺纹旋合螺纹副的标记是在普通螺纹标记中的公差带换成内螺纹公差带/外螺纹公差带，

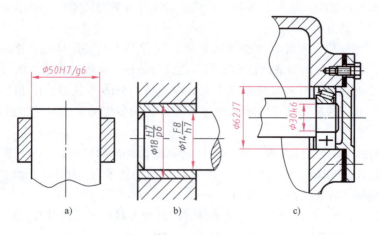

图 8-28 光孔与轴配合时的标注
a)、b) 配合尺寸在装配图中的标注示例 c) 零件与标准件配合时的标注

如大径为 10mm，右旋的粗牙普通内外螺纹，内螺纹中径大径公差带为 6H，外螺纹中径大径公差带为 6g，螺纹副标记为 M10-6H/6g。管螺纹装配在一起时，内、外螺纹的标记用斜线分开，左边表示内螺纹，右边表示外螺纹。例如圆柱内螺纹与圆锥外螺纹配合（右旋），其标记为 $Rp\frac{3}{4}/R_1\frac{3}{4}$；例如非密封的管螺纹配合，其标记为：$G1\frac{1}{2}/G1\frac{1}{2}B$。

8.5.2 技术要求

不同性能的装配体，其技术要求各不相同。一般可以从以下几个方面考虑。

1. 装配要求 指装配体在装配过程中需注意的事项及装配后应达到的要求，如精确度、装配间隙、润滑和密封的要求等，如图 8-7 所示。
2. 检验要求 指对装配体基本性能的检验、试验规范及操作时的要求，如图 8-7 所示。
3. 使用要求 指对装配体的规格、参数及维护、保养、使用时的注意事项及要求。

装配图中的技术要求，通常用文字书写在明细栏的上方或图样左下方的空白处。如图 8-4 所示的技术要求注写在明细栏的上方；图 8-7 所示的技术要求注写在图样左下方的空白处。

8.5.3 装配图上的零部件序号

1. 编写序号的一般规定 为了便于读图、进行图样管理和做好生产准备工作，装配图中所有的零、部件都必须编写序号。相同的零件、部件用一个序号，一般只标注一次，其数量填在明细栏内。标准化部件（如油杯、滚动轴承、电动机等）可看作一个整体被当作一个零件，只编写一个序号。

2. 序号的注写形式 在所指零、部件的可见轮廓内画一个圆点，再从圆点开始用细实线画指引线，然后在指引线的另一端用细实线画一条水平线或圆，并在水平线或圆内注写序号，序号的字高比该装配图中所注写尺寸数字高度大一号或两号，如图 8-29a、b 所示。也可在指引线的另一端附近直接注写序号，如图 8-29c 所示，但在同一张装配图中，编写序号的形式应一致。若所指部分可见轮廓内不便画圆点时（很薄的零件或涂黑的剖面），可在指引线的末端画出箭头，并指向该部分的轮廓，如图8-29d所示。

3. 指引线的画法　指引线相互不能相交，当通过剖面线的区域时不能与剖面线平行。必要时，指引线可以画成折线，但只可曲折一次。一组紧固件以及装配关系清楚的零件组，可采用公共指引线编号，如图8-30所示。

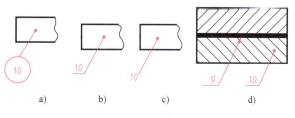

图8-29　序号的形式

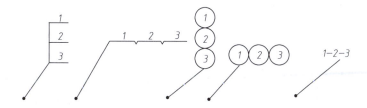

图8-30　紧固件的编号形式

4. 序号的排列　装配图中，序号应按水平或垂直方向排列整齐，并按顺时针方向或逆时针方向的顺序排列，如图8-4、图8-7所示。具体编写序号时可采用这样的顺序：在需要编号的零、部件的可见轮廓内画一个圆点，然后画出指引线和横线（或圆），检查无重复、无遗漏时，再统一填写序号（数字），这样可避免出错。

8.5.4　明细栏

为了便于读图、进行图样管理和做好生产准备工作，装配图上所有的零、部件必须编写序号，并在标题栏上方编制相应的明细栏。明细栏是装配体全部零件的详细目录，如图8-31所示，表中填有零件的序号、代号、名称、数量、材料、备注等，可按实际需要增加或减少，明细栏"代号"一栏中填写图样代号或标准件的国标号，有些零件还要填写一些特殊

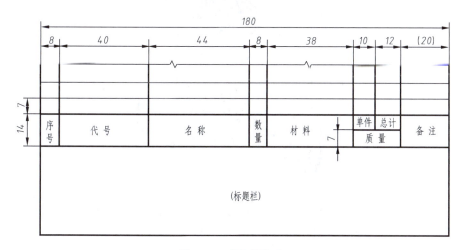

图8-31　明细栏格式

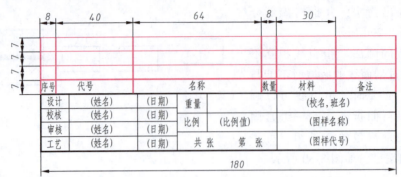

图 8-32 平时练习用明细栏格式

项目,如齿轮应填写"$m=$""$z=$",可填写在"备注"中。平时制图作业明细栏可采用如图 8-32 所示的格式。

明细栏一般配置在装配图中标题栏的上方,明细栏内零件序号自下而上按顺序填写,以便在增加零件时可继续向上画格,如图 8-4 所示。当位置不够时明细栏的一部分可以移放在标题栏的左边自下而上按顺序继续填写,如图 8-7 所示。需要注意的是,明细栏和标题栏的分界线是粗实线,明细栏的外框竖线和内部竖线是粗实线,明细栏的横线均为细实线(包括最上面一条横线)。

明细栏中所填零件序号应与装配图中所编零件的序号一致,因此,应先在装配图上编零件序号,再按序号填写明细栏。

8.6 装配图绘制示例

【示例 8-1】 根据图 8-33 所示弹性辅助支承图和图 8-34 所示零件图,绘制其装配图。

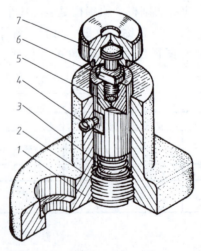

图 8-33 弹性辅助支承图

1—底座 2—调整螺钉 3—弹簧 4—螺钉 5—支承柱 6—顶丝 7—支承帽

说明:螺钉 4 为 M6×12(GB/T 75—2000),尺寸查有关标准。

该部件的功能是:支承帽 7 由于弹簧 3 的作用能上下浮动,使支承帽 7 能随被支承物变化而始终自位,起到辅助作用。调整螺钉 2 可调节弹簧力的大小。

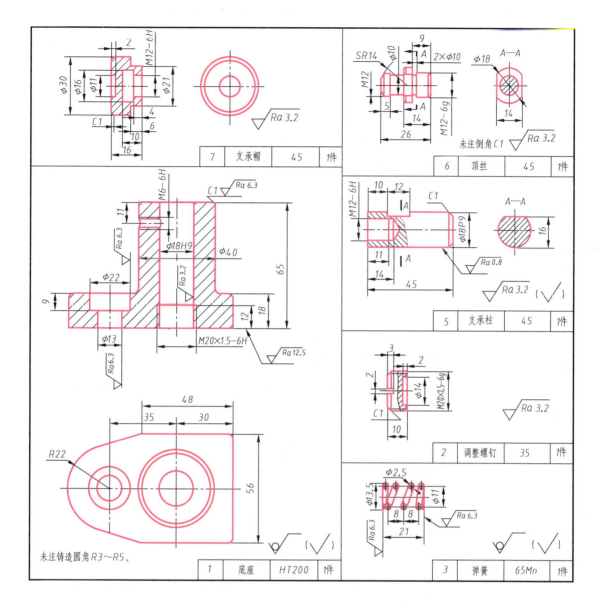

图 8-34 弹性辅助支承零件图

绘图步骤如下：

1. 选择表达方案　按照主视图选择原则，因图 8-33 立体图所示右前方最能反映弹性辅助支承的装配主干线和零件主要形状特征，故选择此方向为主视图方向，并按此工作位置摆放。选择主视图和俯视图两个图来表达。主视图选择全剖视图，用一个正平面在前后对称面处剖开。俯视图采用视图。主视图主要用来表达零件的相对位置、装配关系、工作原理和零件主要结构。俯视图辅助表达弹性辅助支承的外部形状。

2. 绘图准备工作　准备绘图工具，根据装配体的大小、复杂程度及视图数量确定图纸幅面和绘图比例。布图时，应同时考虑尺寸标注、技术要求、零件序号、明细栏及标题栏等所需要的位置，要注意合理地布置视图位置，使图形清晰、布局匀称，以方便看图。

3. 绘图

1) 布图。绘制各视图的主要基准线，主要基准线一般是指主要的轴线（装配干线）、对称中心线、主要零件的基面或端面等。绘制明细栏及标题栏等所需的位置线，如图8-35a所示。

2) 绘制主体结构和与之相关的重要零件。不同的装配体，其主体结构不尽相同，但在绘图时都应首先绘制出主体结构的轮廓。与主体结构相接的重要零件要相继画出。画主体零件图8-33底座1的轮廓，倒角和圆角等工艺结构不绘制，如图8-35b所示。

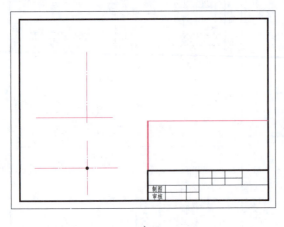 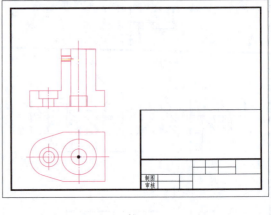

a) b)

图8-35 弹性辅助支承装配图绘制过程（1）

3) 依次画出其他次要零件和细部结构，要保证各零件之间的正确装配关系、连接关系。

① 将图8-33支承柱5装入。装入时左右方向使支承柱尺寸φ18P9的轴线与底座φ18H9的轴线重合，上下方向使支承柱尺寸12mm的1/2处对准底座上M6中心线处。倒角工艺结构不绘制，如图8-36所示。

② 擦去遮挡线，再将图8-33顶丝6装入。装入时左右方向取轴线重合，上下方向取图8-33支承柱5最上表面为贴合面，如图8-37a所示（为减少篇幅，只截取了图形，省略了周边，下同）。对于机械上的连接方式，用螺纹连接是很普遍的，每种螺纹连接及其所在的装配体中的部位一定要表达清楚。对键连接、销连接、齿轮啮合等都应作局部剖视，以便清楚表达装配体上各种连接形式。这些表达将有助于看装配图和对装配体的拆卸、维修。

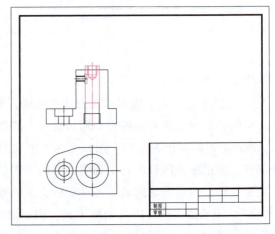

图8-36 弹性辅助支承装配图绘制过程（2）

③ 将图 8-33 支承帽 7 装入。装入时主视图左右方向取轴线重合,上下方向在螺纹连接范围内选择即可;再绘制俯视图上的圆,角圆省略不绘制,如图 8-37b 所示。

④ 擦去遮挡线,装入图 8-33 调整螺钉 2。图 8-33 调整螺钉 2 的方向为一字槽朝下,如图 8-38a 所示。

⑤ 将图 8-33 弹簧 3 装入。图 8-33 弹簧 3 按压缩后画出,上下面贴合,如图 8-38b 所示。

⑥ 将图 8-33 螺钉 4 装入。查国家标准,了解其形状和尺寸,如图 8-38b 所示。

4) 检查核对底稿无误后,加深图线,螺纹旋合处按外螺纹绘制,如图 8-39a 所示。

5) 画剖面符号线和局部剖的波浪线。同一个零件的剖面符号线要相同,不同零件的剖面符号线要不相同,如图 8-39b 所示。

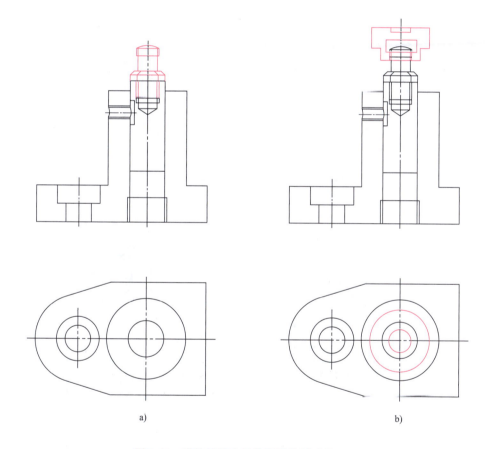

图 8-37 弹性辅助支承装配图绘制过程（3）

6) 标注尺寸。标注总体尺寸,由于图 8-33 弹簧 3 的高度尺寸是可变化的,因此总高是有一个范围的尺寸。标注配合尺寸时,可从零件图上找到相应的公差带代号,如支承柱尺寸 $\phi 18f9$ 与底座 $\phi 18H7$,在装配图上应该标注为配合尺寸 $\phi 18H7/f9$。弹性辅助支承装配图尺寸标注如图 8-40 所示。

7) 注写技术要求,如图 8-40 所示。

8) 对零件进行编号、填写明细栏和标题栏,完成全图,如图 8-41 所示。

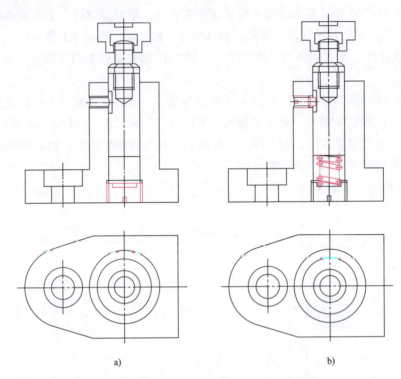

图 8-38 弹性辅助支承装配图绘制过程（4）

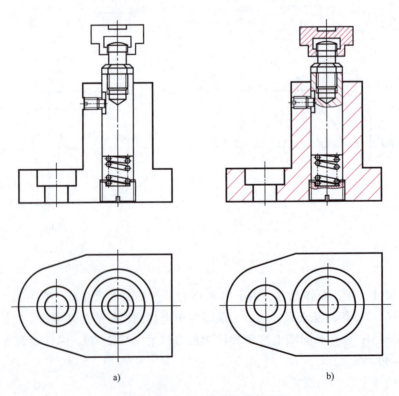

图 8-39 弹性辅助支承装配图绘制过程（5）

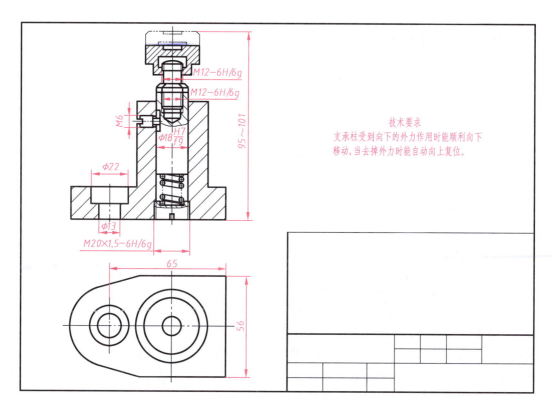

图 8-40 弹性辅助支承装配图绘制过程（6）

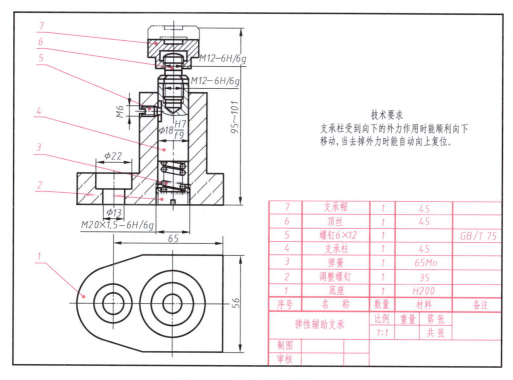

图 8-41 弹性辅助支承装配图

8.7 装配图的识读

技术人员在生产中经常要识读装配图，如在装配机器时要按照装配图安装零件或部件，在使用和维修机器时要参阅装配图来了解零件具体结构等，因此，读装配图是工程技术人员必备的一种能力。

8.7.1 读装配图应达到的基本要求与读装配图的方法

1. 读装配图应达到的基本要求

1）了解装配体的名称、性能、用途。
2）看懂零件的结构形状及作用。看懂装配体的结构。
3）弄清零件间的装配关系，分析装配体的性能及工作原理。读懂零件之间的装配关系及连接关系（各零件之间的装配关系、连接固定方式等），分析装配体的性能、工作原理及防松、润滑、密封等系统的原理和结构。

2. 读装配图的方法　在概括了解的基础上，应对照各视图进一步研究机器或部件的工作原理和装配关系，这是看懂装配图的一个重要环节。

(1) 概括了解　看标题栏，了解装配体的名称、用途和使用性能。看明细栏，了解组成机器或部件中各零件的名称、数量、材料以及标准件的规格，估计部件的复杂程度；由画图的比例、视图大小和外形尺寸，了解机器或部件的大小。

(2) 分析视图　弄清各个视图的名称、所采用的表达方法和所表达的主要内容及视图间的投影关系、剖切位置。对应明细栏看零件序号，了解组成机器或部件中各零件在图中的位置。

(3) 分析组成装配体的各零件结构形状　分析时以主视图为中心，先看简单件，后看复杂件，即分析清楚标准件、常用件及其他简单零件的结构后，再将其从图中"剥离"出去，然后集中精力分析剩下的复杂零件。针对某个零件时，应先在各视图中分离出该零件的范围和对应关系，利用剖面线的倾斜方向和间距、零件的编号、装配图的规定画法和特殊表达方法（如实心轴不剖的规定等），并借助三角板、分规等仪器帮助查找投影关系，从而想象出其形状及结构。

(4) 分析装配体结构　按零件的相对位置，将各个零件合在一起想象出装配体的结构。

(5) 分析工作原理、装配关系、尺寸和技术要求　先从反映装配关系的视图入手，分析各条装配干线，弄清零件间的配合要求、定位和连接方式等。从反映工作原理的视图入手，分析装配体中零件的运动情况，从而了解工作原理，再分析装配关系、尺寸和技术要求。

8.7.2 读装配图的示例

【示例8-2】　识读如图8-42所示铣刀头装配图。

读图：(1) 读标题栏与明细栏　概括了解　由标题栏可知，该装配体的名称是铣刀头，是铣床上安装铣刀的一个部件，是用来铣削零件端面用的。由明细栏可知，该装配体由16类零件组成，零件4、7、8、11为非标准件，标准件有12类。

第8章 装配图的绘制与识读

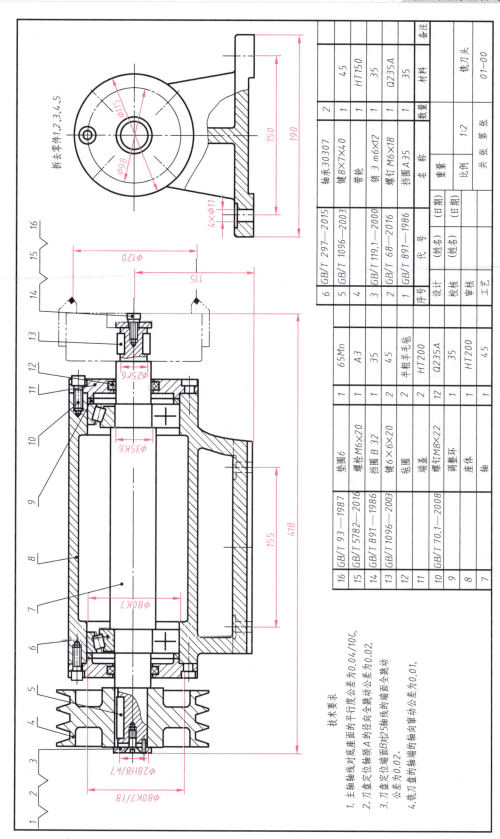

图 8-42 铣刀头装配图

（2）分析视图　主视图是用正平面剖切的全剖视图，并在轴的两端作了局部剖视，右端用假想画法表示出了铣刀盘和铣刀的轮廓。左视图采用了拆卸画法，作了局部剖视图。根据明细栏和指引线，初步了解各零件的名称和位置，主视图表达主要干线，清楚地表达了各零件的结构及其装配关系，带轮 4 套在轴 7 上，两者之间用键 5 连接；轴用两个滚动轴承 6 支承，轴承装在座体 8 的轴孔内；轴承外圈用端盖 11 压紧；左、右端盖各用六个螺钉 10 紧固在座体的左、右端面上，端盖内有毡圈 12，右端盖左边有调整环 9。左视图是拆去零件 1、2、3、4、5 后的图，表示端盖上螺孔的配置、座体左右支板的形状、中间肋板和底板的结构等。

（3）分析零件结构形状　读装配图应特别注意从装配体中分离出每一个零件，并分析其主要结构形状和作用。先分离出标准件（1、2、3、5、6、9、10、12、13、14、15、16 为标准件）；再分析较复杂的零件，即件 4、7、8、11。分离出的带轮 4 零件图形如图 8-43 所示，分离出的轴 7 零件图形如图 8-44 所示，分离出的端盖 11 零件图形如图 8-45 所示，分离出的座体 8 零件图形如图 8-46 所示，想象的带轮 4、轴 7、座体 8、端盖 11 零件的立体图如图 8-47 所示。

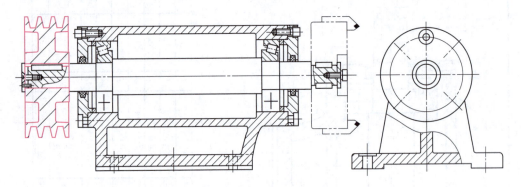

图 8-43　分离出的带轮 4 零件图形

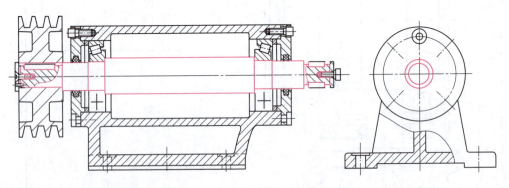

图 8-44　分离出的轴 7 零件图形

（4）分析装配体的结构　铣刀头立体图如图 8-48 所示。

（5）分析工作原理和传动路线　了解了零件的作用和相互关系，铣刀头的工作原理和传动路线就清楚了，运动主要通过键连接完成。电动机通过它本身的 V 带轮（图上未画），把动力传给带轮 4，又把动力传给平键 5 以带动轴 7 旋转，最后通过双键 13 带动刀盘旋转进行铣削加工。紧固在座体左、右端面上的螺钉 10 是固定端盖,从而防止轴 7 工作时产生轴向窜动;端盖内的毡圈 12 可防止切屑、灰沙等杂物进入座体内部;调整环 9 用来调整轴向间隙,使轴承外圈得到适当的压紧力。

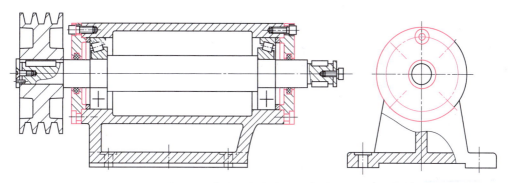

图 8-45　分离出的端盖 11 零件图形

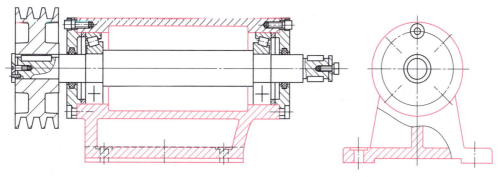

图 8-46　分离出的座体 8 零件图形

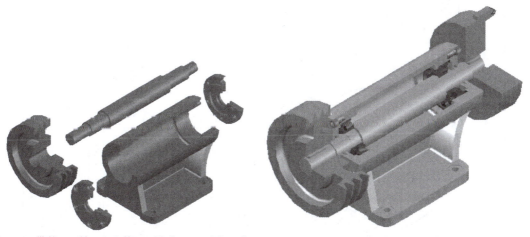

图 8-47　带轮 4、轴 7、座体 8、端盖 11、零件立体图　　　图 8-48　铣刀头立体图

（6）分析尺寸　装配图中所注的尺寸,规格尺寸有高度 115mm 与 φ120mm,外形尺寸有长度 418mm 与宽度 190mm,安装尺寸有 155mm、150mm,4×φ11mm,装配尺寸主要是配合尺寸,配合尺寸共有五种。

① φ80K7：表示轴承外圈与座体孔是基轴制的过渡配合（图中只注出了孔的公差带代号，因为轴承外圈已不能再加工，其"轴"的公差带是不变的）。

② φ35K6：表示轴承内圈与轴是基孔制的过渡配合（图中只注出了轴的公差带代号，也是因为轴承内圈孔的公差带是不变的）。

③ φ80K7/f8：表示端盖与座体孔之间的配合。

④ φ28H8/k7：表示带轮4轴孔与轴之间是基孔制的过渡配合。

⑤ φ25r6：表示右端的轴与铣刀盘孔为基孔制的过渡配合（图中只注出了轴的公差带代号，也是因为铣刀盘孔是外来件）。

（7）分析技术要求　在文字说明的装配和检验要求中，提出了几项位置公差和轴向窜动误差要求。

综上所述，对铣刀头已有了一个全面的认识。

【示例8-3】 根据如图8-49所示装配图，识图想象空间结构，回答下列问题。

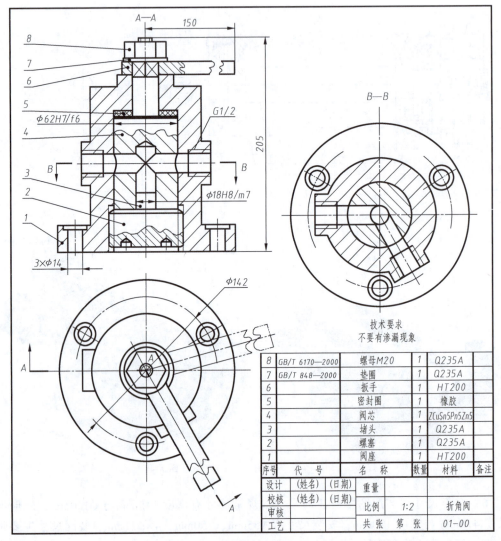

图8-49　折角阀装配图

1）装配体共由几个零件组成？零件 3 的名称是什么？零件 6 的材料是什么？

2）A—A 主视图是几个什么平面剖切的？（选择：一个平面/两个平行平面/两个相交平面/三个复合平面）

3）俯视图上的双点画线绘制的是几号零件？双点画线是什么画法或表示什么含义？

4）零件 1 左右对称吗？零件 1 上有管螺纹吗？

5）零件 4 与零件 6 连接处的主要面是什么形状的面？（选择：圆柱面/圆锥面/平面）

6）零件 4 与零件 3 连接处的面是否为接触面？

7）零件 1 与零件 2 的连接方式是什么连接？（选择：键连接/销连接/螺纹连接/螺钉连接）

8）零件 4 能做圆周转动吗？绘制的零件 4 位置是什么状态？（选择：接通状态/关闭状态）

9）φ62H7/f6 是哪两个零件的配合尺寸？孔的直径是多少？

读图：

1）读标题栏与明细栏可知，装配体名称是折角阀，共由 8 类零件组成，每类零件数量为 1，故共由 8 个零件组成，零件 3 的名称是堵头；零件 6 的材料是 HT200。

2）分析视图，共有主视图、俯视图、B—B 视图三个视图，A—A 主视图是一个正平面与一个铅垂面组成的两个相交平面剖切的全剖视图。俯视图是视图，B—B 视图是用水平面剖切的全剖俯视图。对照明细栏与序号，了解各零件图形的位置，可知俯视图上的双点画线绘制的是 6 号零件，双点画线是假想画法，表示零件 6 是运动件。主视图上零件 6 用了折断画法。主视图表示了各零件的相对位置，B—B 视图表示零件 4 所处位置。

3）想象各零件结构，阀座 1 主体为圆柱，内部有圆柱孔，下方孔内、中间左方与右前方凸台上有螺纹孔；阀芯 4 由下向上依次为大圆柱、小圆柱、长方体、螺杆，大圆柱内部的下方、左方、右前方都有圆柱孔；其他零件结构可自行分析。想象整体结构，如图 8-50 所示。至此可知，零件 1 左右不对称，零件 1 中间凸台上螺纹孔的标记是 G1/2，故有管螺纹。零件 4 与零件 6 连接处的主要面处绘制有平面符号，故是平面，零件 4 与零件 3 连接处的面绘制为一条了，故是接触面；零件 1 下方内孔有螺纹，零件 2 外部有螺纹，故零件 1 与零件 2 的连接方式是螺纹连接。

4）读工作原理。外力推动扳手 6 作圆周转动时，带动阀芯 4 做圆周转动，当阀芯 4 中间孔与阀座 1 中间孔在一个方向时，阀为接通状态；当阀芯 4 中间孔与阀座 1 中间孔的方向完全错开时，阀为关闭状态。故零件 4 能做圆周转动，绘制的零件 4 位置如图 8-51 所示，是接通状态。

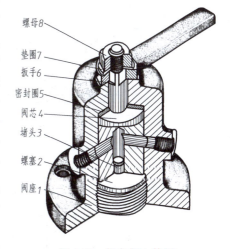

图 8-50 折角阀立体图

5）读尺寸。φ62H7/f6 是零件 1 与零件 4 两个零件的配合尺寸，零件 1 孔的直径是 φ62H7，零件 4 轴的直径是 φ62f6。φ18H8/m7 是零件 1 与零件 3 两个零件的配合尺寸。

φ142mm、3×φ14mm 是安装尺寸。

【示例 8-4】 根据如图 8-52 所示装配图，识图想象空间结构，回答问题。

1) 装配体共有几类零件？主视图上的双点画线表达什么画法？

2) 零件 4 的名称是什么？该零件上有螺纹孔吗？该零件能做左右直线运动吗？能做圆周运动吗？

3) 零件 6 的材料是什么？该零件上有螺纹孔吗？该零件能做左右直线运动吗？能做圆周运动吗？

4) 零件 2 能做前后直线运动吗？

5) 零件 4 与零件 6 连接处是什么连接？零件 2 与零件 5 连接处是什么连接？（选择：螺纹连接/圆柱齿轮啮合/齿轮齿条啮合/蜗杆传动）。

6) 主视图上 φ6H8/f7 是哪两个零件的配合尺寸？轴的尺寸是多少？

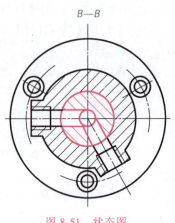

图 8-51 状态图

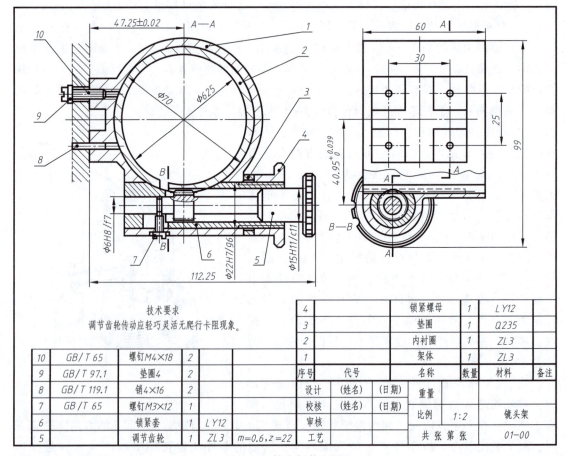

图 8-52 镜头架装配图

读图：

1) 读标题栏与明细栏可知，装配体名称是镜头架，镜头架是电影放映机上用来放置放映镜头和调整焦距使图像清晰的一个部件。镜头架由 10 类零件（6 种非标准件和 4 种标准件）组成。了解各零件的名称、材料、数量，可知 7、8、9、10 号零件是标准件。

2）分析视图。共有主视图与左视图两个视图，主视图是用两个正平面剖切的全剖视图，左视图是局部剖视图，主视图表达了各零件的主要形状与相对位置，左视图的视图部分表达了左边结构，剖视图部分表达了工作原理。主视图左边用细双点画线绘制的线是假想画法，表达固定镜头架的零件，此零件不属于镜头架的零件。对照明细栏与序号，了解各零件的位置。

3）读视图，想象空间结构。分离各零件图形，如图 8-53 所示，由主视图可知内衬圈 2 主体结构为开槽圆筒，由左视图的局部视图可知下方有齿条；由主视图知锁紧螺母 4 内有螺纹，由左视图知其外圈有均匀切口；由主视图知调节齿轮 5 的主要结构为圆柱，可知轮齿所在位置；由主视图可知锁紧套 6 主体结构是圆筒，右部有外螺纹，左部上方切槽，下方有孔；架体 1 由主视图与左视图表达，可分三个部分，上方主体结构为前后放置的大圆筒，下方主体结构为左右放置小圆筒，左部为长方体及四个角带通孔的凸台（两个螺纹孔，两个光孔）。零件空间结构如图 8-54 所示。镜头架的主视图完整地表达了它的装配关系，从图上可以看到所有的零件都装在主要零件架体 1 上，并由两个销和两个螺钉在放映机上定位安装的。架体 1 的大孔（φ70mm）中套有内衬圈 2；架体的水平圆柱孔（φ22mm）的轴线是一条主要装配干线，在装配干线上装有锁紧套 6，锁紧套内装有调节齿轮 5，调节齿轮与内衬圈 2 之间有螺钉 M3×12，锁紧套右端的外螺纹处套有锁紧螺母 4，装配体空间结构如图 8-55 所示。

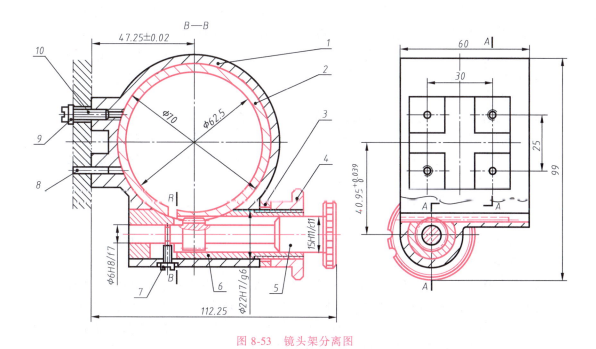

图 8-53 镜头架分离图

4）分析工作原理。镜头架主要通过齿轮与齿条啮合传动完成调整焦距，通过螺纹传动完成锁紧镜头。架体 1 的大孔（φ70mm）中套的内衬圈 2 能前后移动，锁紧套 6 与调节齿

图 8-54 镜头架零件立体图

图 8-55 镜头架装配体立体图

轮 5 的配合为 φ15H11/c11 的间隙配合。当旋转调节齿轮 5 让其做圆周运动时，通过与内衬圈 2 上的齿条啮合传动，带动内衬圈 2 做前后方向的直线移动，从而达到调整焦距的目的。架体的水平圆柱孔（φ22mm）与锁紧套 6 是 φ22H7/g6 的间隙配合，当用外力让锁紧螺母 4 做圆周运动旋紧时，则将锁紧套 6 拉向左做直线运动，锁紧套 6 上的圆柱面槽就迫使内衬圈 2 向左收缩而锁紧镜头；当用外力让锁紧螺母 4 做圆周运动旋松时，则将锁紧套 6 拉向右做直线运动，内衬圈 2 失去外力，依靠自己的张力面松开从而松开镜头。当调节齿轮与内衬圈 2 调整好位置后，用螺钉 7 使调节齿轮轴向定位。

解答如下：

1）装配体共有 10 类零件；主视图上的双点画线表达假想画法，表示辅助零件。

2）零件 4 的名称是锁紧螺母，该零件上有螺纹孔，该零件不能做左右直线运动，能做圆周运动。零件 6 的材料是 TY12，该零件上没有螺纹孔，该零件能做左右直线运动，不能做圆周运动。零件 2 能做前后直线运动。

3）零件 4 与零件 6 联接处是螺纹连接。零件 2 与零件 5 连接处是齿轮齿条啮合。

4）主视图上 φ6H8/f7 是零件 5 与零件 6 两个零件的配合尺寸，轴的尺寸是 φ6f7。

【示例 8-5】 根据图 8-56 所示的装配图，识图想象空间结构，回答问题。

1）俯视图采用了什么画法？A—A 视图采用了什么画法？

2）主视图中"Ⅰ"所指零件的名称是什么？"Ⅱ"所指零件的名称是什么？"Ⅲ"所指零件的名称是什么？A—A 视图中"Ⅳ"所指零件的名称是什么？零件 1 上有螺纹吗？

3）主视图上 φ29H7/h6 尺寸是哪两个零件的配合尺寸？由此可知内孔直径多少？外圆直径是多少？"Ⅳ"所指圆的直径尺寸是多少？图上标注有哪些安装尺寸？

4）液体的进口方向在哪？（选择：零件 2 左边/零件 12 右边）。零件 4 的作用是什么？零件 15 的作用是什么？

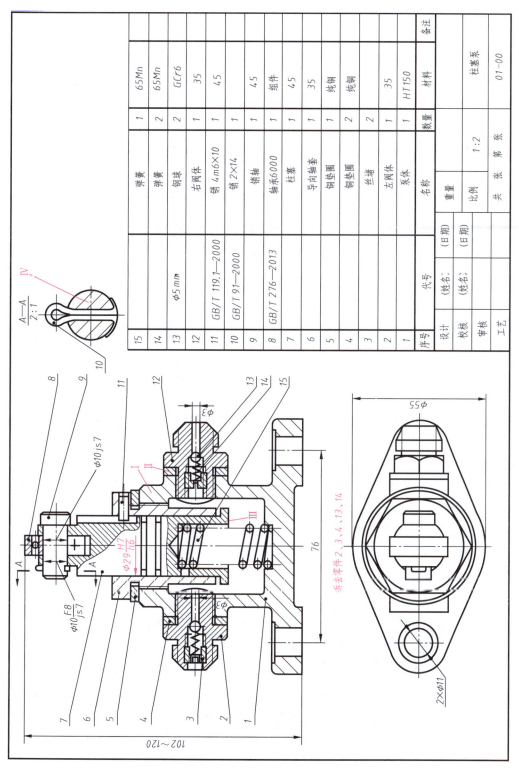

图 8-56 柱塞泵装配图

读图：

1）读标题栏与明细栏，知道装配体名称是柱塞泵，共由 15 类零件组成，可知各零件的名称、材料、数量，8、10、11 号零件为标准件，10 号为开口销，11 号为圆柱销。

2）分析视图，有主视图、俯视图两个基本视图与 A—A 局部放大图，主视图为局部剖视图，俯视图是视图，俯视图采用了拆卸画法。对照明细栏与序号，了解各零件在图上位置。再看图可知，主视图剖视图部分表达了零件的主要形状与装配干线、各零件的相对位置，视图部分表达零件 7 外部有槽的结构。

解答 1：俯视图采用了拆卸画法，A—A 图采用了局部放大图的画法。主视图中"Ⅰ"所指零件的名称是泵体，"Ⅱ"所指零件的名称是铜垫圈；"Ⅲ"所指零件的名称是柱塞；A—A 视图中"Ⅳ"所指零件的名称是销轴；零件 1 上有螺纹。

3）分离图，想象结构。分离图如图 8-57 所示。零件立体图如图 8-58 所示。装配体立体图如图 8-59 所示。

4）读尺寸。主视图上 φ29H7/h6 尺寸，是零件 6 与零件 7 两个零件的配合尺寸，由此可知内孔直径是 φ29H7，外圆直径是 φ29h6。"Ⅳ"所指圆为零件 9，主视图上标注有 φ10F8/js7，故直径尺寸是 φ10js7。图上标注的安装尺寸有 76、2×φ11。

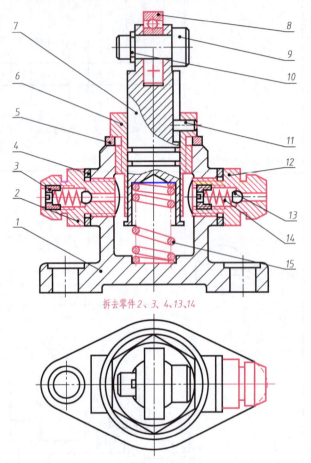

图 8-57 分离图

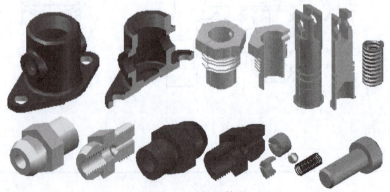

图 8-58 零件立体图

5) 读工作原理。柱塞泵通过改变容积变化从而改变压力来实现功能。在外力作用下，柱塞 7 向下运动，泵体 1 内腔中的液体产生压力，当压力超过左边的弹簧力后，压力液体便会通过左边 φ3 孔排出泵体。当外力为零时，柱塞 7 在弹簧 15 作用下向上运动，使泵体内产生负压，液体从右边进入泵体内腔。

解答 2：液体的进口方向在零件 12 右边。零件 14 的作用是让钢球 13 向右运动复位。零件 15 的作用是让零件 7 向上运动复位。

【示例 8-6】 识读图 8-60 所示齿轮泵的装配图。

1. 概括了解　由标题栏与明细栏中可知：装配体为齿轮泵，它是机器供油系统中的一个主要部件。由 16 种零件组成，是中等复杂程度的部件。由尺寸可知泵体体积不大。了解各零件的名称、数量、材料，共 7 类标准件。

图 8-59　装配体立体图

2. 分析视图　装配图共用了 5 个视图，由主视图、俯视图、右视图、左视图及泵盖的右视图组成。对照明细栏与序号了解各零件。主视图按泵的工作位置选取，采用了局部剖视图，主要表达泵的主要装配关系，结构形状。右视图采用了 C—C 全剖视图，主要说明泵的工作原理，进出油口的结构，与主视图配合表达泵体的结构形状。俯视图是通过两个齿轮轴线剖切的全剖视图，主要表达主动齿轮轴与从动齿轮、泵盖与泵体的装配关系，并表达了泵体底板的形状。左视图采用拆卸画法，主要表达 6 压盖的外形和泵体的外形。D 向视图主要表达泵盖的外形及连接螺孔、销孔的位置。

3. 分析零件　首先将熟悉的标准件从装配图中"分离"出去；然后分析简单的零件如泵盖 1、压盖 6、轴 11 和带轮 7，看懂后将它们分离出来；最后分析复杂的泵体 3。

（1）分析泵盖 1　找出泵盖的对应投影关系，泵盖分离过程图如图 8-61 所示，泵盖分离出的视图如图 8-62a 所示，泵盖的结构形状如图 8-62b 所示。

（2）分析压盖 6　找出压盖的对应投影关系，压盖分离过程图如图 8-63 所示，压盖分离出的视图如图 8-64a 所示，压盖的结构形状如图 8-64b 所示。

（3）分析泵体 3　在主、俯、右、左视图中找出泵体的对应投影关系，泵体分离过程图如图 8-65 所示，泵体分离出的视图如图 8-66a 所示，泵体的结构形状如图 8-66b 所示。

4. 综合归纳　想象各零件形状，按相对位置组装齿轮泵结构图，装配立体图与分解立体图如图 8-67 所示。

5. 分析尺寸、装配关系与工作原理　通过主、俯视图中，φ16H7/h6、φ22H7/h6 配合的标注，可以看出主动齿轮 10、轴 11 与泵体和泵盖孔是间隙配合。轴 11 与从动齿轮 12 孔采用 φ16H7/r6 的过盈配合。两个零件靠过盈配合连接在一起。齿轮泵的主要工作原理是靠啮合齿轮来完成的，如图 8-68 所示。当动力带动带轮 7 做圆周运动时，运动通过键 8 传给主动齿轮 10，主动齿轮带动从动齿轮 12 一起做圆周运动。液体从上孔进入泵体 3 中，充满各个齿间，并被齿轮沿着泵体的内壁送到另一侧，当齿轮啮合时，液体被挤压而从出口处以一定的压力排出。

另外，装配图中还表达了密封装置。如垫片 2、填料 4 等以及圆螺母 9 的防松装置。

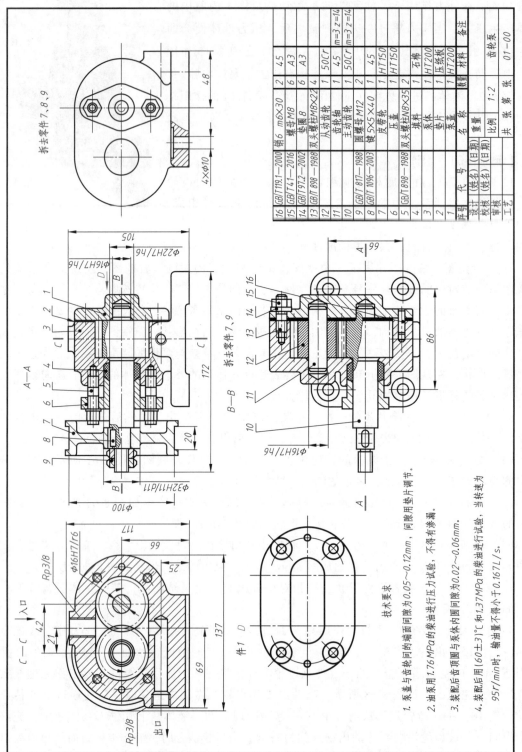

图 8-60 齿轮泵的装配图

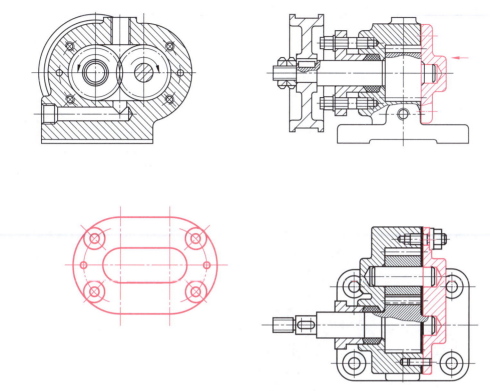

图 8-61 泵盖分离过程图

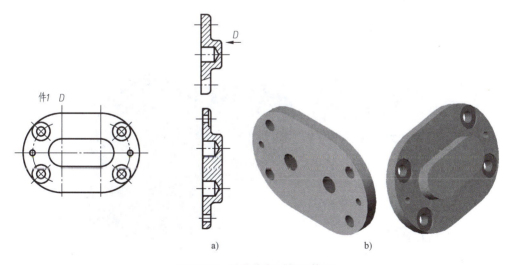

图 8-62 泵盖分离图与立体图

8.7.3 由装配图拆画零件图

根据装配图拆画零件工作图，应在看懂装配图的基础上进行。拆画零件工作图时，需要注意以下问题。

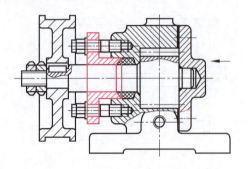 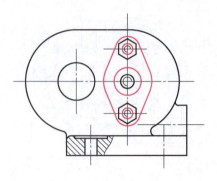

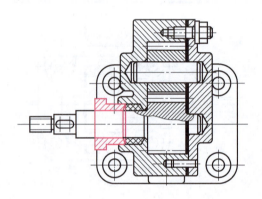

图 8-63　压盖分离过程图

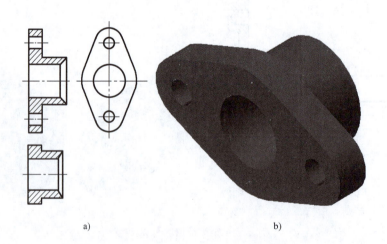

a)　　　　　　　　　b)

图 8-64　压盖分离图与立体图

1. 装配图上拆画下的零件图形状结构不完整　装配图主要用于表达装配体的工作原理、各零件间的装配关系和连接形式、零件的主要结构现状。因此，从装配图上拆画下的零件图形状结构是不完整的。主要原因有以下四点。

第8章 装配图的绘制与识读

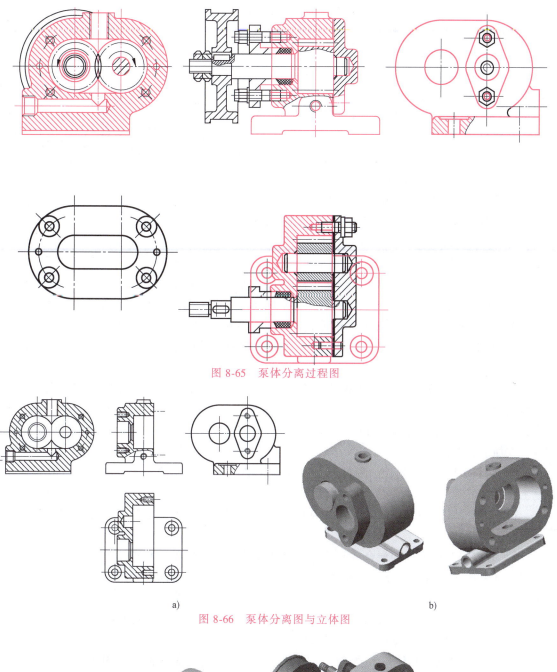

图 8-65 泵体分离过程图

图 8-66 泵体分离图与立体图

图 8-67 齿轮泵的装配立体图与分解立体图

1）在装配图中，由于零件众多，因而零件的某些轮廓线被其他零件挡住而删掉了。

2）由于装配图不侧重表达零件的全部结构形状，因而零件的某些结构在装配图中可能表达不清或完全没有表达。

3）零件上标准结构要素（如倒角、圆角、退刀槽等）在装配图上允许不画。

4）装配图上，内、外螺纹连接是按外螺纹画法绘制的，而零件图上的内螺纹必须按内螺纹画法绘制。因此，在拆画零件图时，对那些在装配图上被删掉的结构、表达不清楚的结构，允许省略不画的结构以及被改画了的结构，应按规定补画或改画过来。

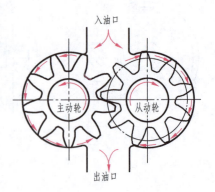

图 8-68　齿轮泵的主要工作原理

2. 从装配图上拆画零件图的主要依据

1）利用序号指引线和剖面线。从主视图中找到欲拆画零件的序号，根据序号指引线末端的小圆点，可以找到零件的大致位置。然后将标有其他序号的零件从主视图中去掉，保留下与小圆点所指部位剖面线相同的部分，即可得到零件在主视图上的大致轮廓。

2）利用投影关系。利用"长对正、高平齐、宽相等"的投影规律，在其他视图上找到对应的投影。

3. 确定表达方案　装配图的表达方案是从整个装配体来考虑的。在拆画零件图时，零件的表达方案应根据零件的结构特点来考虑，不能强求与装配图一致。一般来讲，壳体、箱体类零件主视图的安放位置可以与装配图一致。这样，便于装配时对照。而对于轴类零件，一般按加工位置选取。

4. 零件图上尺寸的处理　零件图上尺寸的注法应按一般零件图的方法标注。其尺寸来源主要有以下几个方面。

1）抄取。装配图已注出的尺寸，应直接抄注在零件图上。对于配合尺寸、相对位置尺寸要注出偏差数值。

2）查取。与标准件相配合或相联接的有关尺寸，某些标准结构或工艺结构尺寸，要从相应标准中查取。如尺寸公差、螺纹尺寸、销孔、键槽尺寸、倒角、倒圆、沉孔、退刀槽尺寸等。

3）计算。某些尺寸需要根据装配图给出的参数进行计算。如齿轮的尺寸。

4）量取。对于装配图中未标注的尺寸，可以在装配图上直接量取。

5. 表面粗糙度和其他技术要求　零件上各表面的粗糙度应根据零件表面的作用和要求确定。一般情况下，有相对运动和配合的表面，有密封要求、耐蚀要求的表面，其表面粗糙度数值应小些；其他表面粗糙度数值应大些。零件图上技术要求可用类比法确定。

【示例 8-7】　识读图 8-69 所示装配图，并拆画 3 号零件的零件图。

1. 识读装配图

（1）概括了解　由标题栏可知，该装配体名称为阀，安装在液体管路中用以控制管路的"通"与"不通"。由明细栏和外形尺寸可知它由 7 种零件组成，结构不太复杂。

（2）分析视图　阀装配图采用了主视图（全剖视图）、俯视图（全剖视图）、左视图三

第8章 装配图的绘制与识读

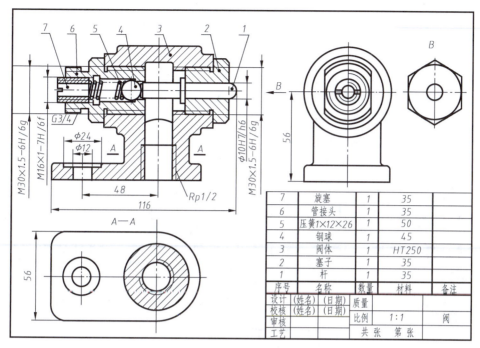

图 8-69 阀装配图

个基本视图和一个 B 向局部视图的表达方法。有一条装配轴线，阀通过阀体上的 Rp1/2 螺纹孔、φ12 的螺栓孔和管接头上的 G3/4 螺孔装入液体管路中。

（3）分析组成装配体的各零件结构形状　阀体是装配图中的一个主要零件，分析其结构形状：首先将阀体 3 从主、俯、左三个视图中分离出来，然后想象其形状。阀体内型腔的形状，因左、俯视图没有表达，所以不易想象。但通过主视图中 Rp1/2 螺孔上方的相贯线形状得知，阀体内腔为圆柱形，轴线水平放置，且圆柱孔的长度等于 Rp1/2 螺孔的直径，如图 8-70 所示。

图 8-70 阀立体图

（4）分析工作原理和装配关系　阀的工作原理从主视图看最清楚。当杆 1 受外力作用向左移动时，钢球 4 压簧 5，阀门被打开；当去掉外力时，钢球 4 在压簧 5 作用下将阀门关闭。旋塞 7 可以调整弹簧作用力的大小。

阀的装配关系从主视图看最清楚。左侧将钢球 4、压簧 5 依次装入管接头 6 中，然后将旋塞 7 拧入管接头，调整好弹簧压力，再将管接头拧入阀体左侧的 M30×1.5 螺孔中。右侧将杆 1 装入塞子 2 的孔中，再将塞子 2 拧入阀体右侧的 M30×1.5 螺孔中。杆 1 和管接头 6

在径向有1.5mm的间隙，管路接通时，液体由此间隙流过。

2. 画阀体零件图

（1）确定视图表达方案　读懂零件的形状后，要根据零件的结构形状及在装配图中的工作位置或零件的加工位置，重新选择视图，确定表达方案。此时可以参考装配图的表达方案，但要注意不受原装配图的限制。阀体的表达方法定为：主视图方向与装配图相同，主、俯视图用全剖视图，左视图采用视图。

（2）绘制图形　定图幅、定比例、布图，从装配图中抄下阀体图形，如图8-71a所示。补充线条，改正线条，如图8-71b所示。加深线型，绘制剖面线，如图8-71c所示。

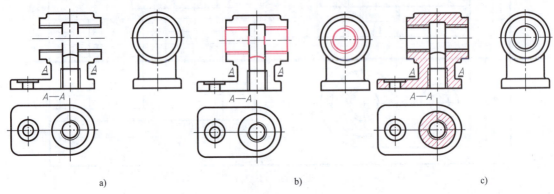

图8-71　绘制图形

（3）标注尺寸　如图8-72所示。由于装配图给出的尺寸较少，而在零件图上应标注出加工零件所需要的全部尺寸，所以很多尺寸必须在拆画零件图时确定下来。在图8-72阀体零件图中，M30×1.5—6H、Rp1/2、48、56、ϕ12、ϕ24这些尺寸是从装配图上抄来的，它们有的是配合尺寸，有的是定位尺寸、连接尺寸。ϕ36是通过查阅标准（内螺纹退刀槽）而定的，其余尺寸是装配图上未注出的，通过测量后圆整确定的。

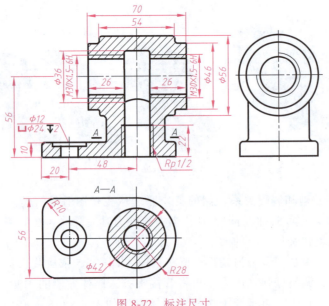

图8-72　标注尺寸

(4) 确定技术要求 填写标题栏，如图 8-73 所示。

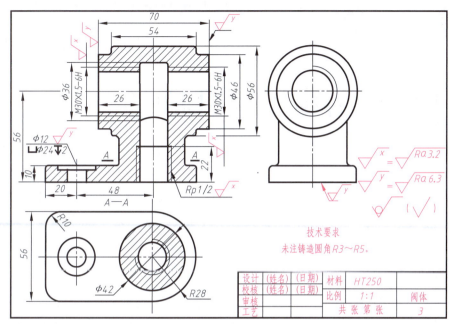

图 8-73 阀体零件图

大国工匠——宁允展

CRH380A 型列车，曾以世界第一的速度试跑京沪高铁，它是李克强总理向全世界推销中国高铁时携带的唯一车模，可以说是中国高铁的一张国际名片。打造这张名片的，有一位不可或缺的人物，他就是高铁首席研磨师——宁允展。

宁允展是 CRH380A 的首席研磨师，是中国第一位从事高铁列车转向架"定位臂"研磨的工人，被同行称为"鼻祖"。从事该工序的工人全国不超过 10 人。他研磨的转向架装上了 644 列高速动车组，奔驰 8.8 亿公里，相当于绕地球 22000 圈。宁允展坚守生产一线 24 年，他曾说，"我不是完人，但我的产品一定是完美的。"做到这一点，需要一辈子踏踏实实做手艺。486.1km/h，这是 CRH380A 在京沪高铁跑出的最高时速，它刷新了高铁列车试验运营速度的世界纪录。如果把高铁列车比作一位长跑运动员，车轮是脚，转向架就是腿，而宁允展研磨的定位臂就是脚踝。宁允展对技术的掌控和精准把握，让国外专家都竖起了大拇指。宁允展说，"工匠就是凭实力干活，实事求是，想办法把手里的活干好，这是本分。"

第 9 章

零件与装配体的测绘

《梦溪笔谈》

【本章能力目标】 培养工程技术人才必备的零件及装配体的制图测绘技能。

9.1 零件的测绘

根据实际零件绘制草图，测量并标注尺寸，给出必要的技术要求的绘图过程，称为零件测绘。测绘零件的工作常在现场进行。由于条件限制，一般是先画零件草图，即以目测比例，徒手绘制零件图，然后根据了解草图和有关资料用仪器或计算机绘制出零件工作图。零件测绘对推广先进技术、交流革新成果、改造和维修现有设备都有重要作用，它是工程技术应用型人才必备的制图技能之一。

9.1.1 零件测绘方法和步骤

1. 分析　分析零件，了解零件的名称、类型、材料及在机器中的作用，分析零件的结构、形状和加工方法。

2. 拟定表达方案　根据零件的结构特点，按其加工位置或工作位置，确定主视图的投射方向，再按零件结构形状的复杂程度选择其他视图的表达方案。

3. 绘制零件草图　现以第 8 章图 8-1 所示球阀中的阀盖 2 为例说明绘制零件草图的步骤。

阀盖属于盘盖类零件，用两个视图即可表达清楚。画图步骤如图 9-1 所示。

1）布局定位。在图纸上画出主、左视图的对称中心线和作图基准线，如图 9-1a 所示。布置视图时，要考虑到各视图之间留出标注尺寸的位置。

2）以目测比例画出零件的内、外结构形状，如图 9-1b 所示。

3）经仔细核对后，按规定线型将图线描深。

4）选定尺寸基准，按正确、完整、合理的要求画出所有尺寸界线、尺寸线和箭头，如图 9-1c 所示。

5）测量零件上的各个尺寸，在尺寸线上逐个填上相应的尺寸数值，如图 9-1d 所示。

6）注写技术要求和标题栏，如图 9-1d 所示。

9.1.2 零件尺寸的测量方法

测绘尺寸是零件测绘过程中必要的步骤，零件上的全部尺寸的测量应集中进行，这样可以提高工作效率，避免遗漏。切勿边画尺寸线，边测量，边标注尺寸。

测量尺寸时，要根据零件尺寸的精确程度选用相应的量具。常用金属直尺、内外卡钳测量不加工和无配合的尺寸；用游标卡尺、千分尺等测量精度要求高的尺寸；用螺纹规测量螺距；用圆角规测量圆角；用曲线尺、铅丝和印泥等测量曲面、曲线。图 9-2、图 9-3 所示为测量壁厚和曲线、曲面的方法。

9.1.3 零件测绘时的注意事项

1) 零件的制造缺陷如砂眼、气孔、刀痕等，以及长期使用所产生的磨损，均不应画出。零件上因制造、装配所要求的工艺结构，如铸造圆角、倒圆、倒角、退刀槽等结构，必须查阅有关标准后画出。

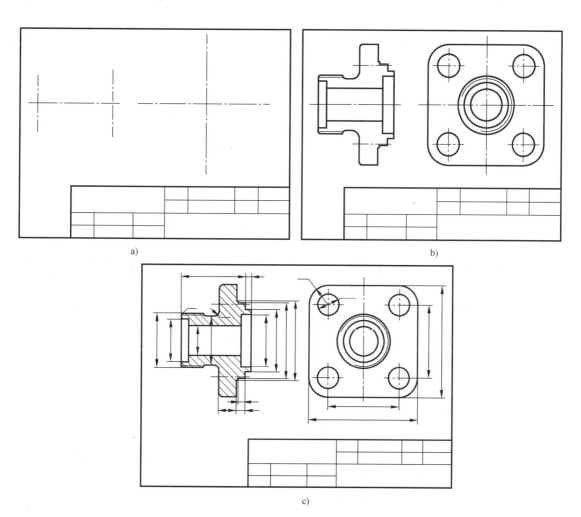

图 9-1　零件的测绘方法和步骤

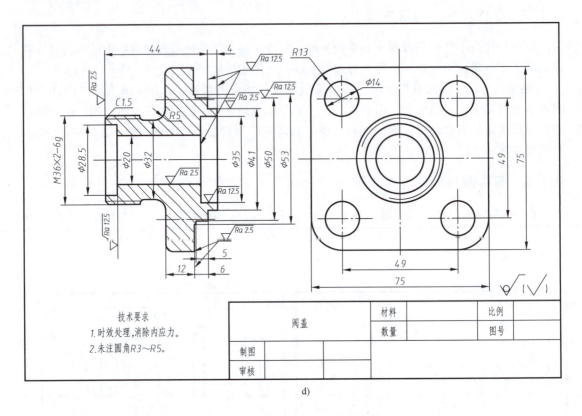

d)

图 9-1 零件的测绘方法和步骤（续）

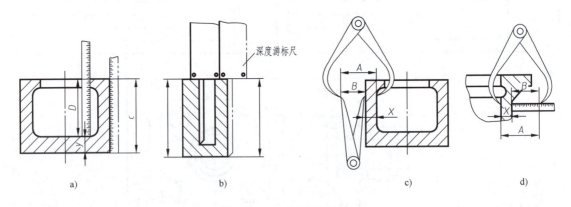

a) 用金属直尺测量壁厚　b) 用深度游标尺测量壁厚　c) 用内外卡钳测量壁厚　d) 用外卡钳和金属直尺测量薄厚

图 9-2 测量壁厚

2) 有配合关系的尺寸一般只需要测出公称尺寸，配合性质和公差数值应在结构分析的基础上，查阅有关手册确定。对螺纹、键槽、齿轮的轮齿等标准结构的尺寸，应将测得的数值与有关标准核对，使尺寸符合标准系列。

3) 零件的表面结构、极限与配合、技术要求等，可根据零件的作用参考同类产品的图样或有关资料确定。根据设计要求，参照有关资料确定零件的材料。

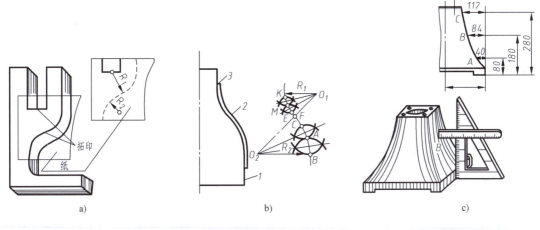

图 9-3 测量曲线及曲面
a) 用拓印方法测量曲面 b) 用铅丝测量曲线 c) 用坐标法测量曲面

9.2 装配体的测绘

装配体测绘是根据现有的装配体，先画出零件草图，再画出装配图和零件工作图的过程。在生产实践中，维修机器设备或技术改造时，在没有现成技术资料的情况下就需要对机器或部件进行测绘，以得到相关资料。

9.2.1 测绘方法与步骤

1. 测绘前的准备　测绘装配体之前，应根据其复杂程度编订进程计划，编组分工，并准备拆卸用工具，如扳手、锤子、铜棒、木棒、测量用钢皮尺、卡尺等量具及细铅丝、标签，绘图用品等。

2. 了解装配体　根据产品说明书，同类产品图样等资料，或通过实地调查，初步了解装配体的用途、性能、工作原理、结构特点及零件间的装配关系。

3. 拆卸零件，绘制装配示意图　为便于装配体被拆卸后仍能装配复原，在拆卸过程中应尽量做好原始记录，最简便常用的方法是绘制装配示意图，也可运用照相乃至录像等手段。装配示意图只要求用简单的线条、大致的轮廓将各零件之间的相对位置、装配、连接关系及传动情况表达清楚，是部件拆卸后重新装配和画装配图的依据。在示意图上应编制零件序号，并注写零件的名称及数量。在拆下的每个（组）零件上扎上标签，标签上注明与示意图相对应的序号及名称。

装配示意图有以下特点。

1）装配示意图只用简单的符号和线条表达部件中各零件的大致形状和装配关系。

2）一般零件可用简单图形画出其大致轮廓。

3）相邻两零件的接触面或配合面之间应留有间隙，以便区别。

4）零件可看作透明体，且没有前后之分，均为可见。

5）全部零件应进行编号，并注出名称。

在拆卸零件时，要顺序进行，对不可拆连接和过盈配合的零件尽量不拆，以免影响装配体的性能和精度。拆卸时使用工具要得当，拆下的零件应妥善放置，以免碰伤或丢失。

4. 画零件草图　组成装配体的每一个零件，除标准件外，都应画出零件草图，草图的画法已在前面作了介绍，画装配体的零件草图时，应尽可能注意到零件间的尺寸协调。

5. 画装配图　根据装配示意图、零件草图画装配图的过程，是一次检验、校对零件形状、尺寸的过程，草图的形状和尺寸如有错误或不妥之处，应及时修改，保证零件间的装配关系能在装配图上正确地反映出来。

9.2.2　画装配图的方法和步骤

部件是由若干零件装配而成的，根据零件图及其相关资料，可以了解各零件的结构形状，分析装配体的用途、工作原理、连接和装配关系，然后按各零件图拼画成装配图。

现以第 8 章图 8-1 所示的球阀为例，介绍画装配图的方法和步骤。球阀中的主要零件阀芯、阀杆、阀盖、阀体分别如图 9-4、图 9-5、图 9-6、图 9-7 所示。球阀上的其他重要零件图有密封圈（图 9-8）、填料压紧套（图 9-9）、扳手（图 9-10）等。其他的零件图不再列出。

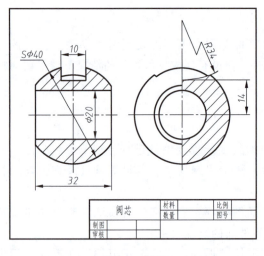

图 9-4　阀芯

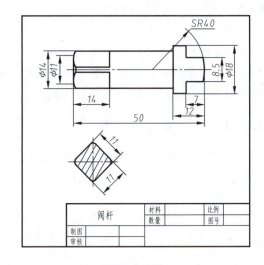

图 9-5　阀杆

画装配图应按下列方法和步骤进行。

1. 了解部件的装配关系和工作原理　对照图 8-1 仔细进行分析，可以了解球阀的装配关系和工作原理。球阀的装配关系是：阀体 1 与阀盖 2 上都带有方形凸缘结构，用四个螺柱 6 和螺母 7 可将它们连接在一起，并用调整垫 5 调节阀芯 4 与密封圈 3 之间的松紧。阀体上部阀杆 12 上的凸块与阀芯上的凹槽榫接，为了密封，在阀体与阀杆之间装有填料垫 8、中填料 9 和上填料 10，并旋入填料压紧套 11。球阀的工作原理是：将扳手 13 的方孔套进阀杆 12 上部的四棱柱，当扳手处于如图 8-2 所示的位置时，阀门全部开启，管道畅通；当扳手按顺时针方向旋转 90°时（图 8-2 俯视图双点画线所示位置），则阀门全部关闭，管道断流。从俯视图上的 B—B 局部剖视图可看到阀体 1 顶部限位凸块的形状（90°扇形），该凸块用来限制扳手 13 旋转的极限位置。

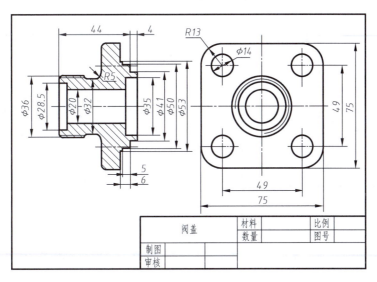

图 9-6　阀盖

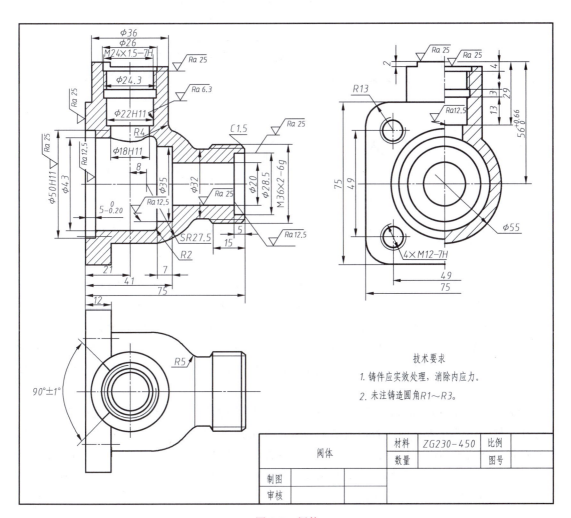

图 9-7　阀体

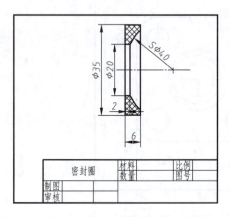
图 9-8　密封圈

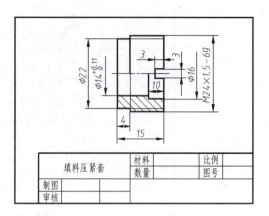
图 9-9　填料压紧套

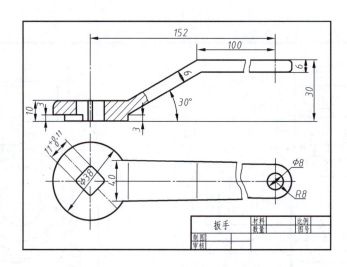
图 9-10　扳手

2. 确定表达方案　装配图表达方案的确定，包括选择主视图、其他视图和表达方法。

（1）选择主视图　一般将装配体的工作位置作为主视图的位置，以最能反映装配体装配关系、位置关系、传动路线、工作原理、主要结构形状的方向作为主视图投射方向。由于球阀的工作位置变化较多，故将其置为水平位置作为主视图的投射方向，以反映球阀各零件从左到右和从上向下的位置关系、装配关系和结构形状，并结合其他视图表达球阀的工作原理和传动路线。

（2）选择其他视图和表达方法　主视图不可能把装配体的所有结构形状全部表达清楚，应选择其他视图补充表达尚未表达清楚的内容，并选择合适的表达方法。如图 8-2 所示，用前后对称的剖切平面剖开球阀，得到全剖的主视图，清楚地表达了各零件间的位置关系、装配关系和工作原理，但球阀的外形形状和其他的一些装配关系并未表达清楚，故选择左视图补充表达外形形状，并以半剖视图进一步表达装配关系；选择俯视图并作 B—B 局部剖视，反映扳手与限位凸块的装配关系和工作位置。

3. 画装配图的方法和步骤

1）确定了装配体的视图和表达方案后，根据视图表达方案和装配体的大小，选定图幅和比例，画出标题栏，明细栏框格。

2）合理布图，画出各视图的主要轴线（装配干线）、对称中心线和作图基准线。

3）画主要装配干线上的零件，采取由内向外（或由外向内）的顺序逐个画每一零件。

4）画图时，从主视图开始，并将几个视图结合起来一起画，以保证投影准确和防止漏线。

5）底稿画完后，检查描深图线、画剖面线、标注尺寸。

6）编写零、部件序号，填写标题栏、明细栏、技术要求。

7）完成全图后，再仔细校核，准确无误后，签名并填写时间。

图 9-11 为球阀装配图底稿的画图方法和步骤。

1）画出三个视图的主要轴线、对称中心线和作图基准线，如图 9-11a 所示。

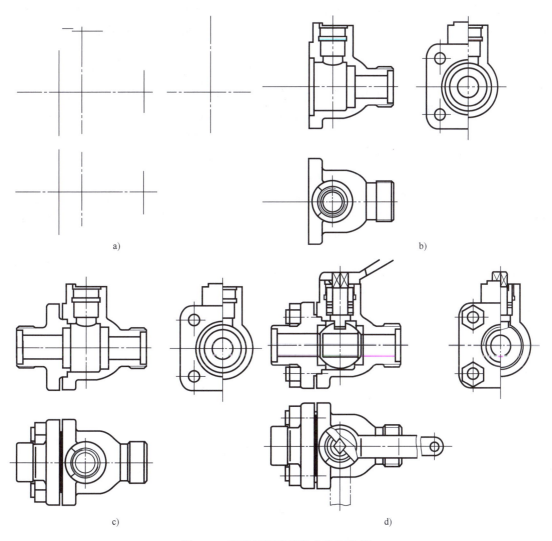

图 9-11 画装配图底稿的方法和步骤

2）画轴线上的主要零件（阀体）的轮廓线，三个视图联系起来画，如图9-11b所示。

3）根据阀盖和阀体的相对位置，沿水平轴线画出阀盖的三视图，如图9-11c所示。

4）沿水平轴线画出各个零件，再沿铅直轴线画出各个零件，然后画出其他零件，如图9-11d所示。

5）画出扳手极限位置；检查、描深图线；画剖面线；标注尺寸；编写零、部件序号，填写标题栏、明细栏、技术要求，完成后的球阀装配图如图8-2所示。

我国第一艘万吨级远洋货轮——"东风号"

1960年4月23日，我国自主设计建造的第一艘万吨级远洋货轮——"东风号"，在上海江南造船厂下水。这是中国船厂建造的第一艘万吨轮，结束了"中国不能造大船"的历史。

在建造"东风号"远洋货轮过程中，工人们发扬了敢想敢做的拼搏风格，办到了许多原来认为办不到的事情。货轮开始建造时，船上的其他材料、设备都能在国内制造，独有一台精密仪器——电罗经当时还不能制造。电气车间工人知道这件事以后，下定决心："东风号"一定要用上国产电罗经。工人李文敏、工程师马滕图等，战胜了重重困难，终于制成了我国第一台电罗经。老工人吴裕其还创造了"无声下水"的行进操作法。

"东风号"的建造成功，开创了我国自主设计、建造万吨级船舶的先河，它集中反映了当时我国船舶设计、制造水平以及船舶配套生产能力，为我国大批量建造万吨以上大型船舶奠定了基础。自此以后，我国的造船水平飞速提升，陆续建造了海洋运输船舶、长江运输船舶、海洋石油开发船舶等多种类型的巨轮。

第 10 章

其他工程图的绘制与识读

【本章能力目标】 培养识图简单建筑图、展开图、焊接图、钢结构图的能力。

10.1 建筑图的绘制与识图

在建筑工程中，建造厂房、住宅、学校、桥梁、道路等都要依据图样进行施工。建筑制图主要研究在平面上用图形表示空间几何形状的基本理论和方法。

10.1.1 建筑施工图的基本知识

房屋建筑施工图将拟建房屋的内外形状和大小以及各部分的结构、构造、装饰、设备等的做法，用正投影方法并按制图规定详细准确地表示在图样上，用以指导建筑工程施工。

由于建筑施工图一般采用缩小的比例绘制，对房屋建筑的材料、构造及配件等难以如实绘出其投影，通常用规定的图例代替，表 10-1 是常用材料、构造和配件的图例。

表 10-1 常用材料、构造及配件图例

名称	图例	说明	名称	图例	说明
普通砖		1. 包括砌体、砌块 2. 断面较窄，不易画出图例线时，可涂红	金属		包括各种金属；图形小时可涂黑
空心砖		包括各种多孔砖	检查孔		左图为可见检查孔，右图为不可见
混凝土		图例仅适用于能承重的混凝土及钢筋混凝土；包括各种添加剂的混凝土；在剖面图上画出钢筋时，不画图例线；断面窄，不易画出图例线时，涂黑	坑槽		—
钢筋混凝土			墙预留洞	宽×高或φ	—

10.1.2 建筑平面图

1. 图示方法及作用 假想用一水平的剖切平面沿略高于窗台的位置剖切房屋，移去上面部分，对以下的部分作水平剖面图，即为建筑平面图，简称平面图。通常，房屋有几层就应该画出几张平面图，并注出其相应的名称，依次称为首层平面图、二层平面图、……、顶层平面图。对平面布置完全相同的楼层可共用一张平面图，称为 $x\sim y$ 层平面图或标准层平面图。

平面图的比例常采用 1∶50、1∶100、1∶200 等。平面图中的图线要粗细分明，凡是被剖切到的墙、柱等断面的轮廓线，均用粗实线，门、窗等其余可见轮廓线用中粗线，其他线型同机械制图。粗实线、中粗线、细实线的宽度比为 4∶2∶1。

2. 建筑平面图的读图要点　图 10-1 所示为某民用建筑的首层平面图。

1) 从图名可知该图样是哪一层的平面图，绘图比例是多大。

2) 从平面图的外墙轮廓可知每层的平面轮廓形状，把每层的平面外轮廓形状联系起来可想象出该房屋外立面的概况。

3) 从墙的分隔、房间名称以及门窗的配置，可知各层的房间配置、用途、数量以及相互间的联系情况等。

4) 从图中的门窗图例、代号、编号可知门窗的位置和门的开启方向。根据代号、编号进一步查阅门窗详图和门窗表，可知门窗的尺寸规格等。门、窗代号分别用 M、C 表示，代号后面的阿拉伯数字是代表门窗的类型编号。

5) 从楼梯图例可知楼梯的设置和上下交通走向。

6) 从设备设施图例可知卫生间、宿舍等的主要设备设施的布置情况。

7) 从轴线编号可知承重墙、柱的数目和分布情况。

8) 平面图上一般纵横各标注 3 道尺寸。第一道（最里面一道）尺寸表示门窗洞口宽度尺寸和门窗间的墙体尺寸，以及细部的构造尺寸；第二道（中间一道）尺寸表示轴线间的尺寸，用以表明房间的开间和进深尺寸；第三道（最外一道）尺寸表明房屋外轮廓的总尺寸，即从一端外墙边到另一端外墙边的总尺寸。

9) 从图中的有关符号可知房屋朝向、地面标高、剖切位置、索引详图等情况。

10.1.3　建筑立面图

1. 图示方法及作用　建筑立面图（简称立面图）是在与建筑物平行的正立投影面上得到的建筑物投影图。主要用来表达建筑物的外形外貌、门窗洞、雨篷、阳台等在同方向上的定形尺寸，以及外墙的装饰、用料、施工要求等。

立面图所采用的比例一般与平面图相同，由于比例较小，细部构造通常采用图例表示，细部构造的详细结构用详图表示。立面图上室外地坪和外轮廓线用粗实线绘制，外轮廓之内的凹凸墙面的轮廓线以及门窗、阳台等建筑设施的轮廓线用中粗线绘制；细部构件的轮廓用细实线绘制（图 10-2）。立面图一般只标注高度方向的尺寸，通常用标高表示。

2. 建筑立面图的读图要点　立面图必须和平面图结合起来读，以图 10-2 所示的立面图为例说明立面图的内容及读图方法。

1) 从图名可以知道是前述房屋的南、北向立面图，比例和平面图相同，为 1∶100。

2) 从两个立面图的定位轴线可以了解立面图和平面图的对应关系。南立面图左面是西，右面是东；北立面图的左面是东，右面是西。

第10章 其他工程图的绘制与识读

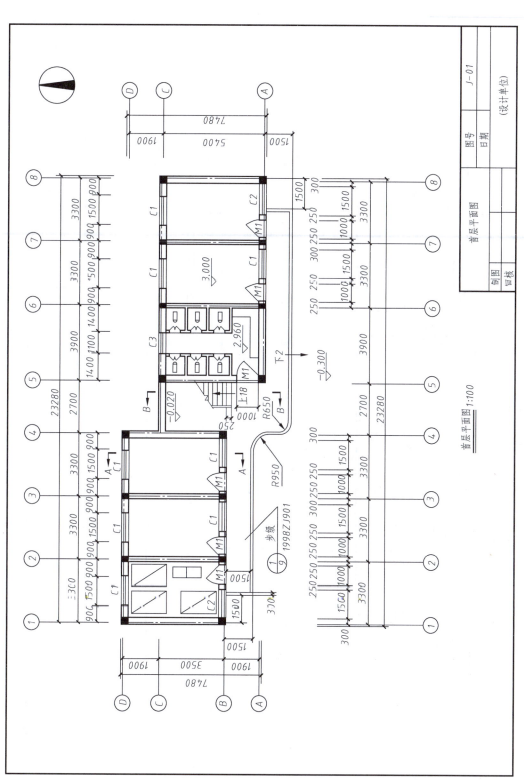

图 10-1 某民用建筑的首层平面图

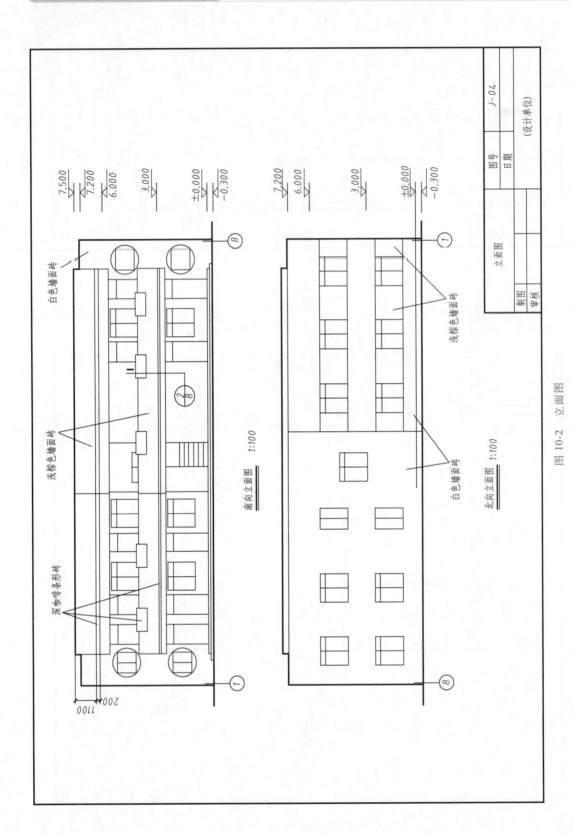

图 10-2　立面图

3) 对照平面图可以看出窗户的形状和位置，还可以了解门、踏步楼梯等细部的形状和位置。

4) 从立面图上可以了解外墙饰面材料、配色尺寸等。

5) 了解主要部位的标高，如台阶、屋顶、各楼层地面、女儿墙等处的标高。门窗洞口的高度要参考剖面图。

6) 把每层的平面图和立面图结合起来可想象出楼房的形状。

10.1.4 建筑详图

1. 图示方法及作用 前面完成的建筑平面图、立面图，虽然可以表明房屋的外形、平面布置、内部构造和主要尺寸，但由于比例较小，许多细部构造无法表达清楚，为了满足施工要求，对房屋的细部构造用较大的比例将其形状、大小、层次、尺寸、材料和做法等详细地画出来，这些图称为建筑详图，简称详图，也称大样图或节点图。它是建筑平面图、立面图、剖面图的补充图样，对局部施工具有指导作用，如图10-3所示。

绘制详图的比例通常选用1∶50、1∶25、1∶20、1∶10、1∶2、1∶1等。可以理解为详图是平面图、立面图的局部放大图或放大的局部剖面图。详图要求构造表达清楚，尺寸标注齐全，文字说明准确，轴线、标高与相应的平面图、立面图、剖面图一致，所有在平面图、立面图、剖面图的具体做法和尺寸均应以详图为准。

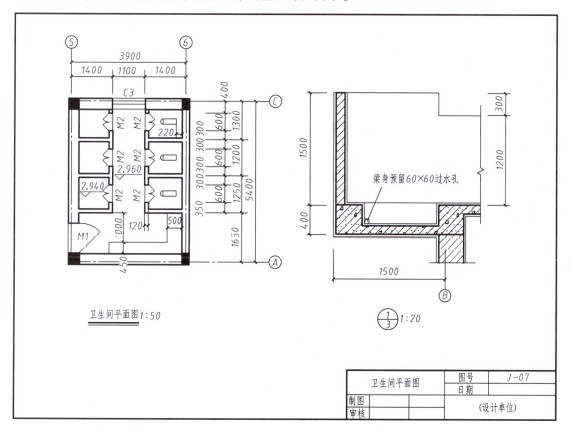

图10-3 建筑卫生间和楼顶雨水槽详图

2. 图示内容　房屋的详图通常有檐口、墙身、栏板（栏杆）等节点构造详图，楼梯详图以及厨房、卫生间、阳台、门窗、装饰物、花格、花槽、扶手、雨篷、台阶等详图。不同的详图其图示内容有较大的差别，一般都是表达房屋细部构造所用的各种材料及基本规格、各部分的连接方法和相对位置的关系、各部位和各细部的详细尺寸以及有关施工要求和做法说明等。

10.2　展开图的绘制

10.2.1　展开图的基本知识

在工业生产中，常常有一些零部件或设备由金属板材加工而成。在制造时，首先在金属薄板上，按零件图的尺寸绘出各个组成形体的表面展开图，然后下料加工。图10-4所示为一个除尘器，它的外壳是用金属薄板制成圆柱、圆台、弯管和变形接头后，再用铆接、焊接或咬缝连接将它们装配起来。

立体表面的展开就是把围成立体表面的侧面一次连续地平摊在一个平面上。立体表面展开后所得平面图形称为展开图。图10-5所示为圆锥管表面展开过程及其展开图。有些立体表面可以摊平在一个平面上，这种表面称为可展开面。平面立体的表面以及直纹曲面中相邻二素线是平行或相交的共面的曲面，如柱面和锥面，都是可展开面。有些立体表面只能近似地摊平在一个平面上，则称为不可展面。以曲线为母线的双向曲面，如球面和环面，以及母线仍为直线，但相邻二素线既不平行又不相交的曲面，如双曲抛物面，都是不可展面。

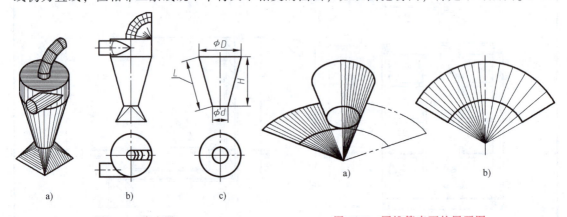

图10-4　除尘器　　　　　　　　　图10-5　圆锥管表面的展开图
a）除尘器立体图　b）视图　c）圆锥管视图　　　　a）展开过程　b）展开图

画展开图实质上是一个如何求立体表面实形的问题。在实际生产中，绘制展开图的方法有两种：图解法和计算法。图解法是根据投影原理作出投影图，然后再用作图方法求出作展开图所需的线段实长和平面图形的实形后，绘出展开图。图解法作展开图较直观、简单，适用于中、小构件。计算法是用解析式来计算出作展开图的实长尺寸来绘制展开图，省略了作投影图和求实长等繁琐作图过程，且有精确度高的优点，一般大构件用计算法比较适宜。计算法能用计算机来进行计算和绘制展开图，并能控制切割和自动下料，大大提高了板工展开生产率和精确度，是今后发展的方向。

10.2.2 平面立体表面的展开

求平面立体的表面展开图实质就是求出属于立体表面的所有多边形的实形,并将它们依次连续地画在一个平面上。

1. 棱柱管表面的展开 棱柱管的侧面都是四边形,而且棱线相互平行。因此,只要求出各侧棱和底边的实长,就可以绘出棱柱表面的展开图。如图 10-6 所示四棱柱管的展开图。

图 10-6a 所示为斜口直棱柱管的两面投影。由于四棱柱底面 *ABCD* 平行于水平面,其水平投影反映实形。侧棱 *EA*、*FB*、*GC* 和 *HD* 均为铅垂线,正面投影反映实长。根据这个关系就可以作出四个侧面的实形。展开图的作图过程如图 10-6b 所示。

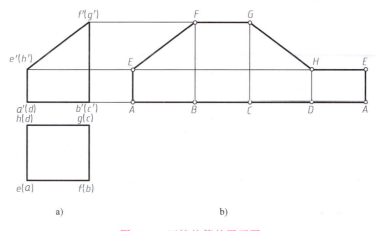

图 10-6　四棱柱管的展开图
a) 四棱柱管投影图　b) 展开图

2. 棱台的展开 图 10-7a 所示为四棱台的两面投影。棱线延长后交于一点 *S*,形成一个倒置的四棱锥,可见此渐缩管是四棱台。四棱锥的四条棱线的实长相等,可用直角三角形法求实长,然后按已知边长作三角形的方法,顺次作出各三角形棱面的实形,拼得四棱锥的展开图。截去延长的下段棱锥的各棱面,就是四棱台的展开图。展开图的作图过程如下。

(1) 求棱线的实长 如图 10-7b 所示,作水平线 $OS_1 = es$。过 O 点做铅垂线 OE_1 等于四棱锥的高 H_1,S_1E_1 即为延长的棱线 SE 的实长。在 OE_1 上量四棱台的高 H,作水平线与 S_1E_1 交于 A_1,则 S_1A_1 即为棱长实长。

(2) 作展开图 如图 10-7c 所示,作 $SE = S_1E_1$。以 S 为圆心,SE 为半径作一圆弧,因矩形 *efgh* 反映实形,其各边反映实长。在圆弧上截取弦长 $EF = ef$、$GH = gh$、$HE = he$,得 *E*、*F*、*G*、*H*、*E* 交点,将它们与 *S* 点相连,即为完整的四棱锥的展开图。

(3) 在各棱线上截去延长的棱线的实长 以 S_1A_1 为半径作一圆弧,与 *SE*、*SF*、*SG*、*SH*、*SE* 相交得 *A*、*B*、*C*、…各点,顺次连接。截出的部分即为这个矩形渐缩管的展开图。

3. 漏斗表面的展开 图 10-8a 所示为一个漏斗的投影图。漏斗的四条棱线延长后不交于一点,因此该漏斗不是四棱台。该漏斗的前后侧面是两个相等四边形的侧垂面,左右两侧面是等腰梯形的正垂面。各侧棱都是一般位置的直线,且 $AE = DH$、$BF = CG$。作四边形的实形时,将其用对角线划分为两个平面三角形来作图。作等腰梯形的实形时,也可用其上下两底边和高的实长作图。考虑接口缝要短,展开时将接口布置在 *AE* 棱线上。展开图如图 10-8c 所示。

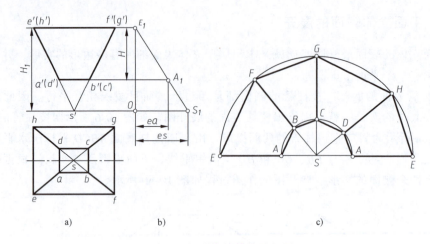

图 10-7 矩形渐缩管的展开图
a) 投影图　b) 求实长　c) 展开图

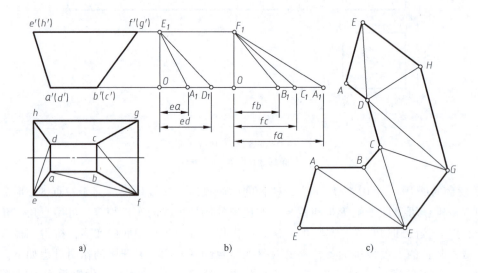

图 10-8 漏斗的展开图
a) 投影图　b) 侧棱及对角线的实长　c) 展开图

10.2.3 可展曲面的展开

柱面、锥面及切线曲面属单曲面,其上相邻两素线为平行或相交的两直线,相邻两素线可构成一小片平面,真个曲面由无限多个这样的小片平面组成。本节主要研究柱面和锥面的展开图的画法。

1. 正圆柱表面的展开　其展开图是一个矩形,该矩形高 H 与圆柱面高的高相等,矩形的另一边的长度等于圆柱面的圆周长 πD(D 为圆柱直径)。其展开图的作图步骤如图 10-9 所示。

2. 截切正圆柱表面的展开　正圆柱表面的展开图是一个以柱高 H 为高,以 πD(D 为圆柱直径)为底的矩形。当正圆柱被一正垂面 P 斜截,其上下底不平行,上底为被平面 P 斜截的椭圆,下底为圆。若以两素线当作一平面图形,则该平面图形可看成直角梯形,他的上下底为两素线,其正面投影反映实长,其腰垂直于上下底,长度为两素线间的底圆的弧长。其展开图如图10-10所示。

3. 五节等径圆柱弯管表面的展开

多节圆柱弯管常用于通风管道和热力管道中。图10-11a所示的弯管是由五节圆柱管组成,用来连接两正交圆柱管道。弯头由五节斜口圆管组成,中间的三节是两面倾斜的全节,端部的两节是一面倾斜的半节。这种弯管每节的直径都相同,可以将第 B、D 两节管绕其轴线旋转180°与 A、C、E 三节连接成一正圆柱,如图10-11b所示。然后按上述截头正圆柱表面展开方法作出连起来的各节的展开图,如图10-11c所示。

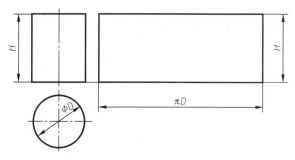

图 10-9 正圆柱表面的展开图

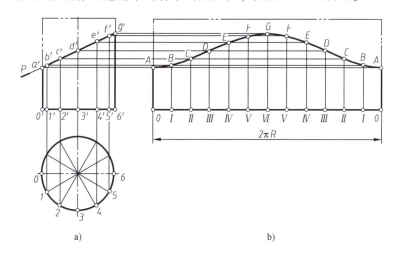

图 10-10 截切正圆柱表面展开图

a) 圆柱面投影图　b) 圆柱面展开图

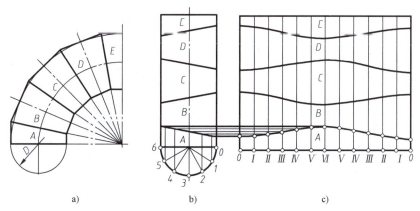

图 10-11 五节等径圆柱弯管的展开

a) 投影图　b) 五节弯管被拉直　c) 展开图

10.3 焊接图的识读

10.3.1 焊接的基本知识

焊接是金属加工的一种常用方法,它是将需要连接的金属零件在连接处局部加热到熔化或半熔化后使它们在连接在一起,或在其间加入其他熔化状态的金属,使它们在冷却后连接成一体。焊接是一种不可拆的连接。焊接件中常用的接头形式有对接、搭接、角接和T形接等,如图10-12所示。而常用的焊缝形式有对接焊缝和角焊缝。

在工程图上表达焊接零件时,一般需要将焊接的形式、尺寸表达清楚,有时还要说明焊接的方法和要求,这些都要按照国家标准的有关规定进行。

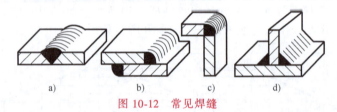

图 10-12 常见焊缝
a) 对接接头 b) 搭接接头 c) 角接接头 d) T形接头

10.3.2 焊缝符号及其标注方法

在工程图上,零件的焊接处应该注上焊缝符号,以说明焊接的接头形式和焊缝要求。GB/T 324—2008《焊缝符号表示法》规定了在工程图样上标注焊缝符号的有关规则。焊缝符号一般由基本符号指引线组成。必要时,还可以加上辅助符号和焊接尺寸符号。焊缝图形符号的线宽和字体的笔画宽度相同(约等于字体高度的1/10)。

1. 焊缝的基本符号 表示焊缝横断面形状的符号,采用粗实线绘制,见表10-2。

表 10-2 常用焊缝的名称和符号

焊缝名称	焊缝形式	符号	焊缝名称	焊缝形式	符号
I 形		||	U 形		Y
V 形		V	单边 U 形		ᑌ
钝边 V 形		Y	封底焊		⌣
单边 V 形		V	点焊		○
钝边单边 V 形		V	角焊		△

2. 焊缝的辅助符号 焊缝的辅助符号是表示焊缝表面形状特征的符号；有时为了补充说明焊缝的某些特征，也采用一些补充符号，具体见表10-3。

表 10-3　焊接图标注的辅助符号和补充符号

符号名称		图例	符号	说明
辅助符号	平面符号		―	焊缝表面平齐
	凹面符号	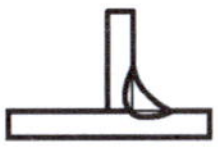	⌣	焊缝表面凹陷
	凸面符号		⌢	焊缝表面凸起
补充符号	带垫板符号		▭	焊缝底部有垫板
	三面焊缝符号	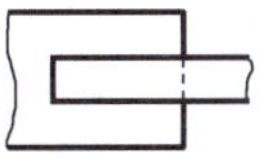	⊐	三面带有焊缝
	周围焊缝符号	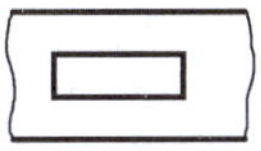	○	环绕工件周围焊接
	现场符号		 ▶	在现场或工地上进行焊接

3. 焊缝的指引线及其在图样上的位置 完整的焊接表示方法除了基本符号、辅助符号、补充符号以外，还包括指引线、一些尺寸符号及数据。指引线一般由带有箭头的指引线（简称箭头线）和两条基准线（一条为实线，另一条为虚线）两部分组成，如图 10-13 所示。箭头线和实线基准线均用细实线绘制。基准线的虚线可以画在基准线的实线下侧或上侧。基准线一般应与图样的底边相平行，但在特殊条件下也可与底边相垂直。为了能在图样上确切地表示焊缝的位置，将基本符号相对基准线的位置作如下规定。

若指引线的箭头指在接头焊缝一侧，则基本符号标在基准线实线一侧，如图 10-14a 所示。如果指引线的箭头指在接头焊缝的另一侧（即焊缝的背面），则将基本符号标在基准线的虚线一侧，如图 10-14b 所示。标注对称焊缝及双面焊缝时，可不加虚线，如图 10-14c、d 所示。

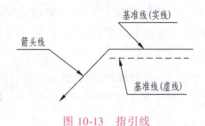

图 10-13　指引线

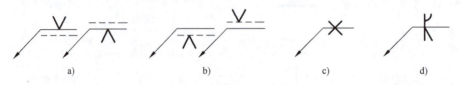

图 10-14　基本符号相对基准线的位置

4. 常见接头和焊缝的标注示例　在焊接过程中，常见焊缝标注示例见表 10-4。

当同一图样上全部焊缝所采用的焊接方法相同时，焊缝符号尾部表示焊缝方法的代号可省略不注，但必须在技术要求中注明："全部焊缝均采用××焊"等字样；当大部分焊接方法相同时，也可在技术要求或其他技术文件中注明："除图样中注明的焊接方法外，其余焊缝均采用××焊"等字样。

表 10-4　焊缝的标注示例

接头形式	焊缝形式	标注示例	说　明
对接接头			111 表示用手工电弧焊，V 形焊缝，坡口角度为 α，对接间隙为 b，有 n 条焊缝，焊缝长为 l
角接接头			⌐ 表示三面焊接 △ 表示单面角焊缝

(续)

接头形式	焊缝形式	标注示例	说　　明
T形接头			▶ 表示在现场装配时进行焊接 ▷ 表示双面角焊缝，焊角高度 k
			$\triangleright n\times l(e)$ 表示有 n 条对称断续角焊缝。l 表示焊缝的长度，e 表示断续焊接的间距
			Z 表示交错断续角焊缝

10.3.3　焊接图画法

焊接件图样应能清晰的表示出各焊件的相互位置，焊接要求以及焊缝尺寸等。如不附有焊件详图时，还应表示出各焊件的形状、规格大小及数量。

1. 焊接图的内容

1）表达焊接件结构形状的一组视图。

2）焊接件的规格尺寸，各焊件的装配位置尺寸以及焊后加工尺寸。

3）各焊件连接处的接头形式、焊缝符号及焊缝尺寸。

4）构件装配、焊接以及焊后处理、加工的技术要求。

5）说明焊件型号、规格、材料、重量的明细栏及焊件相应的编号。

6）标题栏。

2. 焊接图的表达形式和特点

（1）整件形式　在焊接图上，不仅表达了各焊件的装配、焊接要求，而且还表达每一焊接的形式和大小；除了较复杂的焊件和特殊要求的焊件外，不再另绘焊件图。这种图样形式表达集中，出图快，适用于修配或小批量生产。

（2）分体形式　除了在焊接图上表达焊件之外，还附有每一焊件的详图。焊件图重点表达装配连接关系，是用来指导焊件的装配、施焊及焊后处理的依据。而各种焊件的形状、规格、大小分别表示在各焊接图上。这种图样形式完整、清晰，看图简单，方便交流；适用于大批量生产或分工较细的情况。

（3）列表形式　当结构复杂、各焊件之间的焊缝形式和焊缝尺寸不便于在图上清晰地表达时，可采用列表表达形式，将相同规格的各种焊件的同一种焊缝形式及尺寸集中表示。

图 10-15 所示是支架的焊接图。从图中可以看出，它是以整体形式表示的。由底板、支承板和圆筒三部分组成。焊缝均为角焊缝，有单面焊，也有双面焊，焊角高均为 6mm。技术要求说明，焊缝均采用手工电弧焊接而成。其余与一般工程图样的表达基本相同。

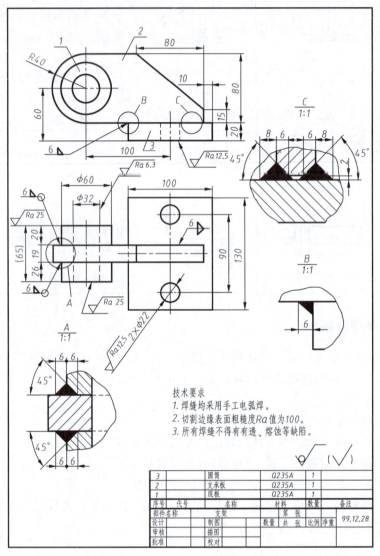

图 10-15　支架的焊接图

参 考 文 献

[1] 李奉香. 工程制图与识图 [M]. 北京：机械工业出版社，2011.
[2] 胡建生. 机械制图（少学时）[M]. 3版. 北京：机械工业出版社，2017.
[3] 杨老记，高英敏. 机械制图 [M]. 北京：机械工业出版社，2016.
[4] 山颖，闫玉蕾. 工程制图与识图 [M]. 青岛：中国石油大学出版社，2017.
[5] 林慧珠. 工程制图（英汉双语）[M]. 北京：机械工业出版社，2016.
[6] 卜林森，贾皓丽. 工程识图教程 [M]. 2版. 北京：科学出版社，2015.
[7] 王晨曦. 机械制图 [M]. 北京：北京邮电大学出版社，2012.
[8] 奚旗文. 工程图的识读与绘制 [M]. 北京：清华大学出版社，2010.
[9] 宋敏生. 机械图识图技巧 [M]. 北京：机械工业出版社，2007.
[10] 李澄，吴天生，闻百桥. 机械制图 [M]. 4版. 北京：高等教育出版社，2013.
[11] 马慧，赵红，于冬梅. 机械制图 [M]. 3版. 北京：机械工业出版社，2007.
[12] 刘力. 机械制图 [M]. 4版. 北京：高等教育出版社，2013.
[13] 赵大兴. 现代工程图学 [M]. 6版. 武汉：湖北科学技术出版社，2009.
[14] 王成刚. 工程图学简明教程 [M]. 4版. 武汉：武汉理工大学出版社，2014.
[15] 金大鹰. 机械制图 [M]. 4版. 北京：机械工业出版社，2016.
[16] 郭克希，王建国. 机械制图 [M]. 2版. 北京：机械工业出版社，2009.